# 半導体製造における洗浄技術

## Semiconductor Cleaning Technology

監修：羽深　等
**Supervisor**：Hitoshi HABUKA

シーエムシー出版

# はじめに

現代の生活と産業は，半導体を大いに活用している。日用品から特殊な材料と機械に至るまで情報システムから資料を集め，比較して購入することが多い。スマートフォンとタブレットでパスポート申請などの諸手続きも済ませられるし，生成 AI を活用すれば可能性は今後も広がりそうである。それらに加えて，再生可能エネルギー技術と電力制御技術を発展させることにより，$CO_2$ 削減，気候変動抑制と持続的発展を実現する役割を担うことが半導体技術に期待されている。これらの期待を確実に実現していくためには，しっかりと電子デバイスを製造する技術が必要である。例えば，設計通りに細かな電子回路を作り込む技術であるが，その前提として，作り込むことが可能になるように表面を清浄化して整える技術が必須である。そこで，半導体洗浄技術を本書で取り扱うこととした。

半導体洗浄には永遠の課題が幾つも存在している。例えば，表面に露出している多種類の物質を同時に洗わなければならないし，微細化が進めば狭い溝の奥まで洗うことになり，課題が高度化する。その際，誘電率がさらに低い絶縁膜を採用したり，電子を素早く動かすために新たな元素を追加すれば，それに合わせた洗浄も考えなければならない。従来から，電子デバイスを作る際の洗浄回数は夥しく多いので，コストと時間を抑える課題に終わりはない。今後，電子デバイスの微細化・高機能化が進むにあたり，さらに多種類の元素・物質を使うようになると予想されることから，適切な洗浄技術を持つことが半導体技術の発展に直結すると考えるべきである。

洗浄技術を改善し発展させるためには，洗浄に用いるすべての物質について，それらの物理的・化学的性質を総合して検討することが望まれる。そこで本書においては，洗浄の先端を知る研究者・技術者それぞれの視点から洗浄技術をまとめていただくことにした。多方面に亘り紹介されている技術を事例として知ると共に，その技術を形作って行った際の研究者・技術者の視点を読み取ると，今後に大いに役立つはずである。特に経験の浅い研究者・技術者には大いに活用していただきたいし，経験豊富な研究者・技術者におかれては，新たな開発に導くきっかけになることを期待している。

さいごに，貴重な時間を割いて執筆して下さった研究者・技術者の皆様，本書の完成にご尽力いただいたシーエムシー出版の皆様に感謝申し上げます。

2024 年 12 月

反応装置工学ラボラトリ

羽深　等

## 執筆者一覧 （執筆順）

羽 深　　　等　　反応装置工学ラボラトリ　代表

飯 野 秀 章　　栗田工業㈱　電子産業事業部　デジタルエンジニアリング部門
　　　　　　　　開発部　第一チーム　チームリーダー

田 中 洋 一　　栗田工業㈱　電子産業事業部　デジタルエンジニアリング部門
　　　　　　　　開発部　第一チーム　主任研究員

篠 村 尚 志　　JSR㈱　電子材料事業部　精密電子開発センター
　　　　　　　　プロセス材料開発室　主任研究員

山 下 耕 司　　ステラケミファ㈱　研究開発部　リーダー

服 部　　　毅　　Hattori Consulting International　代表

樋 口 鮎 美　　㈱SCREEN セミコンダクターソリューションズ
　　　　　　　　洗浄要素開発統轄部　基盤技術開発部　基盤技術開発１課　課長

泉 妻 宏 治　　グローバルウエーハズ・ジャパン㈱　技術部
　　　　　　　　フェロースペシャリスト（技監）

河 瀬 康 弘　　三菱ケミカル㈱　半導体本部　インキュベーション部　部長

清 家 善 之　　愛知工業大学　工学部　電気学科　教授；
　　　　　　　　la quaLab 合同会社　代表社員

根 本 一 正　　(国研)産業技術総合研究所　デバイス技術研究部門
　　　　　　　　テクニカルスタッフ

クンプアン ソマワン　　(国研)産業技術総合研究所　デバイス技術研究部門

原　　史 朗　　(国研)産業技術総合研究所　デバイス技術研究部門　首席研究員；
　　　　　　　　(一社)ミニマルファブ推進機構

| | | |
|---|---|---|
| 宮 崎 紳 介 | ㈱ダン・タクマ　事業統括管理部　技術部　部長 | |
| 平 井 聖 児 | ものつくり大学　技能工芸学部　情報メカトロニクス学科　教授 | |
| 堀 内 勉 | ものつくり大学　技能工芸学部　情報メカトロニクス学科　教授 | |
| 髙 橋 常二郎 | ㈱資源開発研究所　代表取締役社長 | |
| 堀 邊 英 夫 | 大阪公立大学　大学院工学研究科　物質化学生命系専攻 化学バイオ工学分野　教授 | |
| 山 内 守 | ㈱レクザム　経営企画部　執行役員，新エネ・SDGs 担当 | |
| 山 崎 克 弘 | Shibaura Technology International Corporation　President | |
| 長 嶋 裕 次 | 芝浦メカトロニクス㈱　ファインメカトロニクス事業部　開発主査 | |
| 長谷川 浩 史 | ㈱カイジョー　超音波機器事業部　開発技術部　部長 | |
| 庄 盛 博 文 | ㈱ジェイ・イー・ティ　生産本部　技術企画室　室長 | |
| 阿 部 文 彦 | HUG パワー㈱　技術部　部長 | |
| 谷 島 孝 | (一社)ミニマルファブ推進機構　開発グループ | |
| 中 西 基 裕 | ㈱リガク　薄膜デバイス事業部　カスタマーサポート部 大阪薄膜アプリグループ | |
| 太 田 雄 規 | ㈱リガク　薄膜デバイス事業部　カスタマーサポート部 大阪薄膜アプリグループ | |
| 川 端 克 彦 | ㈱イアス　代表取締役 | |

# 目　　次

## 第1章　半導体製造プロセスを支える洗浄技術　羽深　等

1　大口径化と微細化 …………………… 1
2　洗う理由 ……………………………… 2
3　前工程と洗浄 ………………………… 3
4　装置，薬液と乾燥 …………………… 5
5　洗う面積 ……………………………… 6
6　地球環境への影響と貢献 …………… 6
7　まとめ ………………………………… 7

## 第2章　半導体洗浄液の動向

1　機能性洗浄水
　…………… 飯野秀章，田中洋一 … 9
1.1　はじめに ………………………… 9
1.2　機能性水の定義と種類 ………… 9
1.3　水素水による微粒子除去性能 …… 10
1.4　微粒子除去メカニズム ………… 10
1.5　SC-1薬液との微粒子除去性能の比較 ……………………………… 12
1.6　水素水の製造方法 ……………… 13
1.7　希釈アンモニア水による $La_2O_3$溶解抑制 ………………………… 13
1.8　希釈アンモニア水による Cu 溶解抑制 ……………………………… 15
1.9　各種リンス水による帯電防止 …… 15
1.10　まとめ ………………………… 17

2　半導体向け機能性洗浄剤
　………………………… 篠村尚志 … 19
2.1　JSR の半導体ウェットプロセス材料開発 ………………………… 19
2.2　機能性洗浄剤に求められる役割 … 19
2.3　JSR の機能性洗浄剤 …………… 21
2.4　機能性洗浄剤の技術動向 ……… 24
2.5　終わりに ………………………… 25
3　超高純度フッ化水素酸 … 山下耕司 … 26
3.1　はじめに ………………………… 26
3.2　フッ化水素の製造技術 ………… 26
3.3　超高純度フッ化水素酸の品質 …… 28
3.4　フッ化水素酸を使用した洗浄技術 ……………………………… 30
3.5　フッ化水素酸を使用した洗浄液の省資源化 ……………………… 31
3.6　今後の課題 ……………………… 33

# 第3章　半導体製造プロセスを支える洗浄・クリーン化・乾燥技術

1　シリコンウェーハ洗浄技術の過去・現在・未来 …………… 服部　毅 … 35
　1.1　半導体産業黎明期の洗浄技術 …… 35
　1.2　RCA 洗浄登場以降の洗浄技術 …… 36
　1.3　半導体微細化に向けたウェーハ洗浄技術 ………………………………… 38
　1.4　ドライ洗浄 ……………………… 40
　1.5　将来に向けた洗浄の課題 ……… 40
　1.6　おわりに ………………………… 41
2　半導体ウェット洗浄技術の基礎と最先端技術 ………………… 樋口鮎美 … 43
　2.1　半導体洗浄プロセス …………… 43
　2.2　先端半導体デバイス製造における洗浄プロセスの課題 ……………… 44
　2.3　シミュレーションの活用 ……… 48
　2.4　AI の活用 ……………………… 50
　2.5　環境負荷低減に向けた取り組み … 51
　2.6　まとめ …………………………… 52
3　シリコンウェーハにおける洗浄技術の重要性とその動向 ……… 泉妻宏治 … 54
　3.1　はじめに ………………………… 54
　3.2　Si ウェーハの洗浄技術 ………… 55
　3.3　次世代のウェーハ洗浄技術についての提案 ……………………………… 59
　3.4　まとめ …………………………… 60
4　先端半導体デバイスの CMP 後洗浄技術と表面状態の評価 …… 河瀬康弘 … 62
　4.1　はじめに ………………………… 62
　4.2　CMP と洗浄ターゲット ……… 62
　4.3　洗浄原理とメカニズム ………… 63
　4.4　機能設計と先端技術課題 ……… 65
　4.5　CMP 後洗浄と表面状態 ……… 66
　4.6　おわりに ………………………… 70

5　次世代半導体デバイスのための物理的洗浄技術：スプレー，超音波，そして次世代の洗浄技術 ……… 清家善之 … 71
　5.1　はじめに ………………………… 71
　5.2　半導体製造における洗浄プロセス ……………………………………… 71
　5.3　ダメージを低減させるための超音波振動体による洗浄技術 ………… 75
　5.4　次世代の物理的な洗浄技術 …… 77
6　表面張力を利用するスピンドロップレット洗浄技術
　　… 根本一正，クンプアン ソマワン，原　史朗 … 81
　6.1　イントロダクション …………… 81
　6.2　ミニマルファブの概要 ………… 81
　6.3　スピンドロップレット洗浄 …… 83
　6.4　ウェハドロップレット洗浄 …… 85
　6.5　終わりに ………………………… 92
7　マイクロバブルの半導体洗浄への応用 ………………………… 宮崎紳介 … 94
　7.1　マイクロバブルの基本特性 …… 94
　7.2　半導体洗浄に供用し得るマイクロバブル発生装置 …………………… 94
　7.3　マイクロバブルを用いた半導体洗浄評価 ………………………………… 97
　7.4　パーティクル除去洗浄 ………… 98
　7.5　リンス …………………………… 99
　7.6　有機物除去 ……………………… 100
　7.7　マイクロバブルの半導体洗浄への応用試験結果まとめと展望 ………… 101

8 オゾンマイクロバブルによる半導体
フォトレジストの除去メカニズム
............ 平井聖児, 堀内　勉,
髙橋常二郎 … 102
8.1 フォトレジスト工程について …… 102
8.2 加圧溶解方式によるマイクロバブル
発生装置 ……………………… 103
8.3 オゾンバブリングとオゾンマイクロ
バブルによるフォトレジスト除去速
度に関する実験 ……………… 103
8.4 オゾンマイクロバブルによるフォト
レジスト除去メカニズム ………… 106
8.5 まとめ ………………………… 106

9 レジスト除去技術─湿潤オゾン装置を
用いたレジスト除去─ … 堀邊英夫 … 109
9.1 はじめに ……………………… 109
9.2 一般的なレジスト除去技術 ……… 110
9.3 湿潤オゾンを用いた環境にやさしい
レジスト除去技術 ……………… 112
9.4 おわりに ……………………… 119

10 レジスト除去技術─イオンビーム照射
レジストに対する湿潤オゾンによる除
去─ ……………… 堀邊英夫 … 121
10.1 はじめに ……………………… 121
10.2 イオン注入量を変えたレジストの
湿潤オゾンによる除去性の実験方
法 ……………………………… 121
10.3 注入イオン種及びイオン注入量の
異なるレジストの除去の結果 …… 124
10.4 高濃度湿潤オゾンによるイオン注
入レジストの除去 ……………… 126
10.5 加速エネルギーの異なるイオン注
入レジストの湿潤オゾンによる除
去 ……………………………… 127

10.6 イオン注入された PVP の湿潤オ
ゾンによる除去 ………………… 129
10.7 SIMS によるイオン注入 PVP 変質
層の膜厚測定 …………………… 131
10.8 FT-IR によるイオン注入 PVP の
分光学的評価 …………………… 133
10.9 おわりに ……………………… 134

11 レジスト除去技術─水素ラジカル装置
を用いたレジスト除去─
……………………… 堀邊英夫 … 136
11.1 はじめに ……………………… 136
11.2 実験 …………………………… 137
11.3 結果と考察 …………………… 139
11.4 おわりに ……………………… 142

12 レジスト除去技術─酸素マイクロバブ
ル水による芳香族分解─
……………………… 堀邊英夫 … 144
12.1 はじめに ……………………… 144
12.2 実験方法 ……………………… 145
12.3 メチレンブルーを用いたヒドロキ
シラジカルの検知結果 ………… 147
12.4 酸素 MB 水によるサリチル酸分解
結果 …………………………… 148
12.5 酸素 MB 水処理によるサリチル酸
の化学構造変化 ………………… 149
12.6 おわりに ……………………… 151

13 超臨界二酸化炭素（$SCCO_2$）を用いた
次世代半導体洗浄技術 … 服部　毅 … 153
13.1 次世代半導体洗浄乾燥に超臨界流
体を用いる背景 ………………… 153
13.2 超臨界流体の半導体ウェーハ乾燥
への適用 ……………………… 154
13.3 $SCCO_2$ の半導体ウェーハ洗浄への
適用 …………………………… 155

13.4 大口径ウェーハ洗浄の実用化に向
けた検討 ……………………… 159
13.5 おわりに ……………………… 160
14 半導体ウェハの超臨界乾燥技術
……………………… 山内　守 … 161

14.1 はじめに ……………………… 161
14.2 超臨界技術の概要 …………… 161
14.3 超臨界乾燥技術の開発 ……… 162
14.4 今後の展開 …………………… 168

# 第4章　半導体製造プロセスを支える洗浄装置

1 高品質なシリコンウェーハ基板製造に
寄与する枚葉式洗浄装置
……………… 山崎克弘, 長嶋裕次 … 169
1.1 はじめに ……………………… 169
1.2 ウェーハ製造における洗浄工程 … 169
1.3 洗浄装置紹介 ………………… 170
1.4 次世代向けウェーハ洗浄技術 … 174
1.5 おわりに ……………………… 177
2 微細パーティクルを効率的に除去する
超音波洗浄機 ……… 長谷川浩史 … 178
2.1 半導体洗浄における超音波洗浄機の
役割 …………………………… 178
2.2 超音波洗浄の物理的効果,「キャビ
テーション」とは ……………… 178
2.3 超音波洗浄機の周波数による特徴
………………………………… 180
2.4 超音波洗浄の方式 …………… 181
3 高温処理ウエットステーションの現在
地と未来〜Batch式からHTSの系譜〜
……………………… 庄盛博文 … 183
3.1 はじめに ……………………… 183
3.2 HTS (High Temp Single Processor)
-300Sの開発経緯 …………… 183
3.3 HTS-300Sのメカニズム ………… 185
3.4 HTS-300Sの現在地と次ステップ
への取り組み ………………… 187

3.5 洗浄機が進むべき未来 ……… 188
4 蒸気2流体洗浄と高温高濃度オゾン水
洗浄について ……… 阿部文彦 … 190
4.1 はじめに ……………………… 190
4.2 蒸気2流体洗浄 ……………… 190
4.3 蒸気2流体洗浄装置構成 …… 190
4.4 蒸気2流体洗浄原理 ………… 192
4.5 蒸気2流体洗浄用途 ………… 193
4.6 蒸気2流体洗浄まとめ ……… 194
4.7 高温高濃度オゾン水洗浄 …… 194
4.8 高温高濃度オゾン水生成装置構成
………………………………… 195
4.9 オゾン水によるレジストの除去効果
………………………………… 196
4.10 高温高濃度オゾン水洗浄用途 …… 196
4.11 まとめ ………………………… 196
5 ミニマルファブで用いる超小口径の
ハーフインチウェハ製造における洗浄
技術 ……… 谷島　孝, 原　史朗 … 198
5.1 はじめに ……………………… 198
5.2 ウェハ加工工程 ……………… 199
5.3 洗浄工程 ……………………… 199
5.4 乾燥工程 ……………………… 202
5.5 電気特性によるウェハ清浄度の評価
………………………………… 206
5.6 まとめ ………………………… 206

# 第5章 半導体洗浄の評価・観察・解析

1 半導体洗浄における洗浄機内の流れと
　メカニズム ……………… **羽深　等** … 209
　1.1 流れの役割 ……………………… 209
　1.2 洗浄における流体の動き ………… 209
　1.3 流れの観察と計算の事例 ……… 210
　1.4 まとめ …………………………… 214
2 全反射蛍光 X 線分析による半導体
　ウェーハの汚染分析
　　………………… **中西基裕，太田雄規** … 216
　2.1 はじめに ……………………… 216
　2.2 測定原理 …………………………… 216
　2.3 定性分析と定量分析 …………… 218
　2.4 定量下限 ………………………… 219
　2.5 ウェーハ全面の汚染評価 ……… 220
　2.6 TXRF を使用した半導体洗浄技術
　　　評価 ……………………………… 223
　2.7 おわりに ……………………… 223
3 ICP-MS を用いた半導体ウェーハ中の
　極微量金属不純物の分析方法
　　……………………………… **川端克彦** … 225
　3.1 VPD-ICP-MS 法 …………………… 226
　3.2 LA-GED-MSAG-ICP-MS 法 …… 229

# 第1章　半導体製造プロセスを支える洗浄技術

羽深　等*

　本稿では，半導体製造プロセスを洗浄がどのように支えているのか，その役割と様子を様々な成書[1～14]を参考にしながら私見を交えて紹介する。これから半導体の世界に加わる初心者を意識した記述になることをご理解いただきたい。

## 1　大口径化と微細化

　半導体製造プロセス技術には，構造を細かくして行く動向（微細化）とウエハ直径を大きくして行く動向（大口径化）があると言われ，その際の課題を解決するために新たな物質・材料が採用されて来た。

　図1に示すように，電子回路パターンを小さく作れば同じ直径のウエハでもチップを沢山作れるので効率が良いし，構造が小さくなると情報を処理するために電子が走る距離が短くなるので，結果として情報処理は速くなる。これに並行して社会が扱う情報量が増えると共に電子デバイスの情報処理能力を上げることが求められて，デバイスチップは大きくなる。すると，ウエハ1枚あたりに作れるチップ数は減少し，同時にウエハ周辺部の面積を有効に使い難くなる。そこで，ウエハ直径を大きくすることに繋がって行く。しかしながら，ウエハを大きくすることは生産設備の全てを一度に導入することを意味し，コストが膨大なので消極的になりがちである。現

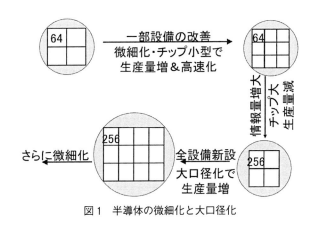

図1　半導体の微細化と大口径化

---

\*　Hitoshi HABUKA　反応装置工学ラボラトリ　代表

在は最大300mmΦのシリコンウエハを用い，デバイス製造プロセス全体のうち，リソグラフィーなどの技術を開発して行くことにより微細化が進められている。

デバイスが微細化し高速化する際には，配線の周りの絶縁層に自然に溜まる電荷量（寄生容量）を減らすことが求められる。これが大きいと，例えば，通電時に配線の周りに電荷が溜まって損失が生まれ，溜まった電荷が切電時には遅れて放出されるので，素早いON／OFF動作ができなくなる。そこで，誘電率の小さい絶縁膜が新材料として求められることになる。それに加えて，低抵抗で電子移動が速い金属が採用されると同時に，その金属がシリコン中ににじみ出ること（拡散）を防ぐバリア膜，など，新たな物質を採用してきた歴史がある。生産プロセスでは，電子回路の層を積み重ねて行く際に平坦化する工程を採用することが必須となり，化学機械研磨（CMP）が導入され，そのための研磨剤の開発，CMP後の洗浄技術の開発が進められた。現在も1桁ナノメートルの電子デバイスの開発が進められ，それに必要な新物質・材料の開発が進められている。そして，新たな物質・材料・工程を用いる場合には，それに相応しい洗浄技術が求められ，薬液と洗浄装置の開発と改善が求められることに注目すべきである。

## 2　洗う理由

半導体ウエハの表面には様々な原子・分子，物質と微粒子などが付着している。これら汚染は，図2に示すように大きく2種類に分類される。一つは，雰囲気に由来するものであり，ウエハを取り扱い，保管する環境にある微粒子，金属，無機物，有機物などである。これらを減らす努力は，クリーンルーム，装置とウエハケースなどの管理によってなされている。もう一つは，加工工程に由来するものであり，ウエハ表面の研削・研磨・化学機械研磨など平坦化工程において発生する研磨屑，トレンチを掘る場合の屑などがある。

ここで，改めて洗浄する理由あるいは目的は何かを考える。洗浄という操作においてこれらの汚染を取り除くのは，その次に行う操作・工程を実施し易くするためである。したがって，半導体洗浄の目的は，単にきれいにすることではなく，「次の工程で使う表面を整える」ことである。そのために具体的には，

　①異物（微粒子など）が無い表面

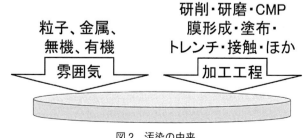

図2　汚染の由来

第1章　半導体製造プロセスを支える洗浄技術

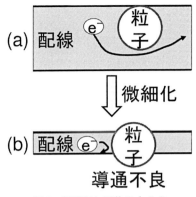

図3　配線幅と異物の大きさ

　②不純物分子（金属・無機・有機）が無い表面
を形成すると共に，
　③次の工程で使うまで清浄を維持できる状態に仕上げること，
が洗浄の目的であると理解できる。例えば，異物が付着した状態でリソグラフィーなどを行えば，電子回路に異物の形状が転写される不良となり，不純物原子などが電子回路に取り込まれれば，接合部や絶縁膜の電流リークに繋がる。そして，次工程に使うまでの間に汚れてしまっては元も子もない。

　残念ながら，汚れを1原子分子も残さずに除去することは不可能である。そこで，残留が許容される程度が問題になるが，それは微細化の進行と共に厳しくなる。その様子を微粒子の大きさについて図3に模式的に示す。図3(a)はある大きさの微粒子が大きな幅の配線に入り込んでいる場合である。この場合には，電子は微粒子を迂回して配線を通って行くことができる。これに対して図3(b)では配線幅が微粒子の直径より小さいため，配線が遮断されるので，電子が通り抜けることは出来ない。即ち，導通不良となる。このように，微細化と共に許容される微粒子の直径は小さくなって行く。汚染原子においても同様であり，電子回路の構造が細かくなれば，同じ量の汚染であっても電子が動く空間の体積当たりの汚染原子濃度が高くなるので，動作不良に繋がり易くなる。したがって，構造が小さくなれば汚染原子数を減らさなければならない。微細化が進むほど，許容される微粒子・異物の大きさや数，汚染原子の濃度は小さくなって行くものと理解すべきである。したがって，洗浄の重要性は増して行くことになる。

## 3　前工程と洗浄

　半導体電子回路は線，溝，孔，などからなる層を形成しては，その上に層を追加して次の構造を形成して行く。その場合の例を図4に示す。ウエハ表面に新たに層を形成し，レジストを塗布してから回路パターンのマスクを置いて紫外線を照射（露光）する。レジストの不要部分を薬液

半導体製造における洗浄技術

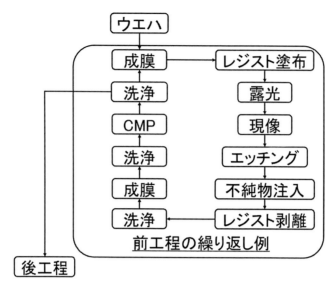

図4 前工程の諸操作の繰り返し例

により除去し，エッチングによる溝形成や不純物注入などを行う。レジストを除去した後に溝を埋めるための成膜を行い，表面に生じた凹凸をCMPにより平坦化する。ここにおいて注目すべきことは，操作を行うごとに洗浄工程が入ることである。前工程の約1/3が洗浄工程であると言われることが多い。

微細化が進むと共に様々な方法と材料が使われるが，一つの電子デバイスチップの中は，先端の微細部分を底とし，その上に幾分大きな構造の層が積み重ねられて行く。図5は構造の大きさと成膜に用いられる方法の例を示している。ナノメートルスケールの部分は原子層堆積（ALD）法などの先端技術で形成されるものの，例えばミクロン単位の厚さを形成する場合には，ALD法では膨大な時間がかかるので現実的ではない。電子回路の上の方になると幅は広くなり，ミクロン桁の構造の層を形成するが，その場合には化学気相堆積（CVD）法，スパッタリング法やめっき法のように，従来から用いられている方法を用いることが合理的である。洗浄においても同様であり，最先端の方法や薬液は最先端の層に用い，その他は従来法を活用している。

一方で洗う対象となる構造は，電子回路製造の段階により異なる。図6に示すように，溝を

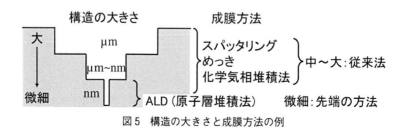

図5 構造の大きさと成膜方法の例

第1章 半導体製造プロセスを支える洗浄技術

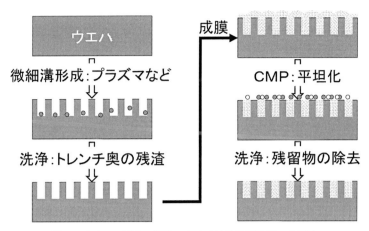

図6 デバイス製造の段階における被洗浄面の違いと要点

掘った後には溝の奥に残った残渣などを取り除くことが必要であるため，微細な空間の中を洗うことが要点になる。一方，溝を埋めてCMPにより平坦化した直後には，その表面に残った削り屑を取り除くことが必要になる。CMPの後の表面にはシリコン，絶縁膜，配線材料，バリア膜材料などが共存しているので，それらを損なわない洗浄方法と条件が要点になる。

## 4 装置，薬液と乾燥

装置，薬液と乾燥の詳細については第2章以降をご覧いただくこととし，ここは極めて簡潔に留める。

ウエハ洗浄においては洗浄装置を用いるが，複数枚を一括して洗浄するバッチ式，1枚ずつ洗浄する枚葉式，が主体である。微粒子などを取り除くためには物理的手段として超音波を併用する場合がある。超音波については，微粒子を取り除き易い利点があるものの，キャビテーションがトレンチなどを倒すことが懸念される。そこで，周波数を大きくしつつパワーを弱めるなど，キャビテーションを弱める調整をしている。CMP後のように微粒子が沢山付着している場合には，ブラシなどを使う物理的洗浄がある。

薬液には，実に様々な化学物質が使われている。フッ化水素，アンモニア，塩酸，過酸化水素，硫酸などを高濃度，加熱条件で用いる場合があれば，機能水で穏やかに洗浄する場合もある。レジスト除去は難題であるため，様々な工夫がなされている。

乾燥については，渇き残り（ウォーターマーク）を残さない工夫と，パターン倒れを防ぐ工夫がなされている。図6の左側のように深く狭い溝を洗った場合，トレンチ上端に働く表面張力により壁が倒れることがないように工夫することが必要である。

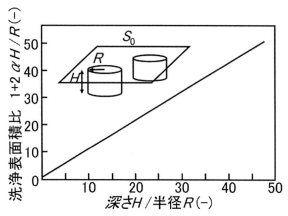

図7 孔の大きさ・形状と全表面積 ($a = 0.5$)

## 5 洗う面積

電子回路が微細化し続ける場合に，図6の左側のように，入り口が狭く深い溝を奥まで洗うことが必要になる。その場合に実際に洗う面積は溝の表面積を全て合計したものになるので，見かけのウエハの面積より大きくなる。図7のように，ウエハの見かけの表面積を $S_0$ とし，半径 $R$，深さ $H$ の孔が複数存在してウエハの見かけの表面のうち $a$ の割合を占めている場合を想定すると，$S_0$ に対する全表面積の比率は(1)式のように表される。

$$S_0 に対する全表面積の比率 = 1 + 2aH/R \tag{1}$$

$R$，$H$ と $a$ がそれぞれ 25 nm，50 nm および 0.5 である場合，(1)式を図示すると図7のようになる。深さが深く，内径が小さくなるほど，実際に洗浄する面積は大きくなり，10倍以上にも達することを示している。

微細化が進むほど実際に洗浄する表面積が大きくなり，孔の体積あたりに高濃度の薬液を必要とすることが予想される。今後，微細化がさらに進む場合には，実際にウエハが必要とする薬液量を概算してみること，薬液濃度や流量などを確認することが必要になると推定される。

## 6 地球環境への影響と貢献

エレクトロニクス産業の規模が拡大して来たことに伴い，様々な化学物質（物質，材料，薬液など）が大量に使用されている。これまでに用いられてきた化学物質の中には，オゾン層破壊，地球温暖化，健康被害，に繋がるものが含まれている。新たな物質を選択し，産業に使い始める際には，それらを使った後の影響を見積もり，対策を取っておく必要がある。エレクトロニクス産業に使われると，その量は膨大になりがちであるから，その後の影響も大きくなることには要

第1章 半導体製造プロセスを支える洗浄技術

注意である。一方，エレクトロニクスは気候変動などを抑えるための重要な役割を担っていることも意識すべきである。

## 7 まとめ

半導体デバイス製造プロセスにおける洗浄技術の役割について私見を交えて整理してみた。洗浄する表面の形状や残留物の種類は製造プロセスの段階により異なり，表面に露出する物質の種類も異なってくる。また，今後，微細化が進み，形成するトレンチがさらに深くなると，実質的に洗浄する表面積が大きくなり，必要とする薬液量が増えて来ることも予想される。洗浄技術がなければ電子回路形成はあり得ないので，関係する技術者・研究者の努力に今後も期待したい。

### 文　　　献

1) 小川洋輝，堀池靖浩，はじめての半導体洗浄技術，工業調査会（2002）
2) 辻村学，半導体ウェットプロセス最前線，工業調査会（2007）
3) 大矢勝，最新洗浄・洗剤の基本と仕組み，秀和システム（2011）
4) 角田光雄，間宮富士雄，洗浄の理論と応用操作マニュアル，R&D プランニング（2001）
5) UCS 半導体基盤技術研究会，シリコンの科学，リアライズ（1996）
6) 松井健一，ほか計 10 名，機能水洗浄，エヌ・ティー・エス（2009）
7) 佐藤淳一，図解入門よくわかる　半導体プロセスの基本と仕組み，秀和システム（2021）
8) 半導体製造プロセスを支える洗浄・クリーン化・汚染制御技術，サイエンス＆テクノロジー（2022）
9) 半導体デバイス製造を支える CMP 技術の開発動向，サイエンス＆テクノロジー（2023）
10) 半導体材料プロセス・材料の技術と市場 2024，シーエムシー出版（2024）
11) 大矢勝，洗浄の事典，朝倉書店（2022）
12) F. Shimura, Semiconductor Silicon Crystal Technology, Academic Press（1989）
13) C. Y. Chang and S. M. Sze, ULSI Technology, McGraw-Hill（1996）
14) J. Ruzyllo, Guide to Semiconductor Engineering, World Scientific（2020）

# 第2章 半導体洗浄液の動向

## 1 機能性洗浄水

飯野秀章[*1]，田中洋一[*2]

### 1.1 はじめに

ウェット洗浄プロセスは，ウェハ表面に付着した不純物（微粒子，金属，有機物など）を除去する比較的高濃度な薬液による洗浄プロセスと，その後にウェハ表面に残留した薬液を取り除くリンスプロセスおよび乾燥プロセスの組合せで構成されている。近年のデバイスの微細化・高集積化に伴い，微量不純物によるデバイス性能への影響が懸念されており，ウェット洗浄プロセスではウェハ表面の不純物量を低減化することが要求されている。リンスプロセスでは，従来通り超純水または炭酸水が適用されることが一般的である。超純水は，水中から不要なイオンや微粒子，ガスを極限まで除去した水であり，ウェハ表面の不純物量低減のために最終リンス水として用いられる。

一方，超純水はイオンを極限まで低減しているため絶縁性が高く，近年利用が拡大している枚葉洗浄においては，ウェハ表面を帯電させてしまうことで知られている。また，微細化の継続によって従来は超純水でリンス処理出来ていたプロセスにおいて，ウェハ表面に露出している材料の腐食や溶解，帯電が許容できないケースが出てきている。そこで超純水に代わる新たなリンス水として，超純水に薬液やガスを極微量に添加し，pHと酸化還元電位を調整した機能性水が注目され始めている。また近年は，デバイス製造時の$CO_2$ガス排出量低減を図る需要が高まっており，ウェット洗浄プロセスで大量に消費される薬液の削減が求められている。そこで，超純水に薬液とガスを微量に溶解させて製造する機能性水を用いることで，従来は薬液で洗浄していたプロセスを代替し，環境負荷低減に貢献する検討が進んでいる。本節では，機能性水の種類や最新の適用事例を紹介する。

### 1.2 機能性水の定義と種類

機能性水とは，超純水に薬液やガスを極微量に添加してpHや酸化還元電位を調整した水のこ

---

* 1 Hideaki IINO 栗田工業㈱ 電子産業事業部 デジタルエンジニアリング部門 開発部
    第一チーム チームリーダー
* 2 Yoichi TANAKA 栗田工業㈱ 電子産業事業部 デジタルエンジニアリング部門
    開発部 第一チーム 主任研究員

半導体製造における洗浄技術

表1 機能性水の用途と種類

| 用途 | 種類 | 効果 |
|---|---|---|
| 材料溶解抑制 | 希釈アンモニア水，希釈APM水 | Co, La$_2$O$_3$, Cu のリンス時の溶解を抑制 |
| 微粒子除去<br>(メガソニックあるいは超音波併用) | 希釈アンモニア水/水素水 | ウェハ表面に付着した微粒子の除去 |
| | 窒素水，水素水，酸素水 | |
| ウェハ帯電防止 | 希釈アンモニア水，希釈APM水，炭酸水 | ウェハ表面の帯電抑制 |
| 有機物除去，表面親水化 | オゾン水 | 有機物を分解（溶解）除去，表面を酸化してウェハ表面の濡れ性向上 |
| 高純度洗浄<br>(Pre-epi 洗浄) | 超純水中H$_2$O$_2$ の高度除去水 | SiGeもしくはGeのepi品質を向上（従来超純水比） |

とであり，電子デバイス分野においては電解イオン水洗浄技術の検討が1990年代に盛んに行われ，機能性水適用のはじまりとなった。機能性水の半導体製造向け用途としては，ウェハ表面に付着した微粒子の除去（水素水，窒素水），超純水に溶解しやすい材料の溶解抑制（希釈アンモニア水），枚葉洗浄時の帯電防止（炭酸水，希釈アンモニア水）などが代表的である（表1）。次項よりそれぞれの事例を紹介する。

### 1.3 水素水による微粒子除去性能

水素水は，超音波あるいはメガソニックの照射を併用することによって，ウェハ表面に付着した微粒子の除去に高い効果を発揮する[1~4]。その効果は，溶存水素濃度によって変化し，水素ガスを1ppm以上まで溶解させると，微粒子除去効果は高くなる。すなわち，高い微粒子除去効果を発揮させるためには，後述するように一度給水（超純水）を脱気したのち，水素ガスを供給するガス溶解方式が適している。

CMPプロセスで使われる各種スラリーであらかじめ汚染されたシリコンウェハの場合，機能性水を用いることで，直径100nm以上のサイズの各微粒子はほぼ100％除去することができた（図1）。特に水素水と希釈アンモニア水を混合した条件での除去率は高く，純水中では表面ゼータ電位が正帯電することから再付着を起こしやすいとされるアルミナ微粒子においても，水素水と希釈アンモニア水を併用することで，高い除去率を達成できている。

### 1.4 微粒子除去メカニズム

通常，脱気を行っていない超純水に超音波を照射するとHラジカルとOHラジカルの発生と

第2章　半導体洗浄液の動向

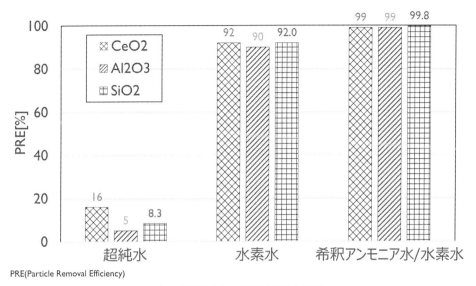

図1　機能性水による微粒子除去評価

分解が同時並行で起こる。一方で水素水に対して同様に超音波をかけると，HラジカルとOHラジカルの発生が起こり，OHラジカルの一部は溶解した水素と反応するため一部のHラジカルが余る。この余剰Hラジカルが基板表面，微粒子に作用し，微粒子と基板の間の結合を切って微粒子を引き離すと考えられている（図2）。

またアルミナなどの微粒子の場合には，帯電反発効果によりアンモニアを添加することで除去効果は高くなる。図3に，微粒子と接している水溶液のpHおよび微粒子の表面ゼータ電位の関係を示す。pH中性付近までは微粒子の種類により様々な値をとるが，pH9付近ではいずれもマ

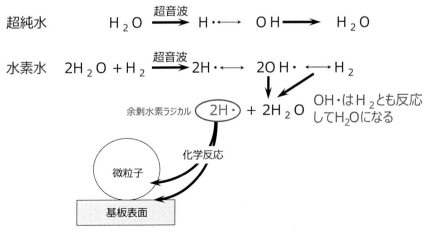

図2　水素水の微粒子除去メカニズム

11

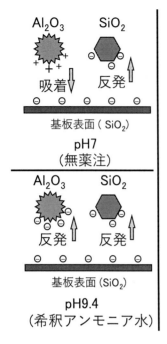
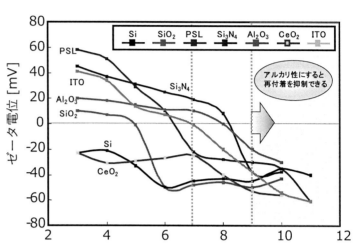

図3 各種微粒子のpHとゼータ電位

イナスを示すことがわかる。

アルカリ域では，シリコン酸化物やアルミナはマイナスであり，両者は電気的に反発することから再付着が起こりにくい。水素水によるアルミナ微粒子除去において，アンモニアの添加で効果が向上した理由は上記理由によるものである。なお添加するのは必ずしもアンモニアである必要はなく，アルカリであることが重要であり，アンモニア以外のアルカリを用いた場合も同様の効果が得られる。

## 1.5 SC-1薬液との微粒子除去性能の比較

上述のように，あらかじめスラリーで汚染させたシリコンウェハを準備し，汎用的に微粒子除去に用いられるSC-1薬液（アンモニア，過酸化水素水の混合液）と機能性水による洗浄効果を比較した結果を図4に示す。これより，同一条件下での洗浄評価において，機能性水とメガソニックを併用した洗浄方法は，SC-1薬液よりも高い微粒子除去効果を示している。全ての微粒子除去プロセスに対して，機能性水が有効であるとはいえないが，この評価結果のように％オーダーの薬液濃度を要する洗浄方法よりも，機能性水が高い洗浄効果を示すケースもあることから，機能性水の適用は今後デバイス製造プロセスの薬液削減に寄与すると考える。

第2章　半導体洗浄液の動向

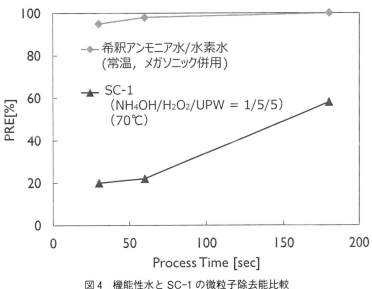

図4　機能性水とSC-1の微粒子除去能比較

## 1.6　水素水の製造方法

　水素水とは，超純水や純水に水素ガスを溶解させた水であり，比抵抗，pHは原水と同等であるが，酸化還元電位がマイナス（還元性）であるところが通常の水と異なっている。

　超純水は，その製造プロセスにおいて真空脱気装置などを用いて溶存酸素を除去している場合が多いが，酸素の再溶解を防止するためにタンク類には窒素が封入されている。従って超純水は窒素が多量に溶け込んでいる場合が多い。水に水素ガスを溶解させるには，ガス透過性の高い清浄な膜を内蔵したモジュールを使う方法が効果的である。しかし，通常の超純水にガス溶解膜を介して水素ガスを接触させると，既に窒素ガスが多く溶けているため水素が溶解しにくく，大気圧下で高濃度の水素水を作ることはできない。これに対して，あらかじめ窒素も含めて超純水に溶解しているガスの大部分を除去した上で水素ガスを溶解させると，溶存水素を飽和濃度付近まで溶かすことができる（図5）。この方法を活用すれば，供給した全ての水素ガスを溶解させることも可能であるとともに，経済的かつ，余剰ガス処理も不要であるため安全管理上好ましい方法である。

## 1.7　希釈アンモニア水による$La_2O_3$溶解抑制

　半導体の微細化に伴い，Finおよびゲート間のスペースは著しく縮小している（図6）。デバイスの性能向上のためには閾値電圧（$V_t$）のバリエーションを増やす必要があり，次世代半導体研究の分野では，新たな$V_t$調整材料として極薄膜（5〜10Å）でも$V_t$調整が可能な$La_2O_3$や$MgO_2$などの導入が検討されている。しかし$La_2O_3$をはじめアルカリ土類金属は，いずれも水に対して溶解性が高い材料として知られており，溶解を極力抑えたウェット洗浄プロセスが求めら

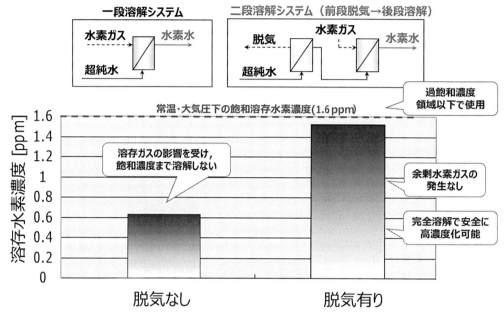

図5 各溶解システムによる溶存水素濃度の違い

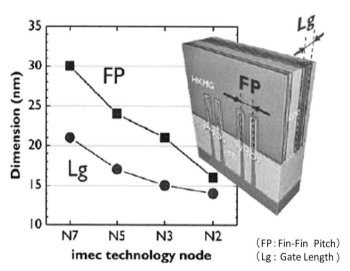

図6 ベルギー/imec の Logic デバイステクノロジーノードと FP, Lg スペースの関係[5]

れている。$La_2O_3$ 溶解に対する pH と酸化剤濃度の影響を調べた結果，アルカリ領域において $La_2O_3$ 溶解が抑制されることが分かった[6]。これはプールベ線図から明らかなように，アルカリ領域では水酸化膜によるパッシベーションが生じ，$La_2O_3$ の溶解が抑制されているためと考える（図7）。

第2章　半導体洗浄液の動向

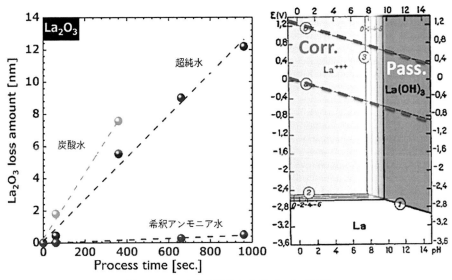

図7　La$_2$O$_3$の溶解挙動およびプールベ線図

### 1.8　希釈アンモニア水によるCu溶解抑制

　半導体の微細化は物理的限界に近づいており，二次元的な微細化による半導体の高機能化・高集積度化は鈍化しつつある。そこで異なる機能を有する複数のデバイスを三次元積層することで単位面積当たりの集積度を向上させ高機能化を図る三次元積層化技術が，近年注目を集めている[7]。三次元積層化技術には，ウェハとウェハを接合させる手法（Wafer to wafer 接合と呼ばれる。以下W2W）と，ダイとウェハを接合させる手法（Die to wafer 接合と呼ばれる。以下D2W）などがある。W2W，D2Wのいずれも基板表面にCu配線層が露出した状態で貼り合わせを行い，Cu配線同士を直接接合するが，Cu配線のピッチは縮小傾向にあり，CMP後の洗浄プロセスや接合前の洗浄時のCu溶解抑制が重要となっている。図8および図9より，Cuの溶解はpHの影響を受けることが分かっており，炭酸水のようにpHが酸性域の溶液中ではCuの溶解速度は増大する。一方で希釈アンモニア水のようにアルカリ性を示す溶液中では，Cu溶解量を限りなくゼロに抑えることが報告されている。同様にCu表面ラフネスもpHの影響を受けることが知られている。ただし，アルカリ域にも適正な範囲が存在し，pH11付近よりアルカリ側になるとCu溶解量はふたたび増大する。これより，Cu表面のリンス時は，アンモニア濃度を最適値に調整することが重要となる[8]。このように，三次元積層化技術の発展に伴い，希釈アンモニア水の利用・検討は今後ますます活発化すると予想する。

### 1.9　各種リンス水による帯電防止

　枚葉式洗浄機を用いる際の懸念点のひとつとして，超純水リンスによるウェハ帯電が挙げられる。超純水は水中の不純物を徹底的に除去した水であり，比抵抗は18 MΩ・cmを超える絶縁物

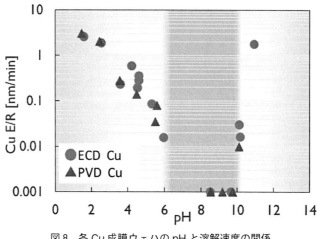

図8　各 Cu 成膜ウェハの pH と溶解速度の関係

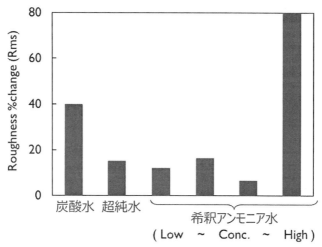

図9　各リンス水と Cu 表面ラフネスの関係

質となる。枚葉式洗浄機を用いたスピン洗浄により，超純水とウェハの絶縁物質同士の接触が起き，ウェハが帯電しデバイスの歩留まりが低下することが知られている。図10に枚葉式洗浄機に対して各種リンス液体を用いて熱酸化シリコンウェハをリンスしたあとの帯電状態を示す。超純水のリンス時には，負の帯電が認められたが，導電性を有するリンス水（炭酸水，希釈アンモニア水，希釈 APM 水）を用いると，帯電が抑制されることがわかる[8]。このように炭酸水，希釈アンモニア水など導電性物質を超純水に極わずかに溶解させたリンス液は枚葉洗浄時のウェハ帯電を抑制する有効な手段となる。一方，先述の通り炭酸水は pH が酸性域であることから，最先端半導体に搭載される材料によっては意図しない溶解が生じることがある。このため，各リンスプロセスにおいて正しい機能性水を選択して用いることが今後は重要となる。

第 2 章　半導体洗浄液の動向

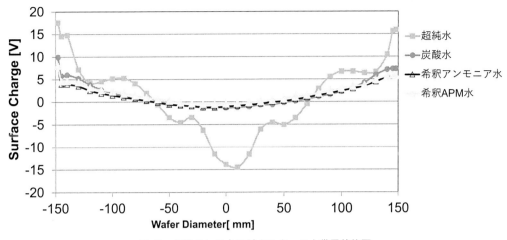

図 10　各種リンス水に対するウェハ上帯電状態図

### 1.10　まとめ

以下に本節で取り上げた機能性水の効果要点をまとめる。
・メガソニックや超音波を併用することで，高い粒子除去効果を発揮できる。
・薬液削減による環境負荷低減効果を発揮できる。
・超純水に溶解しやすい材料に対して，溶解抑制効果を発揮できる。
・枚葉洗浄時のウェハ帯電の防止効果を発揮できる。

文　　献

1) H. Morita *et al.*, *Proceedings of ISSM'98*, 428-431 (1998)
2) 井田, クリーンテクノロジー, **10**(6), 56-59 (2000)
3) H. Morita *et al.*, *Proceedings of UCPSS 2000*, 45-250 (2000)
4) 森田, 月刊ディスプレイ, 3 月号, 18-22 (2003)
5) Y. Oniki *et al.*, "Cleaning Challenges Associated with Scaling Boosters and Performance enhancement for Advanced Logic Devices", Surface Preparation and Cleaning Conference (2019)
6) H. Iino *et al.*, "Functional water solutions to enable wet cleaning process for leading edge semiconductor device manufacturing", Surface Preparation and Cleaning Conference (2019)
7) 井上史大ほか, ハイブリッド接合の開発と省電力チップレット集積技術への適用, 産経新聞社 (2024)

半導体製造における洗浄技術

8) H. Iino *et al.*, "Functional water solutions to enable advanced wet cleaning process for next-generation semiconductor device manufacturing", UltraPure Micro Conference (2021)

# 2 半導体向け機能性洗浄剤

篠村尚志*

## 2.1 JSRの半導体ウェットプロセス材料開発

JSRは1990年代後半からCMPスラリー開発に参入し，これまでに先端半導体デバイスメーカー向けの製品を多数開発・販売してきた。半導体の世代が進むにつれ複雑化する顧客のニーズに対応するため，獲得した半導体向けウェット材料開発・製造・品質管理のノウハウを生かし，2010年代前半にポストCMP洗浄剤，2010年代後半には機能性洗浄剤（ポストエッチ洗浄剤，フォトレジスト剥離剤，ウェットエッチング剤）へと材料ポートフォリオを広げてきた。本稿ではこの機能性洗浄剤について，JSRの薬液開発に当たっての設計思想，製品ラインナップとそれらの性能を一部紹介する。

## 2.2 機能性洗浄剤に求められる役割

半導体デバイスは様々な工程を経て製造されるが，このうちウェット洗浄工程は実に30～40%を占めると言われている。一般的なウェット洗浄には高純度に精製されたフッ化水素酸，アンモニア水，過酸化水素，硫酸，あるいはこれらの混合物（SC-1，SC-2等）が広く用いられているが，これらバルク薬液は主にパーティクル除去，メタル汚染除去などの特定の機能に特化するため，保護が必要な構造・材質に対する耐性が不十分なケースがある。半導体構造の微細化に伴い，このダメージが許容範囲を超え，機能性洗浄剤のニーズが大きくなってきた。機能性洗浄剤はエッチング成分や保護成分など複数成分の混合物から成り，除去対象物を適切に除去すると同時に保護対象物は確実に保護する絶妙なバランスを保つよう設計されたウェット薬液である。

JSRの機能性洗浄剤は次に示す成分を必要に応じて加え構成される。

2.2.1 エッチング剤，エッチング助剤
2.2.2 溶媒（水，有機溶剤）
2.2.3 pH調整剤
2.2.4 金属防食剤

以下に，各成分について詳細に述べる。

## 2.2.1 エッチング剤，エッチング助剤

除去対象に対し積極的に化学反応を起こし分解させる成分である。対象により酸，アルカリ，酸化剤などを使い分ける。特に対象物が金属質である場合，表面酸化物の形成・除去がエッチングの初期段階となることが多い。例えば窒化チタン（TiN）のエッチングを例に取ると，有機ア

---

\* Hisashi SHINOMURA　JSR㈱　電子材料事業部　精密電子開発センター
　　　　　　　　　　プロセス材料開発室　主任研究員

ルカリのテトラメチルアンモニウムヒドロキシド（TMAH）単独，無機アルカリの水酸化カリウム（KOH）それぞれ単独でのエッチング速度は遅いが，両者を併用することでエッチング速度は数倍に高まる。これは，TiN 表面酸化層の Ti-OH 基の水素が KOH の作用で Ti-OK に置換することにより Ti-O 結合が分極し，TMAH によるエッチング作用を増幅させていることによる。TMAH がエッチング剤，KOH がエッチング助剤として働き，表面酸化物を効率的に除去しエッチングを進行させる一例である。このように，対象のエッチングメカニズムに応じて適切な成分を選定することが重要である。

### 2.2.2 溶媒（水，有機溶剤）

除去対象に対し溶解性を担保するための成分，あるいは各添加剤成分を溶液化するための媒体としての成分である。溶解性を担保するに当たり，対象物のハンセン溶解度パラメータ（Hansen Solubility Parameter；HSP）を用いた材料設計を行う。

$$\delta^2 = \delta_d^2 + \delta_p^2 + \delta_h^2$$

$$= \left(\frac{\Delta E_d^V}{V}\right)^{1/2} + \left(\frac{\Delta E_p^V}{V}\right)^{1/2} + \left(\frac{\Delta E_h^V}{V}\right)^{1/2}$$

$\delta$ ：HSP
$\delta_d$ ：分散力項
$\delta_p$ ：双極子間力項 (1)
$\delta_h$ ：水素結合力項

$$Ra^2 = 4(\delta_{d1}^2 - \delta_{d2}^2) + (\delta_{p1}^2 - \delta_{p2}^2) + (\delta_{h1}^2 - \delta_{h2}^2)$$

$Ra$ ：二つの物質の溶解度パラメータの差 (2)

HSP は式(1)に表される，物質の溶解性を定義する指標の一つである。溶質と溶媒の HSP の三次元座標間の距離 Ra が近いほど親和性が高く，溶質は溶媒に良く溶解することが知られている。有機溶媒の HSP は公開ソフトウェア HSPiP のデータベース等から引用可能であり，溶質の HSP は各種溶媒への溶解性から実験的に求めるか，データベース内の類似化合物から類推するなどケースに応じて手法を使い分ける。ある物質と親和性の高い溶媒，低い溶媒の HSP を三次元空間にプロットすることで，ハンセン溶解球が得られる。機能性洗浄剤と対象物の親和性を高めたい（溶解性，吸着性を持たせたい）場合，ハンセン溶解球同士が重なり合うように水や複数の有機溶剤を混合して，機能性洗浄剤のハンセン溶解球の座標・大きさを制御するように組成設計を行うことで，目的の洗浄性能を発揮させることが可能となる。

### 2.2.3 pH 調整剤

機能性洗浄剤の pH を調整する酸，アルカリ化合物である。材料の表面状態は pH によって大きく特性を変えることが知られており，簡易的にはプールベ図（pH-電位図）からその状態を推し量ることが出来る。エッチングを促進したい場合は金属をイオン化出来る pH 領域，エッチングを抑制したい場合は金属を不働態化出来る pH 領域をそれぞれ選択する。薬液設計における初期座標が pH の決定であると言っても過言では無い。

### 2.2.4 金属防食剤

保護対象（ここでは金属）に対し，吸着や抗酸化作用により腐食を抑制する成分である。キ

レート化合物のように金属表面と不溶性錯体を形成する化合物がその一例である。キレート化合物の選定にはキレート安定度定数や HSAB 則を参考に，対象の金属との親和性の良いものを選定する。その他に，界面活性剤や特定の高分子など，吸着部位と阻害部位を併せ持つ化合物も有効である。吸着部位の構造には保護対象の表面との親和性を担保するために，静電相互作用，親疎水相互作用，配位結合力などを持たせるよう選定する。2.2.3 で述べた通り，目的によってpH 領域を定めると対象の表面状態（電荷，酸化状態）が定まるため，これを吸着部位選定の起点とする。阻害部位は立体障害，静電反発，疎水性相互作用などに着眼して設計する。溶剤系設計では金属と不溶性錯体を形成する複素環化合物，水系設計では表面を強く疎水化する長鎖アルキル基を持つ化合物等が防食剤の例として挙げられる。

## 2.3　JSR の機能性洗浄剤

　JSR は機能性洗浄剤として，ポストエッチ洗浄剤，厚膜レジスト剥離液，SOG（Spin-on-glass）剥離液，メタルハードマスク剥離液等を研究開発および製造販売している。代表的なグレードを表 1，2 に示す。

　#1 Cu PERR（Post Etch Residue Remover）は溶剤系のポストエッチ洗浄剤であり，Cu 配線構造形成時に使用される ILD ドライエッチング工程後の残渣除去を主目的に設計されている。ILD ドライエッチングにはフッ化炭素系ガスが多く用いられ，ILD 除去後のウェハー表面には炭素の重合体やハードマスクなどの混合物が残渣として付着する。この残渣を除去するためには，有機溶剤とアルカリを主成分とした洗浄剤が効果的に作用する。残渣成分は C, O, F 元素，処理構造によってはメタルハードマスク元素（Ti 等）が含まれ，特に残渣中にフッ素含有率が高い場合は残渣表面は疎水的であるため，疎水的な有機溶剤の含有比率を高めに設計することで残渣の除去効率が高まっている。強アルカリ成分は有機物表面に水酸基を導入し溶解性を高める。溶剤と強アルカリの組み合わせはフォトレジスト剥離にも好適に作用し，ネガ型，ポジ型いずれのタイプにも広範に使用可能である。

表 1　ポストエッチ洗浄剤製品一覧

| JSR Advanced Wet | | #1 Cu PERR 1st gen. | #2 Cu PERR 2nd gen. | #3 Co PERR |
|---|---|---|---|---|
| Application | Remove | •Photoresist •Cu post-etch residue | •Photoresist •Cu post-etch residue | •Co post-etch residue •CoOx, Co(OH)$_3$ |
| | Compatible | •ILD, SiO$_2$, SiN, TiN, Ti | •W, Co, SiO$_2$, ILD, SiN, TiN, Ti | •W, Co, SiO$_2$, ILD, SiN, TiN, Ti |
| Process tool | | Single wafer tool | Single wafer tool | Single wafer tool |
| Feature | pH | Alkaline | Alkaline | Neutral |
| | Other | No wafer particle | No wafer particle | Low process temperature |

表2 剥離液製品，開発品一覧

| JSR Advanced Wet | | #4 | #5 | #6 | #7 |
|---|---|---|---|---|---|
| | | PR Stripper | SOG remover | TiN remover<br>Cu compatible | TiN remover<br>W compatible |
| Application | Remove | ・Thick-PR remove<br>・Cu post-etch residue | ・SOG remove | ・TiN remove/pull-back<br>・Ti residue | ・TiN remove/pull-back<br>・Ti residue |
| | Compatible | ・Cu, SiO$_2$, ILD, SiN | ・Cu, SiO$_2$, ILD, SiN, SOC | ・Cu, SiO$_2$, ILD, SiN | ・W, SiO$_2$, ILD, SiN |
| Process tool | | Batch tool | Single wafer tool | Single wafer tool | Single wafer tool |
| Feature | pH | Alkaline | Alkaline | Neutral | Neutral |
| | Other | | Low process temperature | Toxic inhibitor free | Toxic inhibitor free |

　#2 Cu PERR は #1 の性能を維持しつつ，W，Co へのエッチング耐性を持たせることで適用範囲をより広げることを目的に設計されている。HSP, pH の制御により残渣除去性と金属防食性を担保し，さらに金属防食剤を適用することで技術的に困難な W と Co の防食両立を実現した。

　#3 Co PERR は Co 工程への適用を主目的として開発された水系設計のポストエッチ洗浄剤である。金属を含む工程に広く使用されているエッチング成分はヒドロキシルアミンであるが，ヒドロキシルアミンはその危険性の高さ，サプライチェーンの不自由さから使用を避けたいという市場ニーズが強い。そのため本製品は酸による残渣除去をコンセプトとしている。後の章で述べるが，先端ノードでは処理温度の低温化が進んできており，水系設計は薬液が低粘度でウェハー上での展開性が良いため，処理温度が低温であってもカバレッジ良く処理が可能であるというメリットもある。また，本製品は，Co PERR だけでなくヒドロキシルアミン系薬液が使用されている他の工程への展開も期待できる。

　#4 PR Stripper は厚膜レジストの剥離を目的に設計されたウェットエッチング液である。設計コンセプトを図1に示す。一般的なフォトレジスト剥離は，強アルカリによりレジスト表面や架橋構造を弱め，そこを起点に溶剤を浸潤させ，ウェハーとレジストの界面の結合を切断することで剥離を進める（ピーリング）。ピーリングによるレジスト剥離は処理時間が短く済む反面，レ

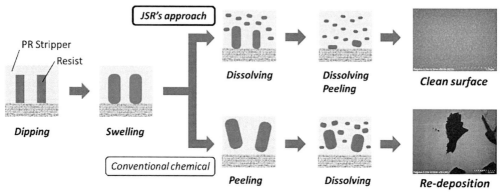

図1　PR Stripper の作用メカニズムコンセプト

第2章　半導体洗浄液の動向

ジストの塊が液中に残ってしまうため，剥離したレジストの再付着による欠陥が起こったり，溶剤の浸潤が不十分な箇所の剥離が進まなかったりといった欠点がある。JSR は自社主力製品であるフォトレジスト開発の知見から，複数溶剤の混合比等を適切に調整し，薬液をレジストの HSP 値に近づけることで，この欠点を克服する処方を開発した。レジストを剥離させてから溶解するのではなく，レジストを内部から溶解させて溶解と剥離を同時に進めることで，再付着の無い清浄な処理表面を得ることが可能となる。

#5 SOG remover は SOG の剥離を目的に設計されたウェットエッチング液である。SOG 剥離の考え方は上述のフォトレジスト剥離と似ているが，SOG は表面層と内部で濡れ性，極性が大きく異なるため，表面層をすばやくエッチングすることが効率的な剥離のキーポイントとなる。図2に示す通り，SOG の主成分は Si-O 結合であるが，Si が全て O と結合している Q-unit だけでなく，メチル基や芳香族置換基との結合を持つ T-unit が含まれる。製膜後の表面はより疎水的な T-unit が偏在しやすいが，JSR は自社製品ポートフォリオの SOG 開発の知見から，T-unit と相性のよい成分を導入することで SOG 表面層の効率的な除去を可能にした。これにより，ほとんどの SOG であれば室温（25℃）の処理での剥離が可能，架橋の強い構造であっても 40℃の処理で剥離可能である。

#6 TiN remover は，メタルハードマスクとして広く用いられる TiN の部分エッチング（プルバック）および剥離を目的に設計されたウェットエッチング液である。濃縮されたケミカル液を DIW と $H_2O_2$ で希釈して使用する。この製品は Cu 配線工程に用いられているが，一般的に Cu 防食に用いる強力なアゾール化合物を使用しないことをコンセプトに開発された。多くの半導体工場では日々大量の廃液が排出される。廃水処理工程の中で硝化という窒素化合物の分解工程があるが，この工程に用いる活性汚泥に含まれるバクテリアは，微量の Cu を添加することで活性を高めることが知られている。アゾール系防食剤はこの Cu と作用してしまうため，廃水処理の機能を阻害してしまうのである。JSR の TiN remover は CMP スラリー開発で得た知見から，適切な pH 制御と Cu 保護成分の導入により，強力なアゾール化合物を使用せずに Cu 腐食を抑制することに成功した。

#7 TiN remover は 2024 年現在開発中の製品である。#6 の設計と異なり W, Mo への防食作用を持たせることをコンセプトに開発を進めており，強酸化剤と酸の組み合わせによる高い

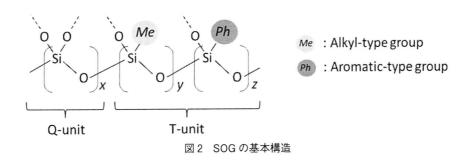

図2　SOG の基本構造

半導体製造における洗浄技術

表3 TiN remover のエッチングレート（ブランケットウェハー）

| #6 TiN remover | Etching rate (Å/min) | | | | | #7 TiN remover | Etching rate (Å/min) | | |
|---|---|---|---|---|---|---|---|---|---|
| | TiN | ILD | TEOS | SiON | Cu | | TiN | W | Mo |
| | 202.2 | 0.5 | 0.6 | 0.8 | 2.6 | | 208 | 2 | 17 |

TiN エッチング性と，独自の防食剤設計による金属防食により，高い TiN/W および TiN/Mo のエッチング選択比を達成した。今後先端ノード向けにリリースを予定している。#6，#7 について，ブランケットウェハーを用い測定したエッチングレートを表3にまとめた。

### 2.4 機能性洗浄剤の技術動向

半導体デバイス構造の微細化に伴い，半導体向け洗浄剤には新たな特性が求められるようになってきている。代表的な項目を以下に示す。

#### 2.4.1 省液化

コストダウンを目的に，枚葉洗浄装置メーカー各社は，薬液使用量を数十パーセント低下～半減させても従来通りの性能を維持できる装置のリリースを開始している。薬液吐出量が減少すると，スピン洗浄時の液膜が薄くなり，パーティクル異物の排出性が低下する。薬液としては，液中パーティクルを極限まで除去した高品質な製品が望まれる。また，少液ではウェハー上での展開性が悪く，カバレッジが低下する。物性としては低接触角，低粘度が望ましいが，低粘度化によりウェハー上での保持時間が短くなると洗浄性とのトレードオフが課題となる。

#### 2.4.2 低温化

省液化に伴い，40℃以上の高温プロセスではウェハー中央部から外周部にかけて温度差が発生しやすくなる。薬液吐出ノズルをスイープさせるなどの対策もあるが，液ハネや面内均一性を最適化した洗浄シーケンスをデバイスウェハー毎に作成することは大変な労力であるため，薬液は低温で作用する方が好ましい。低温であれば省エネルギー運用が可能であり，装置部材へのダメージも低減できるため，35℃以下の低温プロセスに適応した薬液開発が求められている。

#### 2.4.3 リサイクル性

フッ化水素酸等のバルク薬液での半導体洗浄では，ウェハー処理後の薬液を回収，濾過し，複数回ウェハー処理に用いられることが多い。この運用が機能性洗浄剤にも広げられてきており，繰り返し使用を前提とした薬液設計が必要となってきている。具体的には，ウェハー処理時に除去した物質のイオンによる性能への影響が無いこと，長時間薬液ライン中を加熱循環しても成分変動が無いことなどが挙げられる。パーティクルの混入は通常のフィルターで除去できるが，イオン除去フィルターは高価かつ短寿命であり適用出来ないことも多いため，性能に影響の出やすい Si や Al などは設計段階から低エッチングレートを担保しておく必要がある。成分変動については，水分や過酸化水素は濃度をモニターして必要に応じ補充するシステムを導入するケースがあるが，その他の成分変動は基本的に許されず，薬液安定性担保の面からも低温プロセスが選ば

れる傾向にある。

### 2.4.4 高アスペクト比

半導体デバイス構造の微細化に伴い，洗浄対象の高アスペクト比化が進んでいる。薬液に求められる特性としては，低接触角，低表面張力，低粘度等，溶剤系よりも水系の設計が有利である。濡れ性は IPA プリウェットで補うことも可能であるが，IPA と混和性が高く液置換が進む薬液設計である必要がある。

### 2.4.5 低パーティクル

従来問題にならなかったサイズのパーティクルがキラーになり得るため，液中パーティクル（LPC）の管理要求は年々厳しくなってきている。光学式の LPC 装置は粒子径 20〜30 nm が測定できるモデルが市販されているが，水や単一溶媒ではこの性能が発揮できるものの，機能性洗浄剤のような複数成分の混合溶液ではノイズが大きく測定困難である。そのため，新たな原理として噴霧式（CPC）のパーティクルカウンターの開発と活用が進んでいる。

## 2.5 終わりに

本稿では機能性洗浄剤について，JSR の設計思想や製品性能，次世代洗浄剤設計における課題や現状について述べた。JSR は幅広い半導体材料ポートフォリオを持つことを強みとし，高品質な材料と技術ソリューションをユーザーに提供している。我々は，顧客の求める性能と品質を満たし半導体の将来に貢献すべく，日々技術を磨き邁進し続ける所存である。

# 3 超高純度フッ化水素酸

山下耕司*

## 3.1 はじめに

フッ素化合物はその独特な物理的特性から，様々な用途にその利用範囲を広げている。農医薬品，有機高分子材料，無機工業材料，光ファイバー材料，その他ファインケミカル全般と，その用途は多岐にわたる[1]。

また，1970年代から勃興したシリコン半導体産業において，フッ化水素及びその水溶液であるフッ化水素酸は，シリコン化合物のエッチング，または洗浄工程において重要な役割を担うことになる。

最近は，自動運転，ブロックチェーン技術，生成AIなどの技術発展により，高度で複雑な情報処理が必要とされている。このトレンドに対応するためには，より高性能な半導体デバイスが必要であり，微細化による高性能化，低消費電力化への要望は今後も継続することが予想される。

近年，デバイス構造は従来のスケーリング則に従った2次元的な比例縮小による微細化が限界を迎えつつあり，回路構造を垂直に積層する3次元化の検討が進んでいる。この様な半導体デバイスの高集積化及び多層化が進むにつれて，製造プロセスも複雑になり，工程数も増え続けている。洗浄プロセスも増加する傾向にあり，フッ化水素酸をはじめとする高純度薬品に求められる品質，性能向上への要求は，増々厳しくなっている。

本稿では，フッ化水素の製造工程，高純度フッ化水素の精製技術について説明した後，先端の半導体製造プロセスにおける洗浄用フッ化水素酸の品質要求，及び最近の技術動向について紹介する。

## 3.2 フッ化水素の製造技術

### 3.2.1 フッ化水素の製造工程

フッ化水素の工業的製造は下式に示す，$CaF_2$（蛍石）と硫酸の吸熱反応によって，フッ化水素を発生し，石膏を副生する方法が現在も主流である。

$$CaF_2 + H_2SO_4 \rightarrow 2HF + CaSO_4 + \Delta H（吸熱）$$

図1に工業的フッ化水素製造フローを示す。この段階で得られるフッ化水素の純度は3N〜4Nレベルであり，この後段に精製工程を設けることで工業用フッ化水素（6Nレベル），さらに超高純度フッ化水素（9Nレベル以上）を得ることが出来る。

9Nレベル以上に至る超高純度技術は精製だけではなく，pptあるいはサブpptレベルの不純

---

*  Koji YAMASHITA　ステラケミファ㈱　研究開発部　リーダー

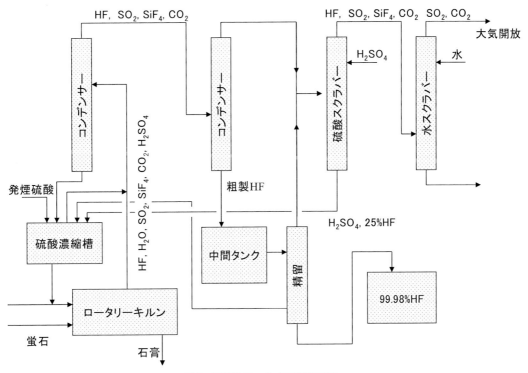

図1 工業的フッ化水素製造フロー

物分析技術，不純物溶出を極減したクリーン容器技術，クリーンルーム技術に代表される超高清浄環境技術，超純水技術など，様々な分野における技術の集積により成り立っている。

### 3.2.2 フッ化水素の超精製技術

半導体製造プロセスにおいて，フッ化水素酸はウェットエッチングや洗浄工程に使用されている。特に1wt%以下の希フッ化水素酸（DHF）は，洗浄工程でのファイナルリンス前である最終洗浄の工程で用いられ，高純度薬液の中でも特に低不純物が要求される薬液の一つである。

フッ化水素の精製工程は蒸留精製が主となるが，沸点差のみを利用した蒸留精製（物理的精製）では6Nレベルの純度の壁を超えることは非常に困難である。その理由は不純物の化学形態が極めて多種多様に及ぶからである。天然蛍石を原料として製造されるフッ化水素中には，有機・無機系，酸化・還元系の各種不純物が存在し，その化学形態は水和反応平衡と酸化還元平衡によって変化する。またフッ化物の形成やフッ化水素とのコンプレックス形成による化学形態変化もある。

1980年代よりこれらの問題を解決するため，様々な化学的精製を組み合わせることで超精製技術を構成している[2]。これらの技術を確立することで金属不純物として1ppt以下の超精製が可能となった。

## 3.3 超高純度フッ化水素酸の品質

### 3.3.1 金属不純物濃度の要求基準

　ウエハ上の汚染物質がさまざまな電気特性に影響を与えることはよく知られている。金属汚染は半導体デバイスの酸化膜耐圧不良，キャリアライフタイムの低下，リーク電流増加など電気特性の劣化，及び製品寿命や動作安定性などの信頼性低下を引き起こす。

　International Roadmap for Devices and Systems（IRDS）は，IEEE（電気電子技術者協会）が策定する電子デバイスやシステムの将来発展，又は技術に関するロードマップである。IRDS 2022: Yield Enhancement 2.0 には，ロジックデバイス製造プロセスで使用される純水，ガス，薬液などについて，各設計ノードで要求される品質レベルが掲載されている[3]。表1に IRDS 2022 Table YE 3 から抜粋した，49％フッ化水素酸中における金属不純物濃度の要求基準を示す。

　ロジックデバイスは設計ノード22〜14 nm 世代より，トランジスタ構造が従来のプレナー型から3次元 FinFET 型に移行している。現在，最先端の量産品における設計ノードは3 nm に達している[4]。IRDS 2022 に記載されるロジックデバイス（FinFET 型）の設計ノード5〜3 nm の製造プロセスにおいて，49％フッ化水素酸に要求される金属不純物レベルは20 ppt 以下に設定される。

　表2にステラケミファ㈱が現在市販する半導体プロセス用高純度フッ化水素酸の品質グレード一覧を示す。現在，一般的な製造ラインで用いられる SA，SA-X グレード，さらに最先端プロセス用あるいは試験研究用途として，SA-XX の3つのグレードが存在する。特に SA-XX は金属不純物が10 ppt 以下まで低減されており，先述した先端ロジックデバイスの設計ノード（5〜3 nm）で要求される金属不純物濃度に適合する超高純度フッ化水素酸となっている。

表1　ロジックデバイス製造プロセスで要求されるフッ化水素酸の金属不純物濃度

| Year of Production | | 2021 | 2022 | 2023 | 2024 | 2025 | 2026 |
|---|---|---|---|---|---|---|---|
| Logic industry "Node Range" Labeling　nm | | "5" | "3" | "3" | "3" | "2.1" | "2.1" |
| Logic device mainstream options | | FinFET | FinFET | FinFET | FinFET | LGAA[*1] | LGAA |
| 49% HF metals<br>Al, As, Ba, Ca, Cd, Co, Cr, Cu, Fe, K, Li, Mg, Mn, Mo, Na, Ni, Pb, Sb, Sn, Sr, Ti, V, W, Zn + Pt<br>POP[*2] cleaning chemisty | ppt | 20 | 20 | 20 | 20 | 20 | 20 |
| 49% HF metals<br>Al, As, Ba, Ca, Cd, Co, Cr, Cu, Fe, K, Li, Mg, Mn, Mo, Na, Ni, Pb, Sb, Sn, Sr, Ti, V, W, Zn + Pt<br>from Supplier | ppt | 20 | 20 | 20 | 20 | 20 | 20 |

＊1　LGAA：Lateral Gate-All-Around
＊2　POP：Point of Process

第2章　半導体洗浄液の動向

表2　半導体用高純度フッ化水素酸の品質規格一覧（50% HF）

| グレード | SA | SA-X | SA-XX |
|---|---|---|---|
| 不純物[*1] | (ppt) | | |
| Al | <500 | <80 | <8 |
| As | <500 | <80 | <8 |
| Ba | <500 | <80 | <8 |
| Ca | <500 | <80 | <8 |
| Cr | <500 | <80 | <8 |
| Cu | <500 | <30 | <8 |
| Fe | <500 | <80 | <8 |
| K | <500 | <80 | <8 |
| Li | <100 | <10 | <8 |
| Mg | <500 | <80 | <8 |
| Mn | <500 | <30 | <8 |
| Na | <500 | <80 | <8 |
| Ni | <500 | <80 | <8 |
| Pb | <500 | <30 | <8 |
| Sb | <100 | <30 | <8 |
| Zn | <500 | <30 | <8 |

＊1：金属不純物は，正規の品質規格より一部抜粋して記載

　先端ロジックデバイスの構造は，FinFET 構造からナノシート状のソース／ドレインをゲートが取り囲むゲートオールアラウンド（GAA：Gate All Around）構造への移行が進められており，今後も半導体デバイスの構造転換による微細化の進展で，洗浄工程で求められるフッ化水素酸の金属不純物レベル及びその管理基準は，厳格化することが予想される。

### 3.3.2　パーティクルの要求基準

　半導体製造プロセスにおけるパーティクル（微粒子）汚染は，フォトリソグラフィー工程における配線パターンの欠陥による断線，絶縁不良の発生，エピタキシャル工程では突起やピンホールなどによる成膜の不均一化，結晶欠陥の発生など，様々な不良の要因となり，電気特性の劣化，歩留まり低下などへ悪影響を及ぼすことが知られている。

　前出の IRDS 2022 では，ロジックデバイス製造プロセスの各設計ノードにおける薬液中のパーティクル数の要求基準が記載される。表3に IRDS 2022 から一部抜粋したものを示す。

　IRDS 2022 ではロジックデバイス（FinFET 型）の設計ノード5〜3 nm の製造プロセスにおいて，49%フッ化水素酸に要求される粒径20 nm の液中粒子数は，プロセスポイント（Point of Process）で45〜30 個/ml 以下，サプライヤーで450〜300 個/ml 以下に設定されている。

　前述の通り，最先端のロジックデバイスにおける量産品の設計ノードは3 nm に達している。IRDS 2022 で定義するデバイスへの影響が大きいパーティクルサイズは，設計ノード3 nm（FinFET 型）では電気的に非活性な粒子で9 nm 以下，電気的に活性な粒子で3 nm 以下に設定されている。現行の先端ロジックデバイスの製造プロセスで制御が要求されるパーティクルサイ

半導体製造における洗浄技術

表3　ロジックデバイス製造プロセスで要求されるフッ化水素酸の液中パーティクル基準

| Year of Production | | 2021 | 2022 | 2023 | 2024 | 2025 | 2026 |
|---|---|---|---|---|---|---|---|
| Logic industry "Node Range" Labeling | nm | "5" | "3" | "3" | "3" | "2.1" | "2.1" |
| Logic device mainstream options | | FinFET | FinFET | FinFET | FinFET | LGAA[*1] | LGAA |
| Critical particle size of non-electrically active (non-EAP) particles based on 50% of Logic 1/2 Pitch | nm | 10 | 9 | 9 | 9 | 7 | 7 |
| Critical particle size of electrically active particles based on 50% width of fin Logic SiGe Front End or other device critical dimensions for LGAA (>2 monolayers) | nm | 3.5 | 3 | 3 | 3 | 3.5 | 3.5 |
| 49% HF cleaning particle counts POP[*2] | 20nm/ml | 45 | 40 | 35 | 30 | 25 | 20 |
| 49% HF cleaning particle counts Supplier | 20nm/ml | 450 | 400 | 350 | 300 | 250 | 200 |

＊1　LGAA：Lateral Gate-All-Around
＊2　POP：Point of Process

ズは 10 nm 未満と極めて微細となり，フッ化水素酸を製造・供給するうえでは非常に厳しい基準となる。

　ウエハ表面のパーティクル付着状況は，ウエハ表面へのレーザー照射による表面検査装置（欠陥検査装置），走査電子顕微鏡（SEM：Scanning Electron Microscope）などによって計測可能で，表面検査装置における最新機種の最小可測粒径は 12.5 nm となる。一方で，フッ化水素酸中の液中パーティクルは，レーザー光散乱式の液中パーティクルカウンタ（LPC：Liquid-borne Particle Counter）により測定が行われ，簡便且つ迅速に行えるため半導体製造プロセスの工程管理でも広く使用されている。最新機種はリオン㈱の KS-20F，Particle Measuring Systems, Inc. の Chem 20 で，両機種とも最小可測粒径は 20 nm となる。

　先端ロジックデバイスの製造プロセスにおいて，制御対象となるパーティクルサイズは 10 nm 未満の領域となっている。一方で，現在市販される LPC はその要求レベルに追随できておらず，計測装置の性能向上が期待されている。

## 3.4　フッ化水素酸を使用した洗浄技術
### 3.4.1　既存の洗浄技術

　半導体製造プロセスにおけるウエット洗浄技術は，W. Kren と D. A. Puotinen によって 1970 年に確立された RCA 洗浄を基本としている[5]。その後，IMEC が開発した IMEC クリーン[6]，東北大学 大見教授の研究グループが開発した室温四工程洗浄[7]など省資源型の代替技術が提案されている。典型的な洗浄技術である RCA 洗浄では，強力な酸化力によって主に有機物汚染を

酸化・分解して除去する硫酸＋過酸化水素（SPM）洗浄，粒子汚染を除去するアンモニア＋過酸化水素（APM，またはSC-1）洗浄，金属汚染をイオン化して除去する塩酸＋過酸化水素（HPM，またはSC-2）洗浄，希フッ化水素酸（DHF）処理の組み合わせからなっている。RCA洗浄におけるDHF処理の目的は，各洗浄工程後のシリコン表面に形成されるケミカル酸化膜の除去，またはシリコン表面の水素終端化による化学的な安定化と再酸化の防止にある。また，室温四工程洗浄ではFPM（DHF＋過酸化水素）工程で金属汚染を酸化膜ごと除去するためにDHFが使用される[8]。

　ただし，典型的なRCA洗浄を使用するとウエハ表面のマイクロラフネス増加によるMOSトランジスタのチャネル移動度低下，シリコンリセスによるソース・ドレイン領域のドーパント減少といった電気特性の劣化が少なからず発生する。微細化が進む現在の半導体デバイスでは，その影響がより顕著となる。そこで，洗浄液の低濃度化，低温化によりウエハ表面へのダメージ低減が図られている。

### 3.4.2　枚葉スピン式による洗浄技術

　近年の洗浄技術のトレンドとして，多槽浸漬バッチ式から枚葉スピン式の採用が進んでいる。枚葉スピン式による洗浄処理では，クロスコンタミが少なく，ウエハ裏面やエッジ・ベベル部の汚染除去などにより，洗浄効率や歩留まりが高い，洗浄時間の短縮化などのメリットがある[9]。

　枚葉スピン式を活用した洗浄技術には，服部氏らの開発したO$_3$水とDHFを秒単位で繰り返し用いた枚葉スピン洗浄（SCROD：Single wafer Spin Cleaning with Repetitive Use of Ozonized Water and Dilute HF）があり，1990年代末から実用化されている[10]。

### 3.4.3　狭所空間の洗浄技術

　半導体デバイスの微細化，3次元化の進展に伴い3次元構造内，又は高アスペクト比の幅数nmの円柱構造内に配置される材料（SiO$_2$，TiN，SiGeなど）において，ウェットエッチング時のエッチレート低下が課題となっている。その要因として，3次元構造壁に囲まれた狭所空間内でのエッチャントイオンの拡散性低下[11]，或いは水和構造による誘電性低下に伴ったイオン濃度低下[12]が考えられている。

　㈱SCREENホールディングス上田氏らは，Poly-SiとSiに挟まれた幅3，5及び10nmの狭所空間において，DHFによるSiO$_2$エッチレート低下に関しSi表面の疎水性と表面電位の影響について調査した[13]。その結果，①低pHへの調整によるSi表面のゼータ電位上昇，②界面活性剤の静電気作用によるエッチャントイオンの狭所領域内への移動促進により（図2），狭所領域のエッチレート低下が改善すること報告している。pH調整剤の影響，残留する界面活性剤の除去などの課題はあるものの，本技術を洗浄工程で適用した場合，SiO$_2$エッチングの面内均一性の向上や処理時間の短縮が期待できる。

## 3.5　フッ化水素酸を使用した洗浄液の省資源化

　半導体デバイスの高集積化及び多層化が進むにつれて，製造プロセスも複雑になり，洗浄工程

半導体製造における洗浄技術

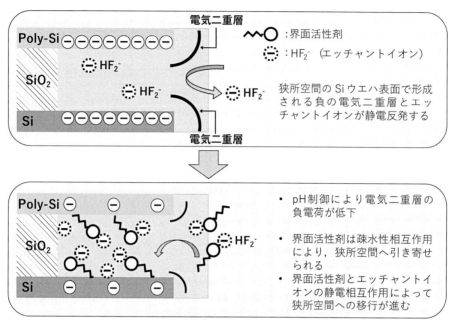

図2　狭所領域のエッチレート改善モデル

数も増加傾向となるが，環境保全の観点から薬液使用量の削減及び排水処理の負荷低減は大きな課題となっている。

　Samsung Electronics Co., Ltd. の H. j. Han 氏らは SPM/SC-1 の代替技術として $O_3$ 水＋DHF/SC-1 による枚葉スピン式の洗浄技術を報告している[14]。本技術によれば，パターン無しウエハ表面に付着させた $Si_3N_4$ 粒子を，従来の SPM／SC-1 洗浄より高効率で除去出来る。さらに，SC-1 処理後に超純水＋N2 スプレーを追加することで 98％の粒子除去率を達成している。

　本技術は，$Si_3N_4$ 粒子が以下の反応により，$O_3$ の酸化作用で $SiO_2$ へ酸化され，$SiO_2$ と HF の反応により $SiF_6^{2-}$ として溶解した効果が大きい。

$$O_3 \rightarrow O_2 + O \cdot \tag{1}$$

$$Si_3N_4 + 3O_2 \rightarrow 3SiO_2 + 2N_2 \tag{2}$$

$$SiO_2 + 6HF \rightarrow 2H^+ + SiF_6^{2-} + 2H_2O \tag{3}$$

　この様に酸化剤処理により金属，シリコン化合物から構成される粒子を酸化物とすることで，フッ化水素酸によるイオン化，溶解作用により枚葉スピン式処理での粒子除去率を向上することが出来る。また，$O_3$ 水＋DHF による有機物の酸化分解，有機汚染物のリフトオフ作用により，SPM 処理が省略可能になったと考えられる。

　AMC Research の F. Chen 氏らは STI（Shallow trench isolation）などの高アスペクト比のト

第2章　半導体洗浄液の動向

レンチ構造形成後に残留するポリマー残渣の除去方法として，枚葉スピン式による DHF／SC-1
＋メガソニック処理技術を開発した[15]。本技術によれば，ポリマー残渣に由来するパターンウエ
ハ上の欠陥を SC-1 ＋メガソニック処理と比較し，1/200 未満に低減可能としている。また，バッ
チ式洗浄で使用されていた SPM 処理も省略可能で，枚葉スピン式の採用により処理時間も短縮
している。

　本技術では，DHF 処理によりポリマー残渣物とウエハ表面との界面にアンダーカットが入り，
続く SC-1 ＋メガソニック処理によるリフトオフ，静電気反発による再付着防止により残渣物の
付着に由来する欠陥が低減したと考えられている。

　このように，付着粒子の構成成分に応じて，フッ化水素酸による酸化物の溶解，アンダーカッ
トなどの作用と枚葉スピン式処理を併用することで，SPM などの環境負荷の大きい洗浄工程を
代替，または低減できる技術が開発されている。

### 3.6　今後の課題

　半導体デバイスでは微細化，3 次元化の進展により，製造プロセスの洗浄薬液に求められる品
質レベルは今後も厳格化することが想定される。フッ化水素酸の製造では，精製技術，フィル
ター技術，容器材料，充填技術，超純水製造技術，計測技術などの改良により，デバイスメーカー
の品質要求に対応していく必要がある。

　フッ化水素酸を使用した洗浄では，シリコンより酸化還元電位の高い貴金属類の付着[16]，
DHF 中の低 pH 下でプラスに帯電した粒子がマイナスに帯電するシリコン表面に付着しやす
い[17]，酸化膜除去でシリコンマイクロラフネスが増大する，といった従来からの課題も引き続き
改善が求められる。

　また，線幅が狭く，且つ高アスペクト比のフォトレジストパターンや DRAM の円柱状キャパ
シタなどの微細構造には，DHF 又はエッチャントイオンの $HF_2^-$ が入りにくくなり，酸化膜の
エッチング不良も問題となっている。狭所空間を対象とした洗浄では，本稿で紹介した pH 調整
や界面活性剤の添加による Si 表面のゼータ電位制御，エッチャントイオンの移動促進技術など
の発展が期待される。

### 文　　　献

1)　R. E. Kirk, D. F. Othmer, "Fluorine Compounds, Inorganic", Encyclopedia of Chemical
　　Technology, Third Edition, Vol. 10, p. 733, John Wiley&Sons (1980)
2)　三木正博，大見忠弘，電子情報通信学会技術研究報告，**89**(174)，31-38，シリコン材料・
　　デバイス研究会（1989）

3) International Roadmap for Devices and Systems (IRDS™) 2022: Yield Enhancement, TableYE3, Technology Requirements for Surface Environmental Contamination Control, https://irds.ieee.org/editions/2022/irds%E2%84%A2-2022-yield-enhancement

4) 服部毅, "先進ロジック半導体メーカー3社の最新微細化ロードマップを読み解く", 服部毅のエンジニア論点, セミコンポータル (2024/07/18), https://www.semiconportal.com/archive/blog/insiders/hattori/240802-roadmap.html

5) W. Kern, D. A. Puotinen, *RCA Rev.*, **31**, 187-205 (1970)

6) M. Meuris *et al.*, *Solid State Technology*, **38**(7), 109 (1995)

7) ウルトラクリーンテクノロジー, 11 Suppl. 1, p. 45 (1999)

8) 森田博志, ウェットサイエンスが拓くプロダクトイノベーション, pp. 161-167, リアライズ理工センター (2001)

9) 服部毅, 表面技術, **59**(8) (2008)

10) T. Hattori *et al.*, *J. Electrochem. Soc.*, **145**, 3278-3284 (1998)

11) A. Okuyama *et al.*, *Solid State Phenomena*, **219**, 115, Trans Tech Publications (2021)

12) G. Vereecke *et al.*, *Solid State Phenomena*, **282**, 183-189, Trans Tech Publications (2018)

13) D. Ueda *et al.*, *Solid State Phenomena*, **314**, 155-160, Trans Tech Publications (2021)

14) H. j. Han *et al.*, *Solid State Phenomena*, **314**, 214-217, Trans Tech Publications (2021)

15) F. Chen *et al.*, *ECS Transaction*, **108**(4), 137-144, The Electrochemical Society (2022)

16) 森永均, ウェットサイエンスが拓くプロダクトイノベーション, pp. 25-40, リアライズ理工センター (2001)

17) 板野充司, ウェットサイエンスが拓くプロダクトイノベーション, pp. 41-53, リアライズ理工センター (2001)

# 第3章　半導体製造プロセスを支える洗浄・クリーン化・乾燥技術

## 1　シリコンウェーハ洗浄技術の過去・現在・未来

服部　毅[*]

　半導体デバイス製造において，高い歩留まりと信頼性を実現するために最も頻繁に使用される重要なプロセスである半導体ウェーハ洗浄に焦点を当て，この技術の過去の動向，現在の状況，および将来の展望について概説する[1,2]。

### 1.1　半導体産業黎明期の洗浄技術

　1947年に米国ベル研究所で，バーディーンとブラッテンにより点接触トランジスタが発明され，翌年にショックレーにより接合型トランジスタが発明された。それ以来，バイポーラトランジスタの原型であるこれらのデバイスの動作原理は，ベース領域への少数キャリアの注入によるエミッタ・コレクタ間の電流増幅であるため，少数キャリアのライフタイムキラーである金属汚染を制御しなければ所望の特性が得られないことがトランジスタ開発初期からわかっていた。金属汚染は，PN接合のリーク電流を増加させることも知られていた。特に，Ge基板表面にCuが付着していると，熱処理中にCuがアクセプタとして作用してN型GeがP型に変換してしまう現象が多くの研究者を悩ませた。

　そこでGeやその後登場するSiの基板表面を硝酸/フッ酸ベースの等方性エッチング液で薄く剥離し，表面汚染を除去する方法が広く使われた。これは，当時主流だったメサ型トランジスタのメサ構造の形成に欠かせぬエッチング液としても多用された。しかし，当時，米国には半導体製造用の高純度薬液は存在せず，金属不純物だらけの薬液を使用する限り，基板表面は，エッチング後といえども薬液起因の汚染を避けることはできなかった。

　そこで1950年代，ショックレーらは，基板表面に吸着した金属汚染をウェーハ裏面に誘引し捕獲する「ゲッタリング」手法を開発し，1960年に発表した[3]。半導体産業の黎明期には，金属汚染の除去に焦点が当てられ，最も一般的に使用されていた技術はエッチングとゲッタリングだった。

　1959年に米フェアチャイルド社でプレーナー技術とそれを用いた集積回路が発明され，1960年代に入り，いよいよ本格的な集積回路の時代を迎えた。

　1950/60年代に主に使われたエッチング及び洗浄液は，

---

　　*　Takeshi HATTORI　Hattori Consulting International　代表

半導体製造における洗浄技術

・シリコンエッチャント（$HNO_3/HF$）

・高濃度 HF

・混酸ボイル（$NHNO_3/H_2SO_4$）

・"ピラニア"（$H_2SO_4/H_2O_2$）

・超音波やブラシ洗浄（大きなパーティクル除去目的）

・有機溶剤（ワックスや大量の有機物除去目的）

などである。

　1960/70 年代に日本の半導体メーカーで採用されていた洗浄シーケンス（一例）は

・トリクロルエチレン→アセトン→アルコール→水洗

・混酸ボイル→硝酸ボイル→水洗

・必要に応じて HF で化学酸化膜除去→水洗

・乾燥（空気あるいは窒素吹付）

だった。当時は，脱脂と金属汚染除去に力点が置かれていた。


## 1.2　RCA 洗浄登場以降の洗浄技術

　1960 年代，放射性同位体を用いた金属汚染の洗浄による除去を数量的に評価する科学的な手法が広く用いられるようになり，米 RCA 社は 1965 年に，いわゆる「RCA 洗浄」を開発し，5 年間他社に極秘で生産導入したのち，1970 年に RCA Review 誌に公表した[4]。RCA が以前から電子管洗浄に用いていた洗浄液を半導体用に改良したものである。RCA 洗浄は，シリコンウェーハの標準的な洗浄液として現在に至るまで世界中で使用されている。

　RCA 洗浄液は，表 1 に示すようにアンモニア・過酸化水素水（SC-1）と塩酸・過酸化水素水（SC-2）の 2 液で構成されている。のちに，SC-1 と SC-2 の間に希釈フッ酸（DHF）処理を加えてウェーハ表面に形成された化学酸化膜を取り去った方が SC-2 による洗浄効果が増す手法が発表された[5]。さらに，1985 年には，RCA がメガソニックを併用することでパーティクル除去する手法を発表した[6]。その後，微細化が進むにつれて，薬液は希薄化，低温化，短時間化の傾向にある。

　トランジスタ黎明期には，金属汚染のみが注目されたが，一般に，半導体洗浄プロセスにおける洗浄の目的は，ウェーハに付着したパーティクルをはじめ，金属不純物，有機汚染物質，場合によっては自然酸化膜などを除去することである（図 1 ）。これら多様な対象物を除去するため，半導体プロセスでは，複数の洗浄液を組み合わせた洗浄法を採用している。表 2 に，半導体洗浄で用いられている代表的な洗浄液を一覧で示す。

　これらの薬液に界面活性剤やキレート剤を添加したり，過酸化水素水をオゾン水で置き換えたり，純水に各種ガスを添加したりと，様々な改良や変更が提案され，特定の目的のために実用化されている[7,8]。

第3章　半導体製造プロセスを支える洗浄・クリーン化・乾燥技術

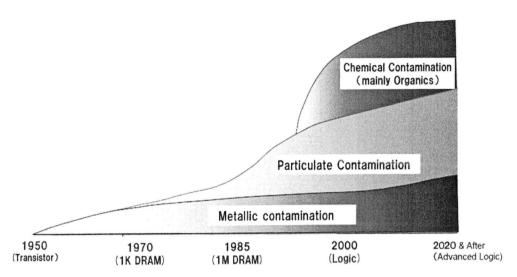

図1　半導体デバイスに悪影響を与える汚染の種類とその変遷

表1　RCA洗浄液の構成[4]

| 洗浄液名 | 化学組成 | 比率 | 温度 | 時間 | 頭字語 |
|---|---|---|---|---|---|
| RCA Standard Clean 1 (SC-1) | $NH_4OH$ $H_2O_2$ $H_2O$ | 1:1:5〜1:2:7 | 75℃〜85℃ | 10分〜20分 | APM* |
| RCA Standard Clean 2 (SC-2) | $HCl$ $H_2O_2$ $H_2O$ | 1:1:6〜1:2:8 | 75℃〜85℃ | 10分〜20分 | HPM** |

*APM = **A**nmonium Hydroxide/Hydrogen **P**eroxide/Water **M**ixture
**HPM = **H**ydrochronic Acid/Hydrogen **P**eroxide/Water **M**ixture

表2　半導体製造に使われている代表的な洗浄液

| 除去対象汚染 | 薬液（組成） |
|---|---|
| パーティクル | APM （$NH_4OH/H_2O_2/H_2O$） ＝ SC-1 |
| 金属不純物 | HPM （$HCl/H_2O_2/H_2O$） ＝ SC-2<br>SPM （$H_2SO_4/H_2O_2$） ＝ "ピラニア"<br>DHF （$HF/H_2O$） |
| 有機汚染物質 | SPM （$H_2SO_4/H_2O_2$）<br>APM （$NH_4OH/H_2O_2/H_2O$） ＝ SC-1 |
| 自然酸化膜 | DHF （$HF/H_2O$）<br>FPM （$HF/H_2O_2/H_2O$）<br>BHF （$NH_4F/HF/H_2O$） |

SPM = **S**ulfric Acid/**H**ydrogen **P**eroxide **M**ixture
DHF = **D**ilute **H**ydrofluoric Acid
HPM = **H**ydrofluoric Acid/**H**ydrogen **P**eroxide/Water **M**ixture
BHF = **B**uffered **H**ydrofluoric Acid

半導体製造における洗浄技術

### 1.3　半導体微細化に向けたウェーハ洗浄技術

#### 1.3.1　バッチ浸漬式から枚葉スピン式への移行

　半導体デバイスメーカーでは，バッチ式多槽浸漬洗浄が長年にわたり使用されてきたが，浸漬式はウェーハの相互汚染が問題になる。微細化に伴う異種新金属の導入によってこれはさらに深刻化した。この対策として，まずはCuを導入したBEOLで枚葉スピン方式が多用されるようになり，次いで，微細化や新材料対応のためにFEOLでも採用されるようになった。

　以前は，浸漬式洗浄はウェーハ表裏両面同時に洗浄できるが，スピン式は表面しか洗浄できないといわれたものだが，今では，浸漬式はウェーハ相互ウェーハ汚染相互汚染で表裏両面ともきれいに洗えないが，スピン式は従来の裏面吸着ではなくウェーハの側面をチャックピンで固定する方式に変わったのでウェーハ両面がきれいに洗える。時代とともに長所と欠点が逆転している点は特筆に値しよう。Cuなどの異種金属導入でエッジ・ベベル部も洗浄しなければならぬが，これは枚葉スピン式洗浄の独壇場である。世界洗浄装置市場で伝統的なバッチ式と後進の枚葉式の売上高が2008年頃に逆転し，その後，この流れは更に加速している。枚葉洗浄装置は，大量生産向けにすでに24スピン・チャンバ搭載装置が標準仕様になり，スループットの点でもバッチ式に引けを取らないレベルにまで向上している。

　薬液に関しては，従来の多槽浸漬式のためのRCA洗浄液を枚葉洗浄にそのまま転用するには問題がある。なぜなら，RCA洗浄を枚葉に適用することはスループットを著しく低め，経済的ではない上，環境への負荷が大きくなりすぎる。先端半導体ラインでは，オゾン水と希フッ酸を秒単位で繰り返し用いる枚葉スピン洗浄（Single-wafer Spin Cleaning with Repetitive Use of Ozonated Water and Diluted HF；SCROD）が実用化している[9]。さらには，SCROD洗浄の超微細構造対応版としてシリコンロスを抑止した超希釈HF/窒素ガス・アトマイジング・ジェットスプレイ枚葉洗浄法（Single-wafer Spin Cleaning Using Ultra-Diluted HF/Nitrogen Jet spray；SCLUD）も開発されている[10]。

　枚葉スピン洗浄へ移行できない最後の砦は，SiNの選択エッチングである。3D NANDフラッシュメモリ構造では，積層するメモリセルの層数だけ$SiO_2$膜とSiN膜を積層し，SiN膜だけ選択エッチングする工程があるが，SiNだけを極めて短時間でエッチングできる選択性の高いエッチング液や手法がまだ見いだせず，従来通りリン酸を用いた長時間浸漬式洗浄が行われている。

#### 1.3.2　異種新材料への対応

　デバイス構造を単に微細化するだけだと電気特性が劣化してしまう問題に遭遇し，これに新材料導入で対処しなければならない状況にある。続々と登場するこれら異種新材料の洗浄には，従来の薬液で簡単に侵されてしまうもの（例えばCu/Low-k材）や，逆に難溶解性のもの（例えばRu，Pt）もあり，ともにRCA洗浄は使えない。新たな薬液や洗浄法の開発が必要な場合が多い。

　FEOLにおいては，High-kゲートスタック形成後，コンタクト形成のために，トランジスタのソース・ドレイン領域上のHigh-k絶縁膜をエッチングにより除去する必要があるが，希フッ

*38*

第3章　半導体製造プロセスを支える洗浄・クリーン化・乾燥技術

酸に塩酸を添加した強酸性薬液を用いれば $SiO_2$ に対する High-k 材の選択性の高いウェット・エッチングが行える。メタルゲート電極には従来の酸化剤（$H_2O_2$）を含む薬液は，多くの金属を酸化溶解してしまうので，ゲート電極形成後のメタル露出部の洗浄には $H_2O_2$ を含まない洗浄液が用いられる。

　BEOL においては，Cu/low-k まわりの洗浄—ドライエッチング後のレジスト・ポリマー除去，Cu 表面清浄化・腐食防止，CMP 後洗浄での Cu 汚染除去，および裏面・ベベル部の Cu 汚染除去など—が大きな関心事となっている。CMP はますます多用化されるため，大量に付着する研磨粒子やスラリー残留物の低コストで効率的な除去がさらに重要になろう。ポスト CMP 洗浄は，被洗浄材料にやさしいだけでなく，環境に対してもやさしくなければならない。

### 1.3.3　物理的補助手段によるダメージ

　更なる微細化に対処するため，洗浄による基板表面マイクロラフネス増加の抑制や，エッチングによる基板 Si 表面領域のエッチングロスやスペーサー絶縁膜の膜減りの抑制が求められている。これらに対処するため，薬液は希釈化/低温化/短時間化の方向にある。希釈薬液は環境保全上からも望ましい。しかし，希釈化/低温化により汚染除去効率は著しく低下してしまう。これを避けるためにメガソニックや混相流ジェット・スプレーなどの物理的補助手段[11,12]を併用することになるが，微細回路パターンへのダメージ（パターン倒壊）が生じやすく，微細化と共にプロセス・ウィンドウは狭まる一方で，これらの物理的手段の採用を中止せざるをえないケースが増加している。純水中に水素あるいは窒素などのガスを適量溶存させて超音波の音圧を緩和すると同時に洗浄効率を向上させる検討も行われている。

### 1.3.4　ウェーハ乾燥時のパターン倒壊対策

　このような外部からの人為的な物理力によるパターン倒壊に加えて，洗浄に使用する薬液やリンス時に使用する純水の表面張力により発生する毛管力によってウェーハ乾燥時にパターン倒壊が頻発するようになった。MEMS では，機械駆動する中空構造を形成するために，成膜した犠牲層をエッチングする工程が必須である。エッチングあるいはその後の洗浄・乾燥中に，中空構造と基板がしばしば癒着することは以前から知られていたが，同じような倒壊現象が LSI でも生じるようになった（写真1）[12,13]。

　先端ラインでは，純水リンス後に，表面張力が水の約 1/3 であるイソプロピルアルコール（IPA）を液体のまま吹きかけて乾燥する手法が採用されている。最近は IPA を昇温して用いることにより，蒸発を速めてパターン倒壊をさらに防止する方法や，基板を特殊な有機溶剤で疎水コーティングしてリンス液・回路パターン界面（メニスカス）での接触角を90°にしてラプラス圧をゼロにする方法も一部で採用されているが，複雑な高アスペクト比回路パターンの倒壊を十分には防ぎきれないうえに有機汚染の心配も拭い去れない。

　パターン倒壊を防いでウェーハを乾燥させる究極の完璧な手段としては，表面張力が発生しない超臨界二酸化炭素（$SCCO_2$）[12,13]を用いる手法が実用化されている。詳細は，本書第3章13節を参照いただきたい。

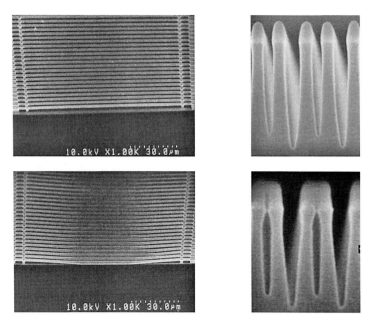

写真1 ビーム構造MEMS（左上）の中央部の固着（Stiction；左下），FinFET構造（右上）の倒壊（Collapse；右下）

### 1.4 ドライ洗浄

ウェット洗浄の代わりに，ドライ洗浄（Dry Cleaning）を用いれば，乾燥の必要がないので，パターン倒壊は発生しない。それなら，すぐにでもウェット洗浄がドライ洗浄に置き替わるかというと，そう簡単ではない。半導体プロセスはドライ化が進み，現在では多くの工程でウェットエッチングがドライエッチングに置き替わっているが，ドライエッチング工程が増えれば増えるほど，発生するパーティクル反応副生成物や残渣除去のためにウェット洗浄工程が増えるという皮肉な結果となっている。ドライ洗浄も同様な欠点があるが，乾燥工程が不要とか，減圧装置との相性が良いとか，ガスを利用するドライ洗浄では，微細な溝への反応種の侵入が容易などの利点がある[14,15]。

ドライ洗浄は，これまでウェット洗浄を補完する技術として，特定の汚染物質の除去を目的に一部の工程で使われてきたが，ウェット洗浄の包括的なドライ洗浄への転換の見通しは，残念ながらいまだに得られていない。半導体工場における水源の確保や水の使用量の削減が大きな環境問題となっているが，この見地からも水を用いない，汚染発生を抑制したドライ洗浄の今後の発展を期待したい。表3に，半導体表面の主なドライ洗浄手法を示す。

### 1.5 将来に向けた洗浄の課題

今後の半導体洗浄（エッチングを含む）の課題としては，
・より複雑な3次元ロジック・トランジスタ構造や3次元メモリ構造の高アスペクト比パターン

第3章　半導体製造プロセスを支える洗浄・クリーン化・乾燥技術

表3　代表的なドライクリーニング手法[15)]

| Contamination | Semiconductor Surface Dry-Cleaning Method |
|---|---|
| Particles | Cryogenic aerosol spray (Solid $N_2$) <br> Gas cluster ion beam irradiation ($CO_2$) <br> Laser beam irradiation (Femto-sec. laser) <br> Nano-probe sweeping/Nano-tweezers pickup |
| Organics | $UV/O_3$ (or $UV/O_2$) <br> $O_2$ plasma |
| Metals | $UV/Cl_2$ (or $UV/Cl_2/SiCl_4$) <br> $UV/F_2/O_2$ <br> Volatile organic metal (chelate complex) formation <br> HCl oxidation/anneal (at high temperature) |
| Native Oxide | HF vapor （$HF/H_2O$ or HF/Alcohol） <br> $UV/F_2/H_2$ <br> $NF_3/H_2$ or $NF_3/H_2O$ or $NF_3/NH_3/H_2$ plasma <br> $HF/NH_3$ (at elevated temperature) <br> $H_2$ anneal (at high temperature) |

や狭いスペースのエッチングや洗浄

・3次元 NAND フラッシュメモリ プロセスにおいて $SiO_2$ に対して選択性の高い SiN 膜や，GAA（Gate-All-Around）FET プロセスにおいて Si ナノシートに対して選択性の高い SiGe 層や，CFET プロセスにおいて低 Ge 比率 SiGe 層に対して選択比の高い SiGe 層の枚葉式スピンエッチングおよびクリーニング

・Ge/III-V/2D 材料を含む非 Si チャネル材料，Co/Ru/新合金などの先端ロジック IC の新しいメタライゼーション材料，MRAM や PCRAM などの新しいメモリ材料の洗浄と表面処理

・ウェーハ表面の非常に小さなナノパーティクルを検出し，マテリアルロスと物理的損傷の両方なしに除去

・表面張力のない超臨界 $CO_2$ や，乾燥工程を必要としないドライ洗浄を用いた，パターン倒壊のない高アスペクト比垂直構造の洗浄・乾燥

・EUV マスク，ペリクルの非水洗浄

・カーボンニュートラル要件を満たすために，より少ない薬液とより少ない水を使用した洗浄，さらにはドライクリーニングの導入による環境に優しいウェーハ洗浄

などが挙げられる。

## 1.6　おわりに

　半導体表面洗浄技術は，過去80年近くにわたり進歩を続けてきた。回路パターンの微細化が進み，すでに3nm プロセスを用いたロジックデバイスが量産され，2nm 製品の試作も始まっており，1nm プロセス開発のめども立っている。トランジスタの GAA ナノシート構造化，

半導体製造における洗浄技術

NANDフラッシュメモリやDRAMの3次元積層化，TSV（Through Silicon Via）やCu–Cu直接接合を用いた3次元実装など新材料・新構造に適切に対応するため，新たな洗浄・乾燥手法が求められている。

　半導体洗浄技術は，変革期を迎えている。今後は，汚染除去のための表面洗浄だけではなく，むしろ原子レベルでの最適表面状態制御（Surface Conditioning）や次の工程への最適表面の提供（Surface Preparation）がナノデバイスでは重要度を増すであろう。地球環境に配慮した負荷低減，とりわけ，ウェーハ洗浄に使用される純水の使用量削減や再生が強く求められている。上述してきた精密洗浄の課題を研究への挑戦や新たなビジネスへのチャンスととらえて，デバイスメーカー，装置メーカー，薬材メーカー，およびアカデミアの相互協力により，半導体洗浄技術の今後の進展を期待している。

## 文　　　献

1) T. Hattori, *Solid State Phenomena*, **346**, 3 (2023)
2) T. Hattori, Semicon Korea 2024, SEMI Technology Symposium (2024), https://www.semiconkorea.org/en/node/8191
3) A. Goetzberger and W. Shockey, *J. Applied Physics*, **31**, 1821 (1960)
4) W. Kern and D. Puotinen, *RCA Review*, **31**, 187 (1970)
5) W. Kern, *RCA Engineer*, **28**(4), 99 (1983)
6) W. Kern, *RCA Review*, **46**, 81 (1985)
7) 服部毅，半導体洗浄乾燥技術セミナーテキスト，情報機構 (2024)
8) 服部毅，新編シリコンウェーハ表面のクリーン化技術，リアライズ (2000)
9) T. Hattori *et al.*, *J. Electrochemical Society*, **145**(9), 3278 (1998)
10) T. Hattori *et al.*, *IEEE Trans. Semiconductor Manufacturing*, **20**(3), 252 (2007)
11) 服部毅，日本混相流学会誌，**24**(1), 13 (2010)
12) T. Hattori, *ECS J. Solod State Science and Technology*, **3**(1), N3054 (2014)
13) 近藤英一，半導体・MEMSのための超臨界流体，コロナ社 (2012)
14) 服部毅，シリコンと化合物半導体の超精密・微細加工プロセス技術，257-268，シーエムシー出版 (2024)
15) 服部毅，表面と真空，**61**(2), 56 (2018)

## 2　半導体ウェット洗浄技術の基礎と最先端技術

樋口鮎美[*]

　2020年に始まったパンデミックによる混乱を機に，半導体が我々の生活に不可欠であることを，世界中の人々が再認識することとなった。半導体はパソコン，スマートフォンという限定的なアプリケーションから，家電，産業機械や自動車等あらゆるものに搭載されるようになり，近年はAIを含むデータセンター関連の需要が急成長を遂げ，今後も半導体市場をけん引していくであろうことは想像に難くない。

　半導体デバイスが完成するまでには数百の工程があり，そのうちウェハー洗浄の工程が約30％を占めていると言われており[1)]，特に高度なクリーンレベルが求められる洗浄工程は非常に重要な役割を担っている。

　この節では，最も微細化が進んだ先端半導体デバイス製造における，洗浄技術の最新動向を解説する。まず，半導体洗浄プロセスの概略を述べ，要求される洗浄性能と，それを達成するにあたっての技術課題を示し，各課題を解決するための最新技術を紹介する。

### 2.1　半導体洗浄プロセス

　半導体デバイス製造における洗浄プロセスは，ウェハー表面の異物や金属イオン，レジスト等を除去する工程などがあり，これらの性能は製品歩留りに大きく影響を及ぼす。洗浄プロセスには，大きく分けてドライ洗浄とウェット洗浄があるが，その大部分はウェット洗浄が占めているため，この節ではウェット洗浄について述べる。

#### 2.1.1　半導体洗浄方式

　半導体洗浄プロセスには，複数枚のウェハーを同時に処理する「バッチ式洗浄」と，ウェハーを1枚ずつ処理する「枚葉式洗浄」がある（図1）。

　バッチ式洗浄は，半導体デバイスが200 mmウェハーで作られていた頃から採用されており，数十枚のウェハーを同時に洗浄することができるため，生産性が高い。近年では，微細化の要求から，ウェハー毎に精密に洗浄する必要性が高まっており。ウェハーを1枚ずつ処理する枚葉式洗浄が先端半導体デバイス製造では主流となっている。

　枚葉洗浄プロセスは，一般的に次のような工程で構成されている（図2）。

　(a)　薬液処理工程

　洗浄装置のプロセスチャンバー内にウェハーを水平に設置し，回転させながらウェハー上部の吐出ノズルから薬液を吐出して処理する。処理の目的に応じて適した薬液を使い分け，温度や処

---

　＊　Ayumi HIGUCHI　㈱SCREENセミコンダクターソリューションズ　洗浄要素開発統轄部
　　　　　　　　基盤技術開発部　基盤技術開発1課　課長

図1 バッチ式洗浄装置（左）と枚葉式洗浄装置（右）

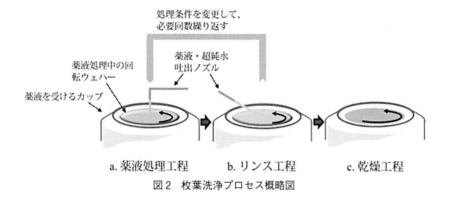

図2 枚葉洗浄プロセス概略図

理時間，ウェハーの回転数等がプロセス条件として細かく設定される。

　(b) リンス工程

　超純水を吐出してウェハー上の薬液を洗い流す。

　(c) 乾燥工程

　ウェハーを高速回転させ，ウェハー上の液体を完全に除去する。

　枚葉式洗浄装置では，プロセス条件を変えた処理をa→b→a→b…cの様に複数回繰り返すことで，パーティクル除去や金属イオン除去，エッチング等，目的の異なる洗浄プロセスを連続して行える。

## 2.2　先端半導体デバイス製造における洗浄プロセスの課題

　先端半導体デバイスの洗浄プロセスにおいては，パターン形成時に付着する異物の除去，Si表面上の$SiO_2$層除去等の成膜前表面処理や，対象材料の選択的エッチングのように，直接的にパターニング工程を担うものなど，様々な目的に対応する薬液処理がある。さらに仕上げ処理としてのウェハー乾燥工程においても，乾燥後の残留パーティクルの低減やパターン倒壊防止など，様々な課題がある。

　ここでは，先端半導体デバイス製造における洗浄プロセスの新たな課題について詳細を述べる。

第3章 半導体製造プロセスを支える洗浄・クリーン化・乾燥技術

## 2.2.1 パーティクル制御
### (1) 欠陥密度の定義

半導体製造における「欠陥」には、Si基板中の結晶性を阻害するものや、$SiO_2$膜などの中に存在する金属パーティクルなど、様々な種類のものがあり、電気特性や信頼性に影響を与える。ウェハーの汚染度合いを把握する指標として、単位面積あたりの欠陥数を示す「欠陥密度」という考え方がある[2]。欠陥の中でも製造歩留りに大きく影響する粒子状の異物はパーティクルと呼ばれ、半導体洗浄においては、処理後のウェハー上に残るパーティクルの数が洗浄プロセスの能力の指標となる。パーティクル要求値の極小化に伴い、計測技術も進化してはいるが、半導体デバイスの複雑さや絶えず縮小を続けるスケーリングにより、管理すべきパーティクルサイズが最先端の計測機器の検出下限をはるかに下回るといった現象が起きている。そのため、パーティクルの数は、そのサイズが小さくなるほど指数関数的に増加する性質を利用して、式(1)のべき乗則を利用して定義される[3]。

$$D(x) = kx^{-3}$$

式(1) パーティクルサイズ (x) と個数Dの関係式。kは環境ごとに変わる係数

この式を用いて計算した結果を図3に示す。

式(1)は特定サイズのパーティクルでの欠陥密度であるので、管理すべき欠陥密度$D_0$は、最小サイズ Xmin からすべてのサイズのパーティクルに対して積分する式(2)で算出される。

$$D_0 = \int_{xmin}^{\infty} D(x)\,dx = k\int_{xmin}^{\infty} x^{-q}dx = k\left[-\frac{x^{-q+1}}{q-1}\right]_{xmin}^{\infty} = 0 + k\left(\frac{X_{min}^{-q+1}}{q-1}\right)$$

式(2) 欠陥密度計算式

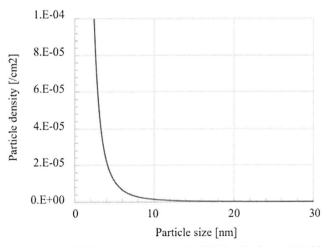

図3 式1から計算されたウェハー上の欠陥密度の例（k＝1の場合）

45

半導体製造における洗浄技術

　IRDSのロードマップによれば，現在，最も要求の高い洗浄工程においては，10 nm以下のパーティクルをウェハー上で5個以下にすることが指標として示されている[4]。これは欠陥密度としては7E-3個/cm$^2$となり，非常に高い指標であるため，洗浄プロセスにおいては，様々なパーティクル制御技術を取り入れる必要がある。

⑵　半導体洗浄プロセスでのパーティクル制御の考え方

　半導体洗浄における欠陥密度低減は，ウェハーに付着しているパーティクルをいかにして除去するかということが主な課題であった。1970年代から物理洗浄が効果的に用いられ，その中でも超音波を使用した洗浄が主流だった[5]が，デバイスの微細化に伴い，キャビテーション等の衝撃力によるパターン倒壊が発生してしまう問題が顕著になった[6]。そのため，衝撃力を制御可能な二流体洗浄が導入されるようになった[7,8]。さらに近年は，ポリマーをパターン間に埋め込んでパーティクルを取り込んだポリマーを取り除くという新しいコンセプトの洗浄方法が提案されている[9]。

　しかし前述のとおり，デバイスの微細化に伴って，取り除くべきパーティクルのサイズも小さくなっているため，欠陥密度の指標値に近づけるには，これまでのパーティクル除去技術だけでは不十分になってきている。例えば，パーティクル除去工程以降の，別薬液による処理工程，乾燥工程や処理後のウェハー搬送時に再付着するパーティクルなど，様々な課題が浮彫りになってきている。

　従来から，半導体洗浄プロセスで使用される純水・薬液・接液部材・周辺環境の清浄化は行われてきた。例えば，駆動パーツの材料や構造を変更して発塵を抑制したり，フィルターのポア径小さくして微小なパーティクルを取り除いたりするといった方法である。図3のグラフを例にとると，管理対象のパーティクルサイズが20 nm以上であれば，パーティクルは殆ど存在しないため問題はないが，管理対象が10 nm以下となった場合，その数は急激に増えることが想定されるため，欠陥リスクが高まると言える。これらのパーティクル源としては様々なものが考えられるが，一例として，純水や薬液のラインにおいて，最小ポア径のフィルターでも除去出来ない微小なパーティクル，純水や薬液と接する接液部材からの溶出物や，クリーンルーム環境由来の気中パーティクル等が挙げられる。これらの想定要因を念頭に入れ，具体的な洗浄装置内でのパーティクル発生源を特定し，設計・組み立て段階から要因を排除しておくことが最重要課題となっている。

## 2.2.2　乾燥技術

⑴　乾燥の役割

　洗浄工程で濡れたウェハーを乾かすのが乾燥工程の役割ではあるが，その乾燥工程でウェハー表面に異物を再付着させてしまうことは，洗った衣類の洗濯物に再度汚れを付けてしまうのと同様，せっかく洗浄したものを台無しにしてしまう。そのため，ウェハーから液体を取り除くのと同時に，ウェハーの表面状態を悪化させないことも乾燥技術に与えられた重要な役割の1つである。

第3章　半導体製造プロセスを支える洗浄・クリーン化・乾燥技術

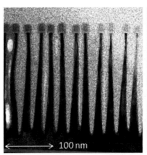
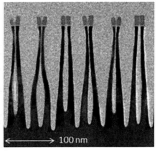

図4　半導体デバイスの微細構造（左）とパターン倒壊（右）

　洗浄液中の酸化剤や空気中の酸素によってSiの表面にはSiO$_2$膜が形成される。そのSiO$_2$膜が後続の製造工程で不要な場合，dHF等で化学的に溶解除去され，その後，超純水でdHFを洗い流し，ウェハーの乾燥処理へと移行するが，通常のスピンドライや減圧乾燥を行うと，ウォーターマークと呼ばれる異物が発生してしまう*。その抑制にはウェハー上の純水を有機溶剤で置換するのが有効であると分かり，IPA（iso-propyl alcohol）を用いた乾燥が2000年頃から今日まで広く使われている[10]。

　ところが，ここで別の問題が出てきた。微細化が進んだパターンにおいては，IPAであっても，図4のようなパターン倒壊が起ってしまうケースが出てきたのである[11]。半導体の分野で初めてパターン倒壊が報告されたのはフォトレジストパターンに関するものであった[12,13]。乾燥の過程でパターンの隙間に湾曲した気液界面であるメニスカスができ，それによって発生する毛管力でパターンが変形し倒壊へと至る，というのがこのとき提案されたモデルである。毛管現象に関する研究は，HauksbeeやJurinによって体系的に行われてきた[14]が，パターン倒壊モデルにおいて毛管力として引用されてきたのが，19世紀の初めに，Youngによって導出されたヤング-ラプラスの式 $\Delta P \propto 2\gamma \cos\theta/s$ である[15]。これは，湾曲した界面を隔てた2物質間の圧力差（ラプラス圧）を示すものであり，乾燥においては，$\gamma$がIPAの表面張力，$\theta$がパターン表面でのIPAの接触角，sがパターン間の隙間の幅として計算される。

(2)　次世代乾燥技術：昇華乾燥

　毛管力モデルに基づき，パターン倒壊を抑制するための手法がこれまでいくつか提案されてきた。その一つに超臨界CO$_2$がある。超臨界状態では表面張力がほぼゼロになることを利用してラプラス圧を発生させずに乾燥する試みで，MEMSのパターン倒壊抑制で提案されたのが最初であった[16,17]。それとは異なる手法で，パターンの隙間に固化膜を埋めてパターンの倒壊を抑える手法も提案されている[18,19]。

　ここでは，固化膜を埋め込む手法を発展させた昇華乾燥の例を示す。昇華乾燥の処理シーケンスは，図5のように，まず昇華性物質を溶かした液でパターンを覆い，次に溶媒のみを蒸発させることで昇華性物質の固化膜を形成し，最後に固化膜を昇華させるという乾燥技術である[11]。これによって乾燥の過程でラプラス圧の元となるメニスカスを発生させないというのが狙いである。

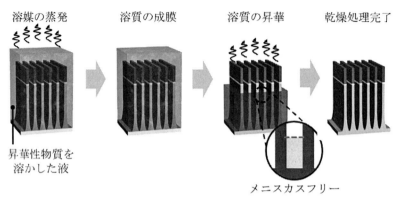

図5 昇華乾燥のコンセプト説明

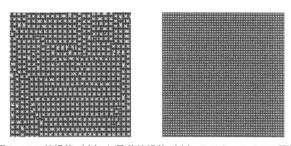

図6 IPA乾燥後（左）と昇華乾燥後（右）のパターンSEM画像

　図6に各種乾燥後のパターンSEM画像を示す。IPA乾燥ではほぼ100%倒壊するSiパターンでも，昇華乾燥においては倒壊が見られておらず，昇華乾燥が微細パターン構造における乾燥に有用であることを示している[11]。

(3) 今後の展望

　乾燥で提案されてきたIPA，超臨界$CO_2$，および，昇華性物質は最終的には気相への相変化を伴う。乾燥工程起因のパーティクル問題は，IPA中に金属等の不揮発性不純物が含まれていた場合に，IPAの蒸発過程でそれがウェハー表面に濃縮することで起こる。今後，より高い歩留りを達成するため，半導体洗浄における汚染管理がさらに厳しくなると，蒸発による相変化を伴わない，つまり不揮発性不純物の残留が起こらない吸水方式や撥水方式[20]を用いた新しい乾燥技術の開発が期待される。

## 2.3　シミュレーションの活用

　枚葉式洗浄装置での洗浄プロセスにおいて，ウェハー表面の化学反応をダイナミックに理解するためには少なくとも，ウェハー上の液膜の挙動を明らかにする必要がある。しかし，ウェハーは通常数百rpm以上で回転しており，その時のウェハー上の液膜の厚さは1mm以下となっている。またウェハー上に滞在する時間も1秒以下と短いため，液膜の挙動を実観察により明らか

第3章　半導体製造プロセスを支える洗浄・クリーン化・乾燥技術

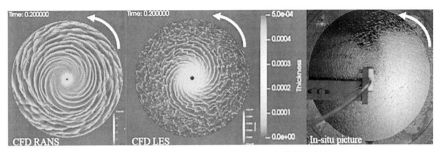

図7　ウェハー基板上の液膜状態の流体計算結果
計算条件毎（左：RANS，中：LES）の差と，実際の観察結果（右）との比較

にすることは困難である。さらに，半導体デバイスの構造は$\mu$mや先端デバイスではnmオーダーのため，デバイス表面の化学反応の理解のためには，原子・分子レベルでも考える必要があるが，こうした原子・分子レベルの現象を実観察することもまた困難である。こういった実観察が難しいケースでは，シミュレーションが有効である。この項では，それらの取組みを紹介する。

### 2.3.1　液膜シミュレーション

回転基板上の液膜シミュレーション計算をCFD（Computational Fluid Dynamics）で実施する場合，気体と液体の混相流計算を非定常で行う必要がある。しかし，この手法で直径300 mmのウェハー全体で計算を実施すると計算時間が膨大となり，現実的な時間内で結果を得ることが困難であった。この課題に対し，モデルを2D化して計算量を低減することで，液膜の広がり速度と厚みを短い計算時間でも精度良く計算出来ることが示された[21]。その後，3Dで直径300 mmのウェハー全体のモデルであっても，液膜モデルを利用した近似計算方法で計算量を低減するアプローチが行われ，その有効性が示されている[22]。また，近年の計算機の計算能力向上に伴って，モデルを精細にすることが可能となり，計算に使用する乱流モデルを，精度は低いが計算時間が短いRANS法から，精度は高いが計算時間がかかるLES法に変更しても現実的な時間内で計算結果を得ることが可能となった。300 mmウェハーの全体モデルの計算要素を従来の約500万セルから約2600万セルに増やして，混相流のLES法を使用して計算することで，図7のようにRANS法よりも実際の観察結果に近い複雑な波形状の結果が得られている[23,24]。

今後は，計算機の能力向上と計算技術の発展により，液膜内の化学反応やパーティクルの挙動についての詳細なシミュレーションへの展開が期待されている。

### 2.3.2　分子シミュレーション

先端半導体デバイスのサイズはnmオーダーとなり，このスケールでの洗浄プロセスを明らかにする必要がある。近年のコンピュータの計算能力向上により，分子動力学計算技術を使用してシミュレーションを行う事例が増えている。

例えば，数nm以下の溝への水の浸入について計算を行い，溝への浸入はSi表面と水との接触角が90度未満であればnmサイズの溝にも水が浸入可能なことを示した報告[25]がある。さら

*49*

半導体製造における洗浄技術

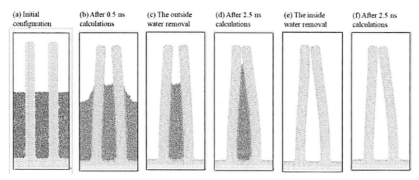

図8 Siフィン構造変形の計算結果
Siフィン構造の間に水分子を設置（a）し，時間経過によりSiフィンが接触するまで構造が変形（b, c, d），接触したSiフィン同士が吸着することで接触が維持（e, f）される。

に，SiやSiO_2表面との相互作用や，分子吸着や構造物の変形に関しても計算対象は広がってきている。洗浄後の乾燥工程で発生するパターン倒壊に関して，ナノスケールのSiのフィン構造をモデル化し，乾燥工程を模擬した計算を行うことで，図8のようにSiフィンの構造変形が再現することが報告されている[26]。

今後は，分子動力学の新技術として反応性力場を使用した原子・分子の反応を扱える技術[27]の適用が期待されている。

### 2.4 AIの活用

本節の冒頭で記載したように，半導体の進化がAIの進化を支えていると言える状況であるが，半導体製造プロセスにおいてもAIを活用する動きが活発になっている。図2で洗浄プロセスの概略を説明したが，実際の処理はハード面とソフト面の両方で多くのパラメータが関与している。ハード面は処理液を吐出するノズルの形状や位置など，ソフト面は処理液を切り替えるタイミングなどを設定した処理レシピが代表的なものであるが，細かく見ると非常に多くのパラメータで一連の洗浄プロセスが成り立っていると言える。洗浄プロセス条件を指定したレシピは，従来，人の手によって繰り返し実験を行って最適化されてきたが，ここにAIを活用する取組みが行われている[28,29]。実際に洗浄プロセスを行い，その条件と結果を教師データとしてベイズ最適化を繰り返すことで，結果に影響を及ぼすパラメータを導き出すと同時に，最適なレシピを提示するシステムを構築できる。図9はAIシステムを用いて，ウェハー上に付着するパーティクル数を減らす目的で条件探索を行った結果を示している。AIが提示した条件で処理を行うことで，パーティクル付着量が減ると同時に，繰り返し処理のバラつきも小さくなり，安定したプロセス条件が見つかった一例である。

このようにAIシステムを用いることで，多くの時間を費やすことなく最適なプロセス条件を得ることができる。急速に進化する半導体デバイス構造に適用できる製造プロセスをタイムリー

第3章　半導体製造プロセスを支える洗浄・クリーン化・乾燥技術

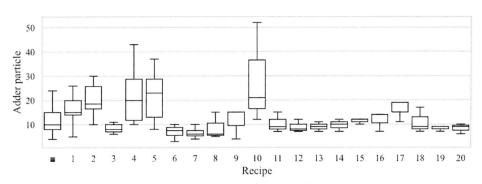

図9　AIシステムによるプロセス条件探索結果

に構築するためには，今後ますますAIは不可欠なものになってくる。

半導体の技術革新はAIを大きく発展させ，AIもまた半導体の進化を加速させる，すでに共存関係にあると言えるかもしれない。

## 2.5　環境負荷低減に向けた取り組み

もはや半導体は産業において重要なインフラとも言える位置づけにあるが，環境負荷への影響も大きい。半導体デバイスを製造するためには大量の電力，純水や薬液を使用するためである。近年ではグローバル企業各社がネットゼロ宣言を行い，半導体業界においても国内外問わず様々なコンソーシアムが設立されて，カーボンニュートラルに関する取組みが活発に行われている。半導体の洗浄プロセスを改善すると，LSIチップの製造効率が上がり，結果として使用するユーティリティや電力が削減できる。そのため洗浄性能を高めることが$CO_2$排出量削減に貢献できることになる。$CO_2$排出量の現状を把握するため，図10に示したようなライフサイクルフロー図を作成し，半導体洗浄装置のライフサイクル全体における$CO_2$排出量（$LCCO_2$）を算定するライフサイクルアセスメント（LCA）の取組みが行われている。

LCAは，"ゆりかごから墓場まで"が概念となっているとおり，原材料の調達から装置廃棄ま

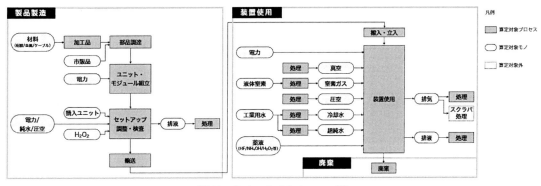

図10　ライフサイクルフロー図

でのCO$_2$排出量の算出が必要であるが，これによりホットスポットを特定することができれば，CO$_2$排出量削減にむけた具体的なターゲットを絞り込むことができる。

　また，半導体の洗浄プロセスに関しては，ストックホルム条約第9回締約国会議で，PFOA/PFOS等の有機フッ素化合物が人体への影響の懸念から国際的な規制が合意され，今後，他の有機フッ素化合物へも規制が広がると思われる。洗浄プロセスにおいて様々な薬液を使用するにあたり，耐薬性，耐熱性に優れたフッ素樹脂は接液部で標準的に用いられ，その使用量も膨大である。このように，洗浄装置の構成部材でも新たな挑戦が求められている。

## 2.6　まとめ

　社会の変化に伴う半導体の進化と技術革新に対応するため，半導体洗浄技術は，従来のパーティクル制御技術等のプロセス開発に加え，シミュレーションやAI，環境適合材料の開発も歩みを止めることなく進められている。こういった取組みはほんの一部であり，常に新たな技術の導入と革新が求められる中，技術者たちは日々挑戦を続けている。

文　　　献

1) https://semi-journal.jp/basics/process/cleaning.html#google_vignette
2) IRDS$^{TM}$ 2023: Yield Enhancement, P 8-11
3) IRDS$^{TM}$ 2023: Yield Enhancement, P 12
4) IRDS$^{TM}$ 2023: Yield Enhancement, P 14
5) T. G. Kim *et al., Solid State Phenomena*, **187**, 123-126 (2012)
6) H. Tomita *et al., Solid State Phenomena*, **145-146**, 3-6 (2009)
7) M. Sato *et al., ECS Transactions*, **41**(5), 75-82 (2011)
8) T. Tanaka *et al., Solid State Phenomena*, **187**, 153-156 (2012)
9) Y. Yoshida *et al., Solid State Phenomena*, **314**, 222-227 (2021)
10) D. W. Bassett, *ECS Transactions*, **92**(2), 95-106 (2019)
11) 田中，化学工学，**87**(1), 37-40 (2023)
12) K. Deguchi *et al., Jpn. J. Appl. Phys.*, **31**, 2954 (1992)
13) T. Tanaka *et al., Jpn. J. Appl. Phys.*, **32**, 6059 (1993)
14) P.-G. de Gennes *et al.*, Capillarity and Wetting Phenomena, pp. 49-53, Springer Science+Business Media, New York, USA (2004)
15) T. Young, *Philos. Trans. R. Soc. London*, **95**, 65 (1805)
16) C. W. Dyck *et al., Proc. SPIE*, **2879**, 225-235 (1996)
17) N. Tas *et al., J. Micromech. Microeng.*, **6**(4), 385 (1996)
18) H. Guckel *et al., Sensors and Actuators*, **20**(1), 117 (1989)

第3章　半導体製造プロセスを支える洗浄・クリーン化・乾燥技術

19) M. Orpana *et al.*, *Solid-State Sensors and Actuators*, 957-960（1991）
20) P.-G. de Gennes *et al.*, Capillarity and Wetting Phenomena, p. 153, Springer Science+Business Media, New York, USA（2004）
21) S. Hayashi *et al.*, The 71st JSAP Autumn Meeting 2010, 14p-S-6（2010）
22) Petr Vita, Thin Film Fluid Flow Simulation on Rotating Discs, Leoben（2016）
23) N. Belmiloud *et al.*, *Solid State Phenomena*, **346**, 231-235（2023）
24) この成果は，国立研究開発法人新エネルギー・産業技術総合開発機構（NEDO）の「ポスト5G情報通信システム基盤強化研究開発事業」（JPNP20017）の助成事業の結果得られたものである。
25) 山口ほか，混相流，**32**(2), 218-222（2018）
26) R. Seki *et al.*, *Solid State Phenomena*, **346**, 123-128（2023）
27) A. C. T. van Duin, S. Dasgupta, F. Lorant, and W. A. Goddard III, *J. Phys. Chem. A*, **105**, 9396（2001）
28) K. J. Kanarik, W. T. Osowiecki, Y. Lu, D. Talukder, N. Roschewsky, S. N. Park, M. Kamon, D. M. Fried, and R. A. Gottscho, *Nature*, **616**(7958), 707-711（2023）
29) 佐野雄大，仲川和真，池内崇，"モンテカルロ獲得関数を用いたリスク回避異分散ベイズ最適化"，人工知能学会全国大会論文集 第38回（2024），一般社団法人 人工知能学会（2024）

## 3 シリコンウェーハにおける洗浄技術の重要性とその動向

泉妻宏治*

### 3.1 はじめに

半導体デバイスが多様化するが，基板であるシリコン(Si)ウェーハへの要求は依然として年々厳しくなっている[1]。Siウェーハは半導体デバイスの微細化および高性能化に伴い，図1のようにその表面や，デバイス活性領域である表層，バルク部に高品質化が要求されている。ここで，ウェーハの品質とは，パーティクル，金属不純物，表面粗さ，結晶欠陥，FlatnessおよびNao-topographyのようなGeometry以外に，分子状汚染（含む，ドーパント元素であるボロン，リン），自然酸化膜がある。

特に，パーティクルはレーザ散乱方式で測定し，Light Point Defect（LPD）またはLaser Light Scattering（LLS）と呼ばれ，2024年においてウェーハ表面にサイズ15 nm以上LPD数を約10個以下でウェーハごとに管理されているが，究極的には"Zero"を目指している。2030年にはサイズ10 nm以上のLPDも注目されている。また，ウェーハ表面の金属汚染，表面粗さはウェーハ抜き取りによる工程管理が必要である。2024年時点のIRDSロードマップでも主要な金属濃度が$10^8/cm^2$レベル，表面粗さ（Rms @ $2\mu m^2$）は0.1 nm以下であり，これらは統計指

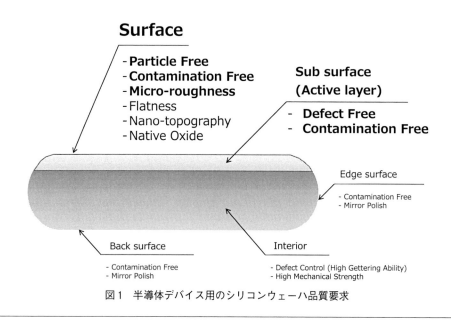

図1 半導体デバイス用のシリコンウェーハ品質要求

---

* Koji IZUNOME　グローバルウエーハズ・ジャパン㈱　技術部　フェロースペシャリスト（技監）

第3章　半導体製造プロセスを支える洗浄・クリーン化・乾燥技術

標の工程能力で管理している。今後，3D半導体デバイスが本格的な量産になるのではあるが，IRDSロードマップでウェーハへの要求特性を言及されていないが，これまでの半導体デバイスの発展から概ね予測ができるので，各企業は独自にウェーハ特性の目標を準備していると推測できる。

　これらのSiウェーハ表面の要求特性を満たすために，洗浄技術が非常に重要になっている。この洗浄技術に3つ重要な要素として，①汚染除去や，②汚染の再付着防止，③表面Siのエッチングがあり，洗浄技術のコンセプトは清浄な表面を維持しながら問題となる汚れを低減することである。ここで，"清浄な表面"および"問題となる汚染低減"とは，これによって，Siウェーハ出荷前の洗浄直後の清浄な表面を維持して，顧客のデバイス歩留まり向上に貢献できることが期待できる。

　この洗浄技術において，バッチ式または枚葉式の洗浄装置や，薬液種，レシピを組み合わせて有効な洗浄プロセスを構築することが大事になる。シンプルなレシピと比較的単純な化学反応で考える洗浄プロセスは，量産適用する際にFlexibilityが高くて実用的である。

　そこで，本稿では，半導体用Siウェーハに要求される特性，特に重要となる"ウェーハ表面"に関連する各種洗浄技術について言及し，最後にAI技術を駆使した次世代のウェーハ洗浄技術についても提案する。

## 3.2　Siウェーハの洗浄技術

　ここでは，半導体用Siウェーハの最近の洗浄技術について，洗浄の要素技術や，洗浄方式・装置の比較，機能水洗浄技術についてまとめた。ウェーハ表面の品質を向上させるためにLPDおよび金属不純物の低減が大命題であり，ウエット洗浄が最も重要な基盤技術である。従来の洗浄は「前工程で汚れたものをいかに洗浄な表面にするか」であるが，前工程も清浄な状態であるために，「清浄な表面を維持しながら，問題となる汚れだけを洗浄する」ため，薬液およびハードウェアを含めて用途に合わせたプロセス設計をしていくかが，キーテクノロジーである。

### 3.2.1　Siウェーハ洗浄の要素技術

　図2はSiウェーハの代表的な加工プロセスフローを示しているが，Si結晶インゴットのスライシングやラッピング，エッチング，ポリッシング，洗浄の各工程間には，汚染した対象物を除去するために適切な洗浄工程が含まれている。これらの洗浄技術はハードウェア（装置および槽構成）およびソフトウェア（薬液組成等のプロセス技術）からなり，ウェーハメーカごとに特許のみならずノウハウがあり，装置本体の構造およびプロセスがカスタマイズされている[1,2]。ウェーハの表面品質は各プロセス後の洗浄技術に依存している。これまでに，半導体Siウェーハの洗浄技術を総括した専門書が出版されている[3,4]。

　洗浄の対象となる汚染，特に，LPD，金属不純物，有機物を除去するために，洗浄方式，ハードウェア，薬液，およびその他のユニット技術を組み合わせたプロセスが構築することが重要である[4]。洗浄方式には，主に，バッチ式多槽洗浄および枚葉式スピン洗浄がある。Siウェーハの

*55*

半導体製造における洗浄技術

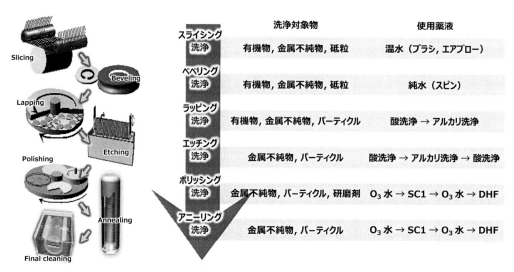

図2 Siウェーハ製造プロセスにおける代表的な加工プロセス

洗浄の薬液は主にRCA法[5]またはその改良法が洗浄装置内の槽ごとに組み合わせている。RCA法の基本は，アンモニア/過酸化水素/純水（SC-1洗浄）および塩酸/過酸化水素/純水（SC-2洗浄）であり，それぞれLPDおよび金属不純物と有機物の両方の除去効果がある。しかし，それぞれの洗浄が金属不純物の付着およびパーティクル再付着の副作用が起こることもある。また，金属不純物を効率良く除去するために，濃度1％以下の希釈HF（DHF）洗浄があるが，Siウェーハ表面を親水性で維持することが重要である。また，機能水として高濃度オゾン水や電解イオン水，溶存ガスが含まれている。ハードウェアはメガヘルツ超音波発振や，ブラシスクラブ，乾燥（スピン式，マランゴニ方式，赤外線アシスト，バキューム），薬液循環，フィルタリングがある。また，その他として，キャリアレスやミニエンバイロメント（含む，設置環境），ULPAフィルタがある。これらのハードウェアを含めて，洗浄対象物および工程により，製造プロセス構築の際には様々な選択肢がある。

次に，実際の洗浄プロセスにおける微量な汚染洗浄に重要な要素として，汚染除去と汚染の再付着防止がある。ウェーハおよびデバイス製造プロセスにおいて，プロセス装置および装置内の間材からの金属汚染（Al，Fe，Cu，およびNi等）がある[6]。これらの金属不純物を効率良く除去する洗浄として，一般的には酸系のSC-2洗浄又はDHF溶液とアルカリ系のSC-1洗浄との組み合せがある。さらに，SC-1洗浄時の金属汚染を低減するために，洗浄液中にキレート剤を添加する方法もある[7]。また，金属の酸化還元電位（E）-pHのプールベダイアグラム[6]により，金属がSi表面に付着しないようするため，溶液中でイオン化するような適切な薬液を選ぶことが重要である。一般的に，金属の場合，pHが小さく，Eが高い洗浄液が適切である。また，パーティクルの場合，薬液との化学反応力だけでなく，物理力として超音波による振動や，洗浄槽内の溶液の流れ，ゼータ―電位によりウェーハ表面からパーティクルがリフトオフされる。

第3章　半導体製造プロセスを支える洗浄・クリーン化・乾燥技術

### 3.2.2　Siウェーハ洗浄方式・装置の比較

　図3はそれぞれのSiウェーハの洗浄方式の薬液や特徴，課題を比較している。Siウェーハの洗浄装置はRCA洗浄法での生産性を追求したため，ほとんどが多槽型バッチ式処理となっている。バッチ式洗浄装置は薬液，リンス，および乾燥の機能を有しており，処理能力，ウェーハ特性の視点から10槽以上になることが一般的である。300 mmウェーハでも清浄度への要求は，これまで以上に厳しくなっている。さらに，現状ではサイズ15 nm以下のLPD数の管理も必要になっており，Siウェーハ洗浄技術のイノベーションも重要になっている。

　そこで，一つが洗浄方式の見直し，さらに，もう一つは溶液系の改善に大別される。前者はこれまでのバッチ式ではなく，スピン式の枚葉洗浄が代表例である。この枚葉洗浄は大口径化による装置フットプリント抑制や，プロセス装置とのドッキングで，ウェーハ汚染を次工程への持ち込み抑制，レシピのフレキシビリティー大，レシピ次第ではあるが1スピンで60 sec程度，ウェーハ表面状態（親水，疎水）が制御可，ウェーハ面内均一性の向上，ウェーハ汚染レベルの低減がメリットとして導入されている。しかし，この方式の課題は，レシピが複雑になりやすく，スピン内の薬液ミスト管理，ウェーハ保持機構の適正化，洗浄槽内のウェーハ保持治具からの汚染がある。

### 3.2.3　枚葉式機能水洗浄技術とその効果

　300 mm Siウェーハの加工装置（研削，研磨）の枚葉化が進む中で，ウェーハ量産ラインを考えた場合には，図3のように工程のインデックスの観点から枚葉化も重要な洗浄技術の一つとなっている。枚葉式機能水洗浄（主に，20 ppm-オゾン（$O_3$）水＋1％DHF）[8~12]がバッチ式洗浄（SC-1洗浄＋酸系洗浄）よりもSiウェーハ表面の微小パーティクル数が少ないことが知られ

| | バッチ式洗浄<br>（多槽浸漬式洗浄） | 枚葉式スピン洗浄 |
|---|---|---|
| 模式図 | 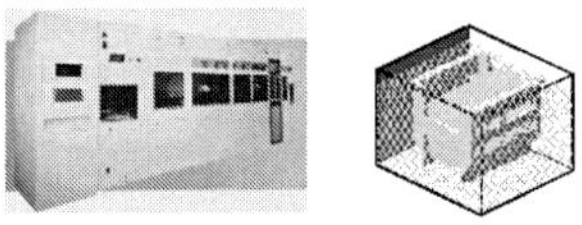 | 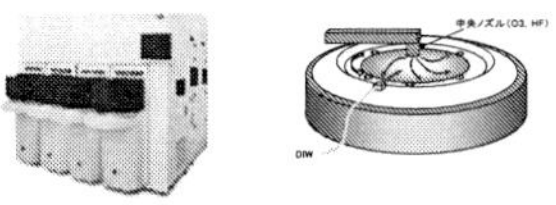 |
| 薬液 | SC-1, SC-2または超DHF, $O_3$水 | $O_3$水＋DHF繰り返し洗浄 |
| メリット | ・1台の処理枚数が150kpm以上<br>・これまで20年以上の実績 | ・装置のフットプリント小<br>・プロセス装置と連結し，汚染の持ち込み小<br>・レシピがフレキシブルで，プロセス時間60sec<br>・ウェーハ表面状態（親水，疎水）が制御可 |
| 課題 | ・ウェーハによって持ち込み汚染が薬液中に蓄積<br>・洗浄バッチ内のウェーハのばらつき有 | ・レシピが複雑になりやすい<br>・スピン内の薬液ミスト管理<br>・ウェーハ保持機構 |

図3　主要なシリコンウェーハ洗浄方法・装置の比較

ている[9]。これは一般的にクリーンルーム内のパーティクルはSiウェーハ表面の有機物を介して付着していると推測されており，オゾン水により有機物が分解されることで，パーティクルも同時にSiウェーハ表面からリフトオフされると推測している。さらに，枚葉洗浄装置は，枚葉式研磨機とのドッキングができることも特徴であり，薬液は機能水としてオゾン水がメインであるが，従来のSC-1系をユニットとして具備すること，さらに表面のみならず，裏面および端面の洗浄も可能である。

図4はスピン式枚葉洗浄装置で使われる，オゾン水と希フッ酸（DHF）洗浄のメカニズムを示す[11]。一般的に，自然酸化膜が付着したウェーハ表面には金属，パーティクル，および有機物のようなものが付着している。まず，このウェーハ表面にオゾン水を噴射すると，有機物が除去され，金属およびパーティクルが酸化される。次に，DHFを噴射すると，酸化された金属とパーティクルが酸化物としてDHFに溶解して除去される。この際に，Siウェーハ表面の酸化膜を完全に除去するかどうかはプロセスに依存している。さらに，2回目のオゾン水を噴射して，化学的酸化膜をSiウェーハ表面に形成する。このオゾン水洗浄とDHF洗浄を繰り返すことで，汚染物質を効果的に除去できる。

図5はSi(100)ウェーハ（ミスオリエンテーション0.04度以下）を高温水素アニール（1200℃ for 1 hr）後，枚葉洗浄（オゾン水＋DHF）およびSC-1洗浄後のウェーハ表面のAFM像である[11]。高温アニール後，約1μm幅のテラスと1原子ステップ（0.14 nm）の周期構造が形成するが，枚葉洗浄後にその構造がほとんど変化しない。一方，SC-1洗浄後にはこの構造がランダムな構造に変化し，表面粗さRmsも約2倍増加している。これはオゾン水によりSi(100)面とSi(111)面が等方的な酸化により，DHF後に酸化膜除去後にアニール時の表面粗さ（原子構造）が維持されている。一方，SC-1洗浄は異方性酸化とエッチングが起こり，表面粗さが悪化する。

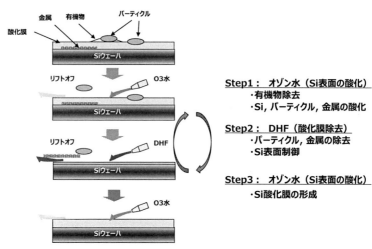

図4　枚葉式オゾン水＋DHF洗浄メカニズム

第3章 半導体製造プロセスを支える洗浄・クリーン化・乾燥技術

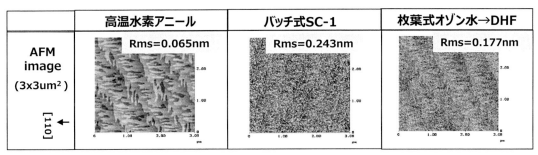

図5 枚葉式オゾン水＋DH洗浄後のSi(100)ウェーハ表面の粗さ

また，オゾン水＋DHF洗浄後のウェーハ表面の自然酸化膜の構造が非常に安定であることが分かっている[12]。XPS法でオゾン水＋DHF洗浄後のSiウェーハ表面の酸化膜が3時間後に安定な4価のSiからなる$SiO_2$構造に近づいている。一方，SC-1洗浄後のSi表面は約2日経過すると$SiO_2$構造に近づく。

## 3.3 次世代のウェーハ洗浄技術についての提案

最新の2022年IRDS Roadmapには，Logic industry "Node Range" として2025年と2028年にそれぞれ3と2 nmが記載され，それぞれのDevice Platformとして，GAA (Gate All Around) およびGAA/CFET-SRAMが記載されている。近年，シングルnmデバイスが本格的にメモリーデバイスおよびロジックデバイスが量産され，3次元デバイスおよび画像用CMOSイメージセンサーデバイスが世界の半導体市場で活況になってくる。これらのデバイスでは300 mmウェーハが主流であり，ウェーハ表面における原子レベルの凹凸を適切に制御することも要求されている。今後，ウェーハの洗浄技術が益々重要になってくることが推測される。

そこで，洗浄のコンセプトである，「清浄な表面を維持しながら，問題となる汚れだけを洗浄する」を着実に実行するために，図6のように次世代のウェーハ製造プロセスへのAI技術の活用を示す。ウェーハ枚葉処理するだけでなく，各ウェーハからin-situまたはin-lineでプロセスデータやウェーハデータのようなビッグデータを使い，Feed forwardの機能を駆使したデジタルツイン等のAI技術によりウェーハごとに最適なレシピを提案することができる。さらに，このレシピを実行し，フィードバックができるような装置設計，プロセスインフォマテックスの構築が重要である。最終的に，ウェーハ製造ラインがスマートファブとして構築されることが期待される。これによって，ウェーハ品質管理，製造能力を管理できる可能性がある。さらに，ウェーハメーカとデバイスメーカとの融合によりカスケード最適化も提案されている[13]。

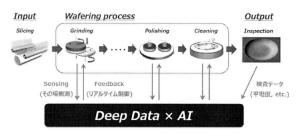

図6 ウェーハ製造プロセスへのAI技術の活用

### 3.4 まとめ

先端半導体デバイスに対応するSiウェーハの要求特性のうち，デバイス歩留まりを向上させるためにウェーハ表面のクリーン化，洗浄技術が非常に注目されている。この洗浄技術に3つ重要な要素として，①汚染除去や，②汚染の再付着防止，③表面Siのエッチングがあり，洗浄技術のコンセプトは清浄な表面を維持しながら問題となる汚れを低減することである。このために薬液種，レシピを組み合わせて有効な枚葉式洗浄プロセスを構築することが大事になる。なるべく，シンプルなレシピのプロセスで，かつ比較的単純な化学反応で考える洗浄プロセスが量産プロセスとしてFlexibilityが高くて実用的である。

将来的には，AI技術を駆使した次世代のウェーハ洗浄技術 Feed forward の機能を駆使したデジタルツイン等のAI技術によりウェーハごとに最適なレシピの提案とプロセスインフォマテックスの構築ができ，ウェーハメーカとデバイスメーカとの融合によるカスケード最適化が重要になる。

文　　献

1) 泉妻宏治,「第2回電子デバイスフォーラム京都」,"なぜ，シリコンウェーハ製造で日本が強いのか？", NEDIA (2015)
2) 泉妻宏治, 電子材料 2004年12月号別冊「半導体製造・試験装置ガイドブック2005年版」(工業調査会), p. 60 (2005)

第3章 半導体製造プロセスを支える洗浄・クリーン化・乾燥技術

3) 小川洋輝, 堀池靖浩, はじめての半導体洗浄技術, p. 1, 工業調査会 (2002)
4) 泉妻宏治, 最新 Si デバイスと結晶技術 先端 LSI が要求するウェーハ技術の現状, pp. 166-178, リアライズ理工センター (2006)
5) W. Kern, D. A. Puotinen, *RCA Rev.*, **31**, 187 (1970)
6) Morinaga *et al.*, *ECS Proceeding*, **99-36**, 585-592 (2000)
7) 高石和成, 中井哲弥, 二宮正晴, 島貫康, 応用物理, **73**, ll88 (2004)
8) 速水直哉, 桜井直明, 1995 年春期応用物理学会講演予稿集, Z8p-X-l2 (1995)
9) 泉妻宏治, Si ウェーハ加工と表面熱処理技術の最近の動向, 情報機構 (2005)
10) 青木秀充, 山中弘次, 今岡孝之, Si の科学, p. 377, リアライズ社 (1996)
11) H. Kurita, K. Izunome, H. Nagahama, T. Ino, I. Yamabe, N. Sakurai, *Extended Abstract of 202$^{nd}$ The Electrochemical Soc.*, No. 606 (2002)
12) 泉妻宏治, 表面技術, **67**(8), 389-395 (2016)
13) NEDO 先導研究プログラム 2023 年度, "半導体プロセスメタファクトリーの基盤技術開発", p. 48 (2023)

## 4 先端半導体デバイスの CMP 後洗浄技術と表面状態の評価

河瀬康弘*

### 4.1 はじめに

1980 年前後にステッパーの開発，1990 年代には CMP（Chemical Mechanical Polishing）による平坦化及び Cu めっきにより，トランジスタの微細化及び配線層の複層化が進み，半導体は飛躍的な進化を遂げてきた。2010 年代以降は EUV を用いた露光技術の登場，High-NA 化により半導体デバイスのテクノロジーノードは現在先端の N 3 以降も微細化を継続して，A 14／A 10 を視野に入れ，さらなる微細化の継続にまで至っている。

半導体の高性能化に伴い個人の保有する情報端末も増加して，ネットワークを介してやり取りされるデータ量も激増している。従来のデータ保管としてのサーバーだけでなく AI の登場により，データトラフィックは更なる増加の一途を辿っており，半導体には，単位電力当たりの高性能化，エネルギー効率の向上が喫緊の課題となっている。

この課題解決に向けて，前工程ではトランジスタを従来の Fin から GAA（Gate All Around）への移行が，また信号と電源を従来の上面方向からではなく，裏面より供給する BS-PDN（Back Side Power Delivery Network）の検討も始まっている。また，後工程ではチップレット技術適用も開始され，C 2 バンプを介した 3 D 積層のみならず，HB／DB（Hybrid Bonding／Direct Bonding）を用いた 3 D Heterogeneous Integration の適用も進行している。いずれの技術においても CMP が施され，各プロセスにて所定形状に加工した後に次のプロセスに移行する前に，表面に付着・残留する金属汚染や異物などを低減することが重要となる。

本節では，先端半導体デバイスの製造時に適用される CMP プロセスにおける後洗浄技術について，洗浄の基礎原理とメカニズムに加えて，薬液の機能設計，及び洗浄後の基板表面の分析技術についても紹介する。

### 4.2 CMP と洗浄ターゲット

半導体はリソグラフィー光源の短波長化により，微細な縮小投影を実現して半導体の高集積化を実現してきた。主に 1990 年前後に素子凹凸の平坦化を行う CMP の検討が開始されて，2000 年以降はトランジスタや配線など，ほぼ全てのレイヤーに CMP が導入されるに至っている（表 1）。

その際，プロセス毎に適する研磨砥粒を含んだスラリーで CMP が実施されてきた。スラリーの中には，砥粒の他に pH 調整剤，酸化剤，錯化剤などが含まれており，研磨後の基板表面には砥粒残りのパーティクルの他に，スラリー由来の有機残渣や配線やビアの研磨の際には金属成分

---

* Yasuhiro KAWASE　三菱ケミカル㈱　半導体本部　インキュベーション部　部長

第3章 半導体製造プロセスを支える洗浄・クリーン化・乾燥技術

表1 半導体技術の変遷

|  |  | 1980 | 1990 | 2000 | 2010 | 2020 | 2030 |
|---|---|---|---|---|---|---|---|
|  | Technology node | 3μm | 1μm | 130nm | 45nm | N10 | N1(A10) |
|  | Lithography | g-Line | i-Line | KrF | ArF | EUV | EUV |
|  | Wafer(mm) | 150 | 200 | 300 | 300 | 300 | 300 |
| Front End | Transistor | 29k | 3M | 70M | 1B | 20B | 500B |
|  | Interconnect | Al | Al-Cu | Cu | Cu | Cu/Co/(Ru) |  |
|  | Dielectric | $SiO_2$ | $SiO_2$ | SiOC | SiOC(AG) | SiOC(AG) |  |
| Back End (Package) | Package | QFP | BGA | FC-BGA | 2.5D | 3D | Heterogeneous3D |
| CMP Slurry | Interconnect |  |  |  | Colloidal Silica |  |  |
|  | Barrier |  |  | Silica | Colloidal Silica |  |  |
|  | VIA |  | Alumina |  | Silica |  |  |
|  | STI |  | Silica |  | Celia |  |  |
| Cleaning Target | Particle |  |  | 65-45nm | 22nm | 15nm | 10nm |
|  | Metal |  |  | 1E10atoms/$cm^2$ | 5E9atoms/$cm^2$ | 1E9atoms/$cm^2$ | <1E9 |

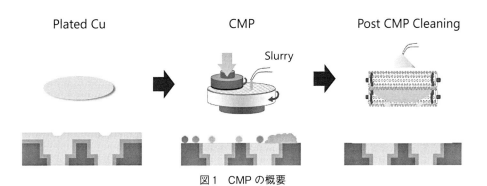

図1 CMPの概要

などが残留しており，テクノロジーノードの進化と併せて金属成分及びパーティクル共に年々高い除去性能が求められている（図1）。

これらの複合的な残渣成分を除去するために，CMPプロセス毎に適したCMP後洗浄剤が求められており，デバイスのプロセスやスラリー成分に応じた最適な洗浄剤が開発されている。

### 4.3 洗浄原理とメカニズム

現在，シリコンウエハー上にトランジスタなどの素子及び配線を形成する前工程では約700～800工程を要しており，高集積化に向けたGAAの導入によるトランジスタ構造の複雑化や配線総数の増加，更にはウエハー裏面からの電源供給などのBS-PDNの適用により，製造工程数は増加の一途を辿っている。また，成膜やリソグラフィー，エッチング，CMPなどのプロセス終了後には，次の工程に移行する前に洗浄が実施されており，現在では全行程の1/3～1/4を占め

表2 CMPによる表面汚染と影響，除去方法

| | CMPによる表面汚染 | | |
|---|---|---|---|
| | 金属 | パーティクル | 有機残渣 |
| 残留 | MOa, M$^{b+}$ | 粒子状 | 有機金属 M-Organic |
| 影響 | 絶縁不良 短絡 | 断線 | 絶縁不良 ブリッジ |
| 除去 | 錯体化 M (Chelate) | ゼータ電位制御 | 可溶化・錯体化 M (Chelate) |

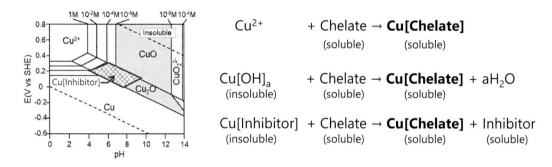

図2 銅のpH-電位図と錯化剤による可溶化

ている。

半導体製造では，各プロセスを繰り返し行い，トランジスタや配線などの回路を形成している。この際，金属やパーティクル，更には有機残渣が残留していると，ブリッジや断線，更には絶縁性の低下など，デバイスの動作不良を引き起こす要因となる。特に半導体基板のCMPによる研磨実施後は，主に①金属除去，②パーティクル（異物）除去，更にはスラリー由来の有機物と配線金属の錯体である③有機残渣除去，の各機能が必要となる（表2）。

### 4.3.1 金属除去

CMP後の基板表面の金属汚染はビアや配線に用いられるタングステン（W）や銅（Cu），スラリー中の添加成分が主体となっている。研磨時のスラリーには酸化剤が含まれているので，基板表面の金属汚染はイオン又は水酸化物イオンとなっていることが多い。特に金属水酸化物は，基板表面の水酸基と結合し易く，これを防止して洗浄性を向上させるためにも，CMP後洗浄では液性に応じた錯化剤を添加して可溶性錯体を形成することにより，基板との再結合を防止して洗浄性を高めている（図2）。

### 4.3.2 パーティクル除去

基板表面には，スラリー由来の砥粒やパッド屑，その他の異物などの粒子状のパーティクルが多数残留している。これらのパーティクル除去には，水流やブラシなどの物理的な力により基板

第3章 半導体製造プロセスを支える洗浄・クリーン化・乾燥技術

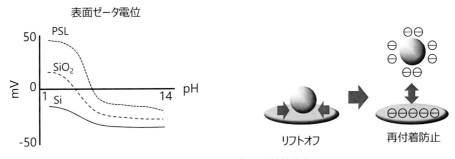

図3 表面ゼータ電位と再付着防止

より引きはがして遠ざけることが必要となる。しかし，サブミクロン以下のパーティクルでは基板に再付着し易いために，洗浄剤中では物理的に基板と引き離した上で，基板への再付着を防止することが特に重要となっている。この為，洗浄剤中におけるパーティクルや基板の表面におけるゼータ（ζ）電位を化学的に制御して，パーティクルと基板表面のゼータ電位を同一符号の電位に制御することで静電反発により再付着を防止することが出来る（図3）。

#### 4.3.3 有機残渣除去

配線のCMPにおいては金属材料の研磨を容易にするために金属を酸化後に配位して不溶化する各種添加剤が含まれており，この不溶性金属錯体に砥粒やパッドによる物理力が加わることにより研磨が進行する。この金属錯体はCMP過程でその大部分は系外に排出されるが，一部は基板表面に残留することがあり，これが有機残渣となる。CMP後洗浄では，有機酸や錯化剤により不溶性錯体を可溶性錯体に変換して溶解除去することにより高清浄化を実現している（図2）。

### 4.4 機能設計と先端技術課題

スラリーを用いて研磨した直後のウエハー上には，各種の金属，パーティクル及び有機残渣が混然一体となり堆積している。CMP後洗浄にはこれらの残留物をゼロに近づけ，且つウエハー上に腐食などの痕跡を残すことなくプロセスを完了することが求められている。

特性の異なる残留物を同時に除去するためには，洗浄剤には薬液成分の組み合わせによる高度な機能設計が求められている。金属汚染の除去を目的とした酸又はアルカリをベースとして，パーティクルや基板の表面電位を制御して再付着を防止すると同時に表面の濡れ性を向上させるための界面活性剤を添加，更には有機残渣を溶解除去するための錯化剤などを添加して洗浄剤の組成を構築する。加えて，銅などの配線材料の酸化防止に効果的な還元剤，腐食防止の防食剤などを配合して高い洗浄性を発揮するように最適化されている（図4）。

現在ではトランジスタの微細化に合わせて，配線のM1〜M4などの更なる細線化が求められている。銅配線の線幅が20 nm以下では抵抗値の増大が顕著となり，RuやMo，各種合金などの材料も提案されている。新材料の適用時には金属汚染や有機残渣なども異なり，同時に配線表面の膜減りもnm未満に低減する必要があり，金属に応じたpH設定や機能に応じた配合成分の

65

半導体製造における洗浄技術

表3　CMP後洗浄剤の機能設計

| 成分 | 機能 | 成分例 |
|---|---|---|
| 酸・アルカリ | pH調整 | 有機酸，有機アルカリ |
| 錯化剤 | 有機残渣溶解 | アミノ酸類 |
| 界面活性剤 | 再付着防止，濡れ性 | アニオン系，ノニオン系 |
| 還元剤 | 溶存酸素除去 | アスコルビン酸 |
| 腐食剤 | 金属腐食防止 | 含N，S化合物 |
| その他 | | |

有機アルカリ（TMAH）　　　還元剤（アスコルビン酸）

再設計も必要となる。

## 4.5　CMP後洗浄と表面状態

　CMP後洗浄の評価では，各種の金属，パーティクル及び有機残渣の他にも，表面に形成される酸化膜やその安定性，異種金属接触によるガルバニック腐食，金属配線の粒界腐食，更には有機残渣溶解速度などが求められており，これらを考慮して材料及びプロセスの最適化が行われている（表4）。

　洗浄後のウエハーは，欠陥検査装置により表面の異物の総数が測定され，またそれぞれの座標からSEM（Scanning Electron Microscope）を用いて異物の種類を特定することにより，最適なプロセスを構築することが出来る（図4）。

表4　各種分析法

| 分析対象 | 詳細 | 分析法 |
|---|---|---|
| 金属 | 残留金属 | TXRF（全反射蛍光X線）<br>VPD-ICM-MS（気相分解-誘導結合プラズマ質量分析） |
| パーティクル | 異物，残渣 | 欠陥検査装置<br>SEM（走査型電子顕微鏡） |
| 有機残渣 | 有機残渣<br>有機金属錯体 | ToF-SIMS（飛行時間型二次イオン質量分析法）<br>XPS（X線光電子分光法） |
| 表面酸化膜厚 | 表面，経時安定性 | SERA（連続電気化学還元法） |
| ガルバニック腐食 | 電気化学的腐食 | Tafel Plot |
| 粒界腐食 | 表面疎度 | AFM（原子間力顕微鏡法） |
| 洗浄性 | 除去速度 | QCM（水晶振動子マイクロバランス） |

66

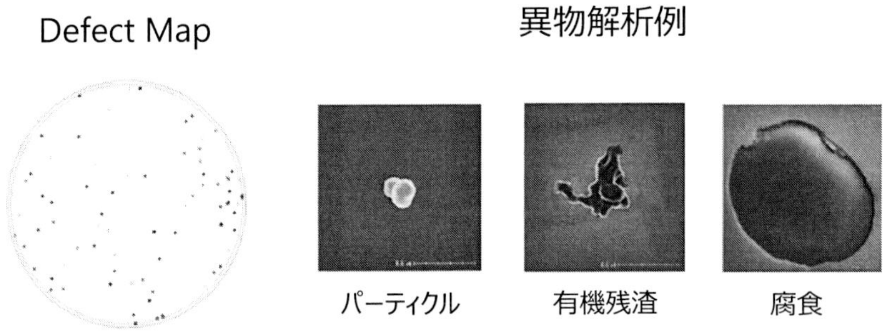

第3章　半導体製造プロセスを支える洗浄・クリーン化・乾燥技術

Defect Map　　　　　　　　異物解析例

パーティクル　　有機残渣　　腐食

図4　異物解析例

### 4.5.1　金属，パーティクル

CMP実施後の金属やパーティクルの残留については，各装置を用いた測定が行われているが，特にCMP後洗浄後の表面状態については物理化学な測定・解析が実施されている。

金属については，主に全反射蛍光X線を用いたTXRF（Total reflection x-ray fluorescence）とウエハー上で酸性蒸気により金属分を溶解・回収した後，ICPMSにより測定する方法としてVPD-ICPMS（Vapor Phase Decomposition-Inductively Coupled Plasma Mass Spectrometry）法があり，目的と感度により適宜用いられている。

またウエハー上のパーティクルについては半導体技術の微細化により，高いレベルのCMP後洗浄性とこれを実現するために微細な異物を検出する評価技術が求められている。現在の評価・測定では，ウエハー上をレーザー光により走査して数10 nmの異物を高速で検出する暗視野欠陥検査装置が用いられている（図5）。

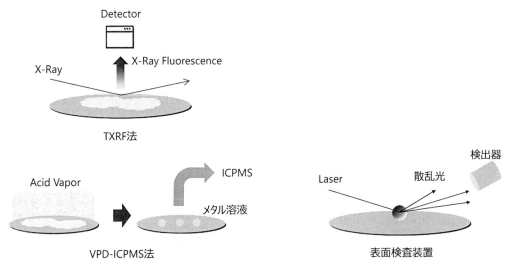

図5　金属，パーティクル分析法

半導体製造における洗浄技術

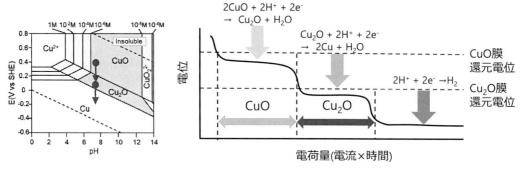

図6　連続電気化学的還元法

### 4.5.2　表面酸化膜

CMP及び洗浄を実施した後の金属配線表面は，通常酸化膜又は防食剤による有機膜により被覆されている。特に配線が銅（Cu）の場合，緻密で安定な酸化膜により保護されることが好ましいとされている。銅は遷移金属類であるために，酸化数として0価の他に，1価及び2価の酸化数を取り得るが，安定な保護膜として1価の酸化膜（$Cu_2O$）で被覆されることが有効である。洗浄後の銅配線について，SERA (Sequential Electrochemical Reduction Analysis) を用いて表面を電気化学的に還元する際の電位と電荷量を測定することにより，酸化膜の状態（銅の価数）及び電荷量と密度より膜厚を求めることが出来る（図6）。

### 4.5.3　ガルバニック腐食

金属はそれぞれ異なる酸化還元電位を有しており，電位が大きく異なる金属が接した状態でスラリーや洗浄剤などに浸漬されると，一方がアノードとして，他方がカソードとなり，アノード側の金属が酸化・溶解することによりガルバニック腐食が進行する（図7）。この腐食を抑制するためには，腐食電流を小さくすることが有効であり，洗浄液などのTafel Plot測定を行いpHや組成設計を最適化して異なる金属の電位を同一に制御することにより，ガルバニック腐食を抑制することが出来る（図8）。

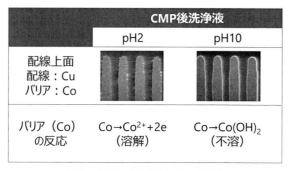

図7　バリア材のガルバニック腐食

第3章 半導体製造プロセスを支える洗浄・クリーン化・乾燥技術

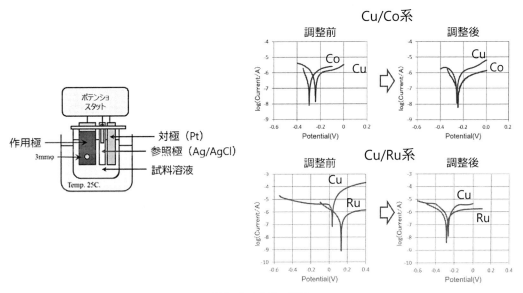

図8 Tafel Plot 測定

### 4.5.4 粒界腐食

先端の銅配線では細線化にともない配線を構成する金属粒界も微細化しており，CMPや後洗浄による粒界腐食による表面ラフネスの増大が懸念されている。また，粒界は銅の結晶面方位による薬液によるエッチング速度も異なるために，ラフネス増大の副次的な要因となっている。特に，金属除去性が高い酸性の薬液では，表面ラフネスが増大する傾向がみられる。その為，先端のCMP後洗浄剤では，アルカリをベースとした配合設計に加えて各種機能を付与することにより，洗浄性と腐食抑制をバランスさせた機能を実現している（図9）。

### 4.5.5 有機残渣

CMP後洗浄において，金属やパーティクル除去に加えて，CMP過程において形成された不

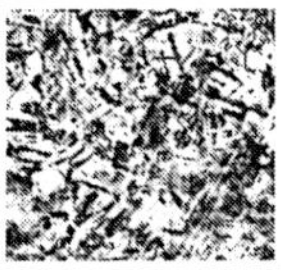

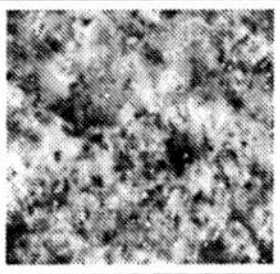

図9 粒界腐食によるラフネス

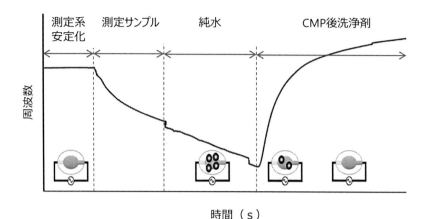

図10 残渣除去速度

溶性有機金属錯体の溶解除去性がポイントとなっている。この不溶性錯体は，洗浄剤中の錯化剤による配位子交換により可溶性錯体に変換することにより高い清浄性を実現しているが，洗浄プロセスではその溶解速度の把握が重要となる。QCM（Quartz Crystal Microbalance）のフローセルの中で，銅基板上にスラリー由来の不溶性錯体を吸着させたのちに，洗浄剤を流すことにより有機金属錯体が溶解して周波数の変化が観測できる。これにより洗浄剤による有機残渣の溶解を連続的に求めることにより，除去の速度評価が可能となる（図10）。

### 4.6 おわりに

半導体の高性能化については，物理的な微細化限界が囁かれつつも EUV を光源に用いた露光技術の開発やトランジスタの GAA 構造の導入などにより，更なる進化を継続している。また BS-PDN や後工程のチップレット技術など，半導体プロセスにおける CMP の適用先はさらなる拡大を続けている。

CMP 後洗浄については，CMP スラリーや金属汚染，有機残渣の完全な除去のみならず，次工程に向けた表面・界面のコンディショニングの他に，金属や絶縁膜の腐食抑制や防食膜・酸化膜などの緻密な機能制御も同時に求められている。

その一方で，微細領域での配線材料は金属材料が有する平均自由工程の課題により銅の抵抗値が必ずしも最小とならず，ルテニウム（Ru）やモリブデン（Mo），合金種の適用や有機材料や複合材料などの適用も検討されており，CMP 及びその後に実施される後洗浄に求められる役割と機能は増加の一途を辿っている。

これからの高性能半導体の製造における CMP 後洗浄には，CMP 後の金属や異物・残渣などの痕跡を残さず，次プロセスに向けた表面・界面の創出である。デバイス技術やプロセスが複雑化する今だからこそ，ケミカルの力で課題を解決して，次世代の更なる半導体プロセス技術の発展に期待したい。

## 5　次世代半導体デバイスのための物理的洗浄技術：スプレー，超音波，そして次世代の洗浄技術

清家善之*

### 5.1　はじめに

半導体デバイスの製造において，洗浄プロセスは製品の品質と歩留まりを決定する極めて重要なプロセスである[1]。デバイスの微細化が進む中で，ナノメートルサイズの粒子や汚染物質を除去する技術の重要性はますます高まっている。現代の半導体デバイスでは，3 nm 以下のゲート構造が実現される中で，物理的・化学的な洗浄プロセスの改善が求められている。半導体製造における洗浄方法は，大きくウエット洗浄とドライ洗浄に分かれ，さらに物理的洗浄と化学的洗浄に細分化される。従来の化学的洗浄としては，1965 年に Kern らが開発した RCA 洗浄が広く使用されてきたが[2]，パーティクル除去やレジスト剥離等，最近では物理的な洗浄技術，特に超音波洗浄やスプレー洗浄技術の重要性が高まっている。物理的洗浄は，パーティクルの除去やレジスト剥離に多く使用され，液滴や流体による強力なせん断力を利用して，微細な汚染物を取り除く技術である。しかしながら，微細化が進む現代のデバイスでは，過度な洗浄力はデバイスのパターン破壊や静電気障害（ESD）を引き起こすリスクがあり，これに対する対策が不可欠である[3~6]。

スプレー洗浄技術は，二流体スプレー[7,8]や高圧ジェットスプレー[9]，超音波スプレー[10,11]など多様な手法が開発されており，それぞれが異なる洗浄目的に対応している。二流体スプレーは，圧縮ガスと洗浄液を混合して液滴を生成し，パーティクル除去に有効である。一方，超音波洗浄技術は，キャビテーションと音響ストリーミングを利用して汚染物を物理的に除去できるが，従来の超音波洗浄は音圧変動により基板のパターンが損傷する可能性があり，課題が残っていた。この課題に対処するため，新たに開発された振動体型超音波洗浄装置は，安定した音圧分布を維持しながら，効率的に粒子を除去する技術である。振動体型超音波洗浄装置は従来の超音波洗浄と比べ，低い音圧で安定した洗浄効果を発揮し，特に 100 nm 以下のナノ粒子に対して高い除去効率を示した。本論においては，物理的洗浄技術について概要を述べ，我々が研究を行っている振動体型超音波洗浄装置による洗浄技術について述べる。

### 5.2　半導体製造における洗浄プロセス

半導体製造における洗浄プロセスは，製品の歩留まりや品質を決定する上で極めて重要である。現代の半導体デバイスは極端な微細化が進み，数ナノメートル規模の構造が日常的に使用さ

---

＊　Yoshiyuki SEIKE　愛知工業大学　工学部　電気学科　教授；
　　　la quaLab 合同会社　代表社員

半導体製造における洗浄技術

れている。そのため，製造工程における微粒子や汚染物の除去が，製品の性能に大きく影響を与える。ここでは，ウエット洗浄とドライ洗浄を中心に，半導体製造プロセスにおける代表的な洗浄技術とそのメカニズム，さらに課題について述べる。

### 5.2.1 洗浄技術の分類

　洗浄技術は「ウエット洗浄」と「ドライ洗浄」に大別される。ウエット洗浄は液体を用いる方法で，化学薬品や純水などの液体で汚染物質を除去する手法である。一方，ドライ洗浄はガスやプラズマを使用して汚染物を取り除く方法である。ウエット洗浄は，半導体製造の初期から広く使用されており，今日においても重要な工程を担っている。これに対し，ドライ洗浄は環境負荷の軽減や物理的損傷を最小限に抑えるため，近年注目されている技術である。さらに，洗浄は「物理的洗浄」と「化学的洗浄」に分類される。物理的洗浄は，液体や気体の流体力学的な力，音響波，衝撃力を用いて汚染物を物理的に除去する手法であり，スプレー洗浄や超音波洗浄がその代表例である。化学的洗浄は，化学反応を利用して汚染物を溶解させる手法で，アルカリ性や酸性の薬液を使用して洗浄を行う。

### 5.2.2 ウエット洗浄プロセス

　ウエット洗浄は，半導体製造において広く採用されている洗浄手法であり，微細粒子や有機物，金属イオンなどを効果的に除去することが可能である。半導体デバイスは製造工程の過程でさまざまな材料や化学物質にさらされ，それらがデバイス性能を低下させる原因となるため，工程ごとに洗浄が求められている。代表的なウエット洗浄方法として RCA 洗浄がある。これは 1965 年に RCA 社の Kern らによって開発されたもので，アンモニア（$NH_4OH$），塩酸（$HCl$），過酸化水素（$H_2O_2$）を用いたプロセスである。RCA 洗浄はシリコンウェハ表面に付着した有機物や金属汚染物質を除去するため，広く利用されてきた。この洗浄工程は，シリコン表面の自然酸化膜を形成しつつ，粒子や汚染物を化学的に分解する役割を果たしている。しかし，デバイスの微細化が進むにつれ，従来のウエット洗浄では対応が難しくなりつつある。現在のデバイスでは，ナノスケールの微粒子を完全に除去することが求められており，化学的な溶解に加えて物理的な力も併用した洗浄が不可欠となっている。

### 5.2.3 物理的洗浄技術

　物理的洗浄は，流体力や音響波を利用して汚染物を物理的に除去する手法である。その中でも特にスプレー洗浄と超音波洗浄が重要な役割を果たしている。スプレー洗浄は，液体やガスの高速噴射によるせん断力を利用して，表面に付着した微粒子や汚染物を除去する。表1は半導体デバイスの代表的な物理洗浄方法とその特徴について示している。

### ⑴ スプレー洗浄

　スプレー洗浄は，図1のような二流体スプレー[7,8]や図2に示すような高圧ジェット[9]を用いて液滴を噴霧し，対象物の表面に強い物理的力を加える洗浄手法である。特に二流体スプレーは，圧縮ガスと純水を混合して液滴を生成し，それを高圧で噴射することで汚染物を除去する技術である。二流体スプレー洗浄は，レジストの残留物やパーティクルの除去に多く用いられており，

# 第3章 半導体製造プロセスを支える洗浄・クリーン化・乾燥技術

表1 各スプレー洗浄とブラシ洗浄の特徴

| 洗浄方式 | 打力 | 洗浄面積 | 金属コンタミ | 再付着 | 薬液との併用 | 使用されているプロセス |
|---|---|---|---|---|---|---|
| 二流体スプレー洗浄 | ○ | 狭い | ◎ | ○ | △ | 半導体デバイス<br>パーティクル除去スクラバ |
| 高圧ジェット洗浄 | ◎ | 広い<br>(複数個取り付け) | △<br>加圧のための材質 | ○ | △ | FPD<br>CMPパッドコンディショニング |
| 流水式超音波洗浄<br>(スポット型) | ○ | 狭い | ○ | ○ | △ | FPD<br>半導体デバイス |
| 流水式超音波洗浄<br>(ライン型) | ○ | 広い | ○ | ○ | △ | FPD |
| ブラシ洗浄 | ◎ | 広い | △<br>再付着 | △<br>デバイスと接触 | ○ | Post-CMPクリーニング<br>パーティクル除去 |

図1 二流体スプレーでウェハを洗浄する様子

図2 高圧スプレーでウェハを洗浄する様子

現在も多くの製造工程で採用されている。また、高圧ジェット洗浄は、数MPaの圧力で液体を細かい液滴として噴射し、半導体デバイス表面の汚染物を強力に除去する手法である。この技術は液晶パネルやCMP(化学機械研磨)プロセスにおいて広く使用されており、特にCMPプロセスにおけるスラリー除去に効果的である[12,13]。高圧ジェットは、表面に対する物理的ダメージを最小限に抑えながらも、微粒子を効果的に除去するため、繊細なデバイス構造に対して適している。

## (2) 超音波洗浄

図3,図4で示す超音波洗浄は,液体中に音波を伝播させ,その振動で発生するキャビテーションや音響ストリーミングを利用して汚染物を除去する方法である[10,11]。音波が液体中に微小な気泡を生成し,その気泡が崩壊する際に発生する強力な衝撃波が表面の汚染物を取り除く。この洗浄方法は,半導体デバイスやフラットパネルディスプレイ（FPD）の製造で広く用いられている。しかし,従来の超音波洗浄は,音圧の変動が激しく,洗浄対象物にダメージを与える可能性があった。特に,基板表面に描かれた微細なパターンが,音圧の変動によって破壊されるという問題が発生していた。この問題に対処するため,近年では音圧の制御技術が進化し,安定した超音波洗浄が可能となっている。

特に,最新の技術である振動体型超音波洗浄装置は,音圧分布を安定させることで,従来の超音波洗浄と比較して高い洗浄力を持ちながら,デバイスへのダメージを抑えることが可能な技術である。この技術は,ナノスケールの粒子除去に非常に有効であり,特に100 nm以下の粒子に

図3　流水式超音波洗浄装置（スポット型）
（ご提供：本多電子株式会社）

図4　流水式超音波洗浄装置（ライン型）
（ご提供：本多電子株式会社）

第3章　半導体製造プロセスを支える洗浄・クリーン化・乾燥技術

対して高い除去効率を示している。

### 5.2.4　ドライ洗浄プロセス

　ドライ洗浄は，液体を使用せずに気体やプラズマを利用して汚染物を除去する方法である[14,15]。これには，プラズマ洗浄やレーザークリーニングなどが含まれる。特に，プラズマ洗浄は化学薬品を使用せずに有機物や金属汚染物を除去できる。プラズマ洗浄では，ガスがプラズマ化し，表面に存在する有機物や金属を反応させて気化させる。このプロセスにより，微細な汚染物も効果的に除去することが可能である。特に酸素プラズマやフッ素プラズマは，半導体デバイスの製造工程で広く使用されている。

### 5.2.5　洗浄プロセスにおける課題と展望

　洗浄プロセスにおける最大の課題の一つは，微細化が進むデバイスに対して洗浄力を強化しつつ，デバイスを損傷しない手法を確立することである。洗浄力が強すぎると，デバイスのパターンが破壊されるリスクがある一方，洗浄力が弱すぎると，微粒子や汚染物を完全に除去することができない。また，静電気障害（ESD）も大きな問題である。特に，二流体スプレーや高圧ジェットを使用する際には，液滴の高速噴射によって静電気が発生し，デバイスが破損する可能性がある。この課題に対処するために，誘導帯電素子などの新技術が開発されている。これは，スプレー洗浄中に発生する静電気を制御し，半導体デバイスの損傷リスクを大幅に減少させる技術である。

## 5.3　ダメージを低減させるための超音波振動体による洗浄技術

### 5.3.1　開発した超音波振動体型洗浄装置

　上記で述べた通り，半導体製造プロセスでは，微細なナノメートルサイズの粒子を効果的に除去することが重要な工程となっている。従来の洗浄技術であるスプレー型超音波洗浄機は，音圧の変動や霧化が問題となっており，デバイスの表面パターンにダメージを与えることがあった。本項では，これらの問題を解決するために開発した超音波振動体型洗浄装置（図5）について述べ，実際にその洗浄能力と安定性を評価した[16]。

### 5.3.2　超音波振動体型洗浄装置の音圧特性

　超音波振動体型洗浄装置はクォーツガラスを使用して音波を伝播させることで，従来の超音波スプレーに比べて安定した音圧を維持することが可能である。音響シミュレーションによると，振動体型超音波洗浄装置は音圧のピークが小さく，かつ変動が少ない。この特性により，デバイス表面へのダメージを最小限に抑えながら粒子を除去できることが期待されている。

　図6に振動体型超音波洗浄装置と従来の超音波スプレーの音圧測定の方法と図7にそれぞれの音圧波形の結果を示す。振動体型超音波洗浄装置の音圧は従来の超音波スプレーと比べて安定した音圧波形を示している。従来の超音波スプレーでは，液柱が不規則に変動し，霧化が発生していたが，振動体型超音波洗浄装置ではこれが発生しない。また，音圧の変動が少ないため，洗浄対象のデバイス表面にムラのない圧力がかかり，パターン破壊が防止できる可能性がある。

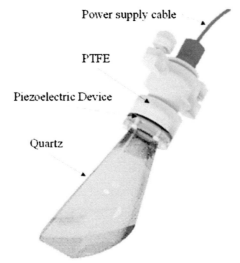

図5 開発した超音波振動体型洗浄装置
（ご提供：本多電子株式会社）

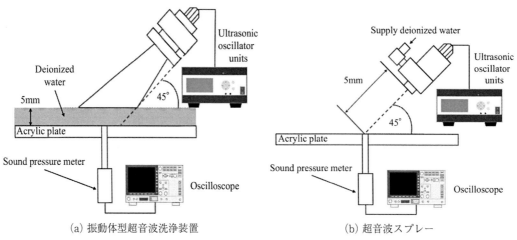

(a) 振動体型超音波洗浄装置　　　　　(b) 超音波スプレー
図6 振動体型超音波洗浄装置と超音波スプレー時の音圧測定方法

### 5.3.3 PSL粒子を用いた洗浄能力の確認

　振動体型超音波洗浄装置の性能を評価するため，ポリスチレンラテックス（PSL）粒子をシリコンウェハ上に付着させた実験を行った。図8に実験結果を示す。使用したPSL粒子のサイズは，30 nm，100 nm，200 nm，1 μm である。実験では，振動体型超音波洗浄装置および従来の超音波スプレーの音圧を音圧計で測定し，除去効率（PRE）を算出した。粒子の除去前後の数を比較し，洗浄効果を評価した。振動子の出力が増加するにつれて，各サイズのPSL（ポリスチレンラテックス）粒子のPREも増加する傾向が見られる。特に，粒子径が大きい1 μm のPSL

第3章 半導体製造プロセスを支える洗浄・クリーン化・乾燥技術

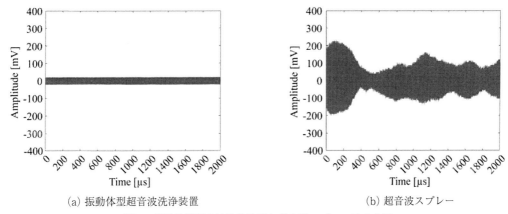

(a) 振動体型超音波洗浄装置　　　　　　　　(b) 超音波スプレー

図7　振動体型超音波洗浄装置と超音波スプレー時の音圧

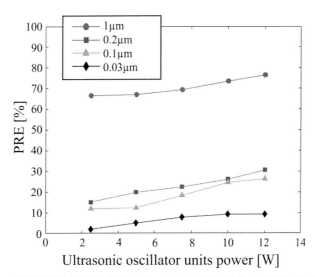

図8　振動体型超音波洗浄装置を用いてPSL粒子を洗浄した場合の除去率

粒子のPREは高くなる傾向がある。これは，音圧の増加に伴い，粒子に衝突する液体分子の速度が比例して上昇するためである。同時に，PSL粒子にかかる流体抵抗も比例して増加する。

### 5.4　次世代の物理的な洗浄技術

半導体デバイスの微細化が進み，従来のFinFETに代わるナノシートゲートや次世代ではフォークシートゲート，CFETの研究が行われている。ナノシートトランジスタは，複数の薄いシート状のチャネル層を積み重ねる構造を持ち，電流を効率的に制御できる。これにより，高密度で消費電力が低く，高性能のトランジスタが可能となる。特に，3 nm以下の微細プロセスにおいて，ナノシート構造はゲートオールアラウンド（GAA）技術の一部として注目されてい

半導体製造における洗浄技術

る。これらの次世代のデバイスにおいては，構造が微細化するとともに複雑になっており，選択的なエッチングや表面処理が必要になる。洗浄に関しても新しい方法が提案され研究されている。

### 5.4.1　インクジェット洗浄技術

　インクジェット方式の洗浄が佐藤ら[17]によって報告されている。洗浄液をピエゾ素子等で連続的に加圧し，一定の形状のオリフィス径から，吐出させる方法である。吐出される洗浄液の大きさと速度は，オリフィス径とピエゾ素子の振幅の大きさで決まるので，一定のサイズと速度を持った飛行液滴をパーティクルに衝突させることができる。このようにインクジェットから吐出する液滴サイズと速度を精度よく生成することができれば，半導体デバイス上パターンの破壊がなく，洗浄対象物のみ洗浄することのできる選択性の広い洗浄が可能となる。

### 5.4.2　超臨界洗浄技術

　半導体の超臨界洗浄は，超臨界流体を使用して半導体基板やデバイスを洗浄する技術である[18～20]。超臨界状態の流体は，液体のような高い溶解能力を持ち，気体のように高い拡散性も持ち合わせている。このため，洗浄対象の表面に深く浸透し，汚れや不純物を効果的に除去することができる。また，超臨界流体は低い表面張力を持つため，微細な構造を損なうことなく洗浄できる。この特性を利用して，従来の洗浄方法では除去が難しい微細な汚染物質や有機化合物を効率的に洗浄する。最も一般的に使用される超臨界流体は二酸化炭素（$CO_2$）である。二酸化炭素は比較的低い臨界温度（約 31.0℃）と臨界圧力（約 7.38 MPa）で超臨界状態に達し，有機溶媒に比べて残留物が残りにくいという利点がある。

　半導体製造プロセスにおける超臨界洗浄の主な応用例として，フォトレジストの除去があり，リソグラフィー工程で使用されるフォトレジストは，従来の溶媒やプラズマエッチングで除去が難しい場合があり，超臨界 $CO_2$ を用いると，フォトレジストや有機汚染物を効果的に除去できるとの報告がある。

　また乾燥プロセスにも使用され，従来の液体を用いた洗浄では，キャピラリ効果による表面張力が原因でデバイスの損傷が起こることがあるが，超臨界 $CO_2$ を用いると，表面張力が低いため，デバイスが損傷するリスクが低減する。本技術はすでに実用化され，装置化されている[21]。

### 5.4.3　ソリッドフェーズクリーニング（Solid Phase Clean，SPC）法

　ソリッドフェーズクリーニング（Solid Phase Clean，SPC）法は，Aibara らが報告しており，従来の洗浄プロセスとは異なるアプローチで，微細な半導体パターンを損傷させずに粒子を除去する技術である[22]。具体的には，ポリマーフィルムを使用して粒子を取り囲み，フィルムと一緒にその粒子を取り除く方法である。具体的にはまず基板表面にポリマーフィルムをコーティングし，ポリマーで基板の表面全体を覆う。そして，そこに付着している粒子も同時に包み込む。次のステップで専用の処理液を用いてポリマーフィルムを除去する。この処理液がポリマーと基板の間に浸透し，ポリマーフィルムが基板から剥がれるとともに，ポリマーに包まれた粒子も一緒に除去される。この段階では，ポリマーが粒子を完全に包み込み，基板上に残さずに取り除くた

第3章　半導体製造プロセスを支える洗浄・クリーン化・乾燥技術

め，基板のパターンにダメージを与えることはない。最終処理でポリマーを完全除去する。この
プロセスでは，ポリマーの残留物が一切残らないように，処理液を使ってポリマーを完全に溶解
させ，基板をクリーンにする。特徴として，ポリマーが直接粒子に力を加えるため，化学的な
エッチングや大きな物理的力を使わずに粒子を除去できる。またポリマーがパターンに密着しな
がらも，パターンを傷つけることなく粒子を取り除けるため，微細パターン保護ができる。
Aibara らの報告では 30 nm クラスのパーティクル対して，90％以上の粒子除去効率（PRE）を
得ている[22]。

### 5.4.4　ピンポイント洗浄

今まで述べてきた洗浄方法はシリコンウェハ全体を一度に洗浄するものであり，再汚染等の問
題があった。ピンポイント洗浄はパーティクル等の汚染物を局所的に除去する手法である[17]。パ
ルスレーザをウェハ上のパーティクルに直接照射し，衝撃波を発生させて洗浄する方法や
MEMS ピンセットを用いてナノサイズのパーティクルを除去する方法も実用化に向かっている。
また Kim らは AFM のカンチレバーを用いて，EUV ペリクルに損傷を与えず，5 nm 以上の粒
子を除去できることを確認し，ダメージフリーな EUV ペリクルクリーニングプロセスの可能性
を検証している[23]。

文　　　献

1) S. Wolf, Microchip Manufacturing, pp. 121-143, Lattice press（2004）
2) W. Kern and D. A. Puotinen, *RCA Rev.*, **31**, 187（1970）
3) Y. Hagimoto, H. Iwamoto, Y. Honbe, T. Fukunaga, H. Abe, *Solid State Phenomena*, **145-146**, 185（2009）
4) 鈴木洋陽，森竜雄，一野祐亮，清家善之，静電気学会誌，**47**(3)，108（2023）
5) 鈴木洋陽，福岡靖晃，森竜雄，一野祐亮，清家善之，静電気学会誌，**46**(1)，38（2022）
6) 福岡靖晃，鈴木洋陽，森竜雄，一野祐亮，瀬川大司，小林義典，宮地計二，清家善之，静電気学会誌，**46**(1)，8（2022）
7) Y. Seike, K. Miyachi, T. Shibata, Y. Kobayashi, S. Kurokawa, T. Doi, *Japanese Journal of Applied Physics*, **49**, 066701（2010）
8) 菅野至，表面技術，**50**(10)，861（1999）
9) 宮地計二，黒河周平，清家善之，山本浩之，小林義典，土肥俊郎，精密工学会誌，**74**(10)，1074（2008）
10) T. J. Mason, *Ultrasonics Sonochemistry*, **29**, 519（2016）
11) Y. Seike, R. Sawaki, R. Shimizu, T. Hikida, Y. Honda, M. Sato, T. Mori, *ECS Transactions*, **92**(2)，199（2019）
12) Y. Seike, H.-s. Lee, M. Takaoka, K. Miyachi, M. Amari, T. Doi, A. Philipossian, *Journal of The*

*Electrochemical Society*, **153**, G223 (2006)

13) 宮地計二，黒河周平，清家善之，土肥俊郎，泉川晋一，赤間太郎，大西修，精密工学会誌，**76**(9), 1076 (2010)

14) K. Choi, S. Ghosh, J. Lim, C. M. Lee, *Applied Surface Science*, **206**(1-4), 335 (2003)

15) 伊藤隆司，杉野林志，石川健治，精密工学会誌，**70**(7), 894 (2004)

16) Y. Seike, R. Takagi, T. Hikita, Y. Honda, N. Taoka, Y. Ichino, T. Mori, *ECS Transactions*, **114**(1), 83 (2024)

17) 佐藤雅伸，半導体枚葉洗浄の現状と展望，研磨の基礎科学とイノベーション化専門委員会第 11 回研究会洗浄の基礎科学と最前線 (2018)

18) 服部毅，表面技術，**61**(8), 578 (2010)

19) G. L. Weibel, C. K. Ober, *Microelectronic Engineering*, **65**(1-2), 145 (2003)

20) K. Saga, T. Hattori, *Solid State Phenomena*, **134**, 97 (2007)

21) Information on, 東京エレクトロン，https://www.tel.co.jp (2024 年 10 月)

22) M. Aibara, K. Sekiguchi, M. Kaneko, D. W. Bassett, I. Kanno, *ECS Transactions*, **80**(2), 43 (2017)

23) T. G. Kim, H. G. Kang, G. R. Ha, J. H. Ahn, S. S. Lee, J. G. Park, *Solid State Phenomena*, **346**, 275 (2023)

# 6 表面張力を利用するスピンドロップレット洗浄技術

根本一正[*1], クンプアン ソマワン[*2], 原 史朗[*3]

## 6.1 イントロダクション

　半導体製造工程では，パーティクル（異物微粒子）や金属不純物，有機物などの微小な汚染物が半導体製品の歩留まりや信頼性に大きな影響を及ぼす[1]。このため，製品製造中に頻繁にウェハを洗浄することとなり，結果として洗浄工程は半導体プロセスフローの3～4割もの工程を占める。ウェハの大口径化に伴い，バッチ洗浄の問題であったウェハ同士のクロスコンタミネーションの問題が大きくなり，それを避けるために2000年頃から採用された300 mmウェハでは，枚葉洗浄が主流となった。既に25年ほど経過しており，シリコンウェハの洗浄技術はほぼ進歩がなくなった状況が続いていた。

　これに対して，300 mmウェハの採用で巨大化した半導体工場（メガファブ）の膨大な設備投資問題を解決しつつ，多品種少量ニーズに応える新しい超小型半導体生産システム，ミニマルファブが2010年に提案された[2～4]。ミニマルファブでは，12.5 mmの超小型ウェハを用い，ウェハは密閉化された容器ミニマルシャトルで搬送され，人の空間に対してウェハが暴露されないように，ミニマルシャトルは装置に密閉ドッキングする。このため，ウェハの製造空間と人作業空間は完全に分離されているため，クリーンルームが不要となった。

　ミニマルファブでは，ウェハがこれまでになく超小型のために，ウェハエッジに表面張力が強く働く特徴がある。その物理現象を意図的に利用して洗浄する方法が開発された。この新しい洗浄方法は「スピンドロップ洗浄」と命名された。本稿では，その開発経緯，課題とその実験的論証について述べる。

## 6.2 ミニマルファブの概要

　ミニマルファブ[2～4]は，開発着手から10年以上を経過し，主要プロセス装置と主要評価装置が既に商用化されている。図1は，そのラインナップである。プロセス装置と評価装置はサイズが統一されており，どれも全く同じ外見を持つ。筐体サイズは人サイズのH 1440 mm×W 294 mm×D 450 mmである（図2）。ウェハはφ12.5 mmで，標準厚さは0.25 mmである。また，ウェハ搬送系は，産業技術総合研究所が開発した局所クリーン化ウェハローダー（PLAD：

---

＊1　Kazumasa NEMOTO　（国研)産業技術総合研究所　デバイス技術研究部門
　　　　　　　　　　　テクニカルスタッフ

＊2　Sommawan KHUMPUANG　（国研)産業技術総合研究所　デバイス技術研究部門

＊3　Shiro HARA　（国研)産業技術総合研究所　デバイス技術研究部門　首席研究員；
　　　　　　　　　（一社)ミニマルファブ推進機構

半導体製造における洗浄技術

図1　ミニマルファブ
それぞれの装置は外観が同じに見えるが，装置内部は目的の異なるプロセス装置や評価装置である。

図2　ミニマルファブ装置
1台で1プロセスをこなす。

Particle Lock Air-tight Docking system) が装置ごとに OEM（Original Equipment Manufacturing）提供されて搭載される（図3）。このほか，装置制御システム（シーケンサと呼ばれる一種の制御コンピュータ）も独自開発し，標準搭載されている。ミニマル装置は，異なるメーカがそれぞれ開発して提供される。ミニマルファブの装置は製造元が全く違う装置にもかかわらず，タッチパネルの操作系が，エラーメッセージも含めて，全装置に対して標準化され，共通化されている。

第3章 半導体製造プロセスを支える洗浄・クリーン化・乾燥技術

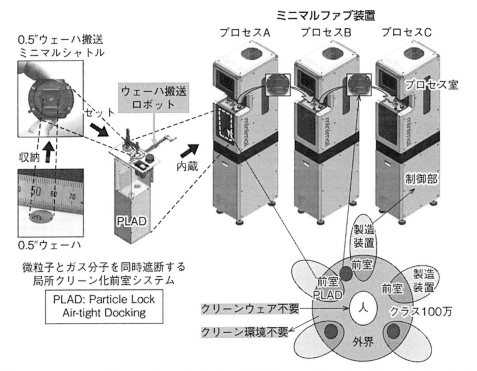

図3 ミニマルファブのウェーハと，それを収納し搬送するミニマルシャトル，そしてそのシャトルをセットするPLAD，さらにそのPLADを標準装備するミニマルファブ装置

シャトル，PLAD，そして装置のプロセス室がウェーハが存在する空間であり，その空間は外部から遮断されることで，局所クリーン化されている。PLADにセットされたミニマルシャトルは，外部暴露なく開閉され，ウェーハは汚染されることがなく，ミニマルファブ装置のプロセス室と行き来する。

## 6.3 スピンドロップレット洗浄
### 6.3.1 スピンドロップレット洗浄開発経緯

メガファブのウェット洗浄は主に枚葉洗浄を採用しており，1 l/min の洗浄液で済むようになっている。ミニマルファブではウェハ面積はメガファブの300 mm と比較して，$(12.5/300)^2$ = 1/576 であるから，洗浄液の効率を変えないと仮定した場合，1.7 ml/min としなければならない。ところが，小さいハーフインチウェハでは表面張力が強く働くために，新たに吐出された薬液が表面上に届き，反応済みの薬液がスムースに排出されるということにならず，追加の薬液はウェハとの化学反応（洗浄作用）をせずに，そのまま排出されてしまう傾向にある。結果として，小さなウェハでは，枚葉洗浄の効率が非常に悪い。実際の所，耐薬品性があり，微小流量を正確に制御できる優れたクリーン小型ポンプがなかったことから，最初に開発したミニマル洗浄装置では，510 ml/min に抑えるのがやっとであった。

そこで，筆者らは表面張力を逆に効果的に利用する全く新しい洗浄プロセスを開発した。これ

図4　ウェハ上に表面張力で液が溜まる

によって，薬液使用量を大幅に削減することに成功した。その表面張力を効果的に利用する洗浄方法〜スピンドロップレット洗浄を以下に説明する。ウェハ上に薬液を滴下した際，表面張力が強く働くために，その薬液がウェハからこぼれ落ちずにそのままウェハ上に留まっている。この留まっている間にウェハ上では洗浄の化学反応が進んでいるのであるから，薬液を敢えて供給する必要はない。供給しても良いが，それは薬液の無駄遣いになるだけである。それで，薬液がウェハ上からこぼれない程度まで滴下したら，薬液供給を停止する。化学反応が進み薬液を交換するタイミングとなったら，ウェハを高速回転して，薬液をスピン回転で吹き飛ばし，また表面張力が有効に機能し，薬液がこぼれない速度まで回転速度を落として，再度薬液を滴下すれば，洗浄を再開出来る。図4は12.5 mmのシリコンウェハ上に純水を滴下した際，表面張力でウェハ上に液滴が大きく盛り上がっている様子を示している。液滴高さは3 mmを超えており，ハーフインチウェハでは，ウェット反応に十分な量の薬液をウェハ自身が保持できる能力を持っていることが分かる。これにより，1枚のウェハを洗浄するに必要な薬液は，0.5 ml/min程度で収まるようになった。

### 6.3.2　スピンドロップレット洗浄の洗浄機構と洗浄シーケンス

図5に表面張力で液が溜まる初期の洗浄プロセス室の概略図を示す。液体0.5 ml程度をウェハ上に供給する。液を供給する液体吐出ヘッド（以後"ヘッド"と略す）には，薬液種類別に1種類ずつ吐出口があり，その吐出口から薬液をウェハ上面に吐出させると，ウェハステージ上のウェハとヘッドの間は表面張力により液体が溜まる。例えば2種類の液をウェハ表面に0.5 ml程度ずつ吐出してゆっくり回転させれば，溜まった液が混合し反応が均一化かつ促進し洗浄する。また，液の劣化や蒸発，除去した汚染物の再付着を防ぐため，断続的または連続的に液を供給する。さらに，ヘッドに内蔵されている振動子により，超音波洗浄も可能になる。薬液を温調したい場合は，ウェハ下面からランプ加熱することにより，ウェハ自体を温める。ウェハと薬液の化学反応はウェハ表面直上で発生するのであるから，ウェハを温めれば直上の薬液も加熱される。このウェハ直接加熱方法を用いることで，薬液を別の場所で温調してから，吐出口を経てウェハ上に吐出されるまでに薬液温度が低下する問題を解決出来ている。

また，洗浄を行うプロセス室と搬送を行うシールド室内を窒素充填しており，これによりウォーターマーク発生の要因になる酸素を排除している。

第3章　半導体製造プロセスを支える洗浄・クリーン化・乾燥技術

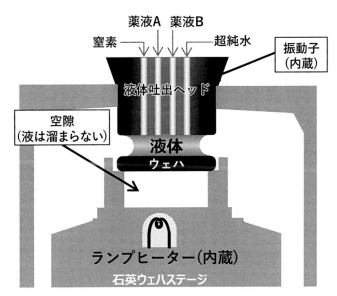

図5　開発当初の表面張力を利用した洗浄プロセス室

### 6.3.3　スピンドロップレット洗浄の課題

スピンドロップレット洗浄には以下に挙げる課題があることがわかった。①ウェハ両面を一度に洗浄できない。ウェハ上面（液が吐出するヘッド側の面）には液が溜まるがウェハ下面（液が吐出しない側の面）には液が溜まらない。②薬液撹拌のためにウェハを高速回転させるとその回転力で表面張力に抗して薬液がウェハからこぼれ出て薬液が全面浸漬できなくなる課題。③強い表面張力が働くので、洗浄薬液から超純水へのリンス効率（置換効率）が悪い。④薬液の種類（SC1：アンモニア／過酸化水素水，DHF（希フッ酸），とSC2：塩酸／過酸化水素水）でリンス効率が違う。⑤乾燥効率が良くない。薬液洗浄とリンスを行った後に同じプロセス室内で乾燥窒素と高速スピン回転で乾燥を行うが，プロセス室内の湿度が高く処理時間が長くなる傾向にある。以上の①〜⑤の内，ミニマルファブ特有の課題は，①，②，③であり，それ以外は洗浄技術一般にある課題である。以上の5つの課題に対し，実験的論証と解決方法を以下に述べる。

### 6.4　ウェハドロップレット洗浄

以上，スピンドロップレット洗浄にある課題①〜⑤を解決するため，我々は，ウェハ表面と裏面を同時に洗浄可能な，ウェハドロップレット洗浄を開発した。以下では，①〜⑤の課題解決を説明する中で，ウェハドロップレット洗浄のメカニズムについても明らかにして行く。

① 　ウェハ両面を同時に洗浄する[5]

ウェハステージに載せてウェハを洗浄する場合，ウェハ上面には液が溜まるがウェハの下面には空隙があって液が溜まらない（図5）。ウェハ下面にはヘッドから供給された液の一部が不安

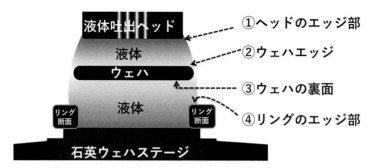

図6 4カ所の表面張力が合体すると，ひとつの液体球となりウェハを挟むように液が溜まる

定に流れ込み，ウェハ下面を却って汚染してしまう。そこで，液体の裏面への回り込みがあるのなら，逆に積極的に裏面に流れ込む工夫をすればよい，という方法もありえることになる。具体的には，ウェハステージのウェハを載せる4本の支柱の外側にはまるPTFEリングを1つ装着することにより，このPTFEリング内の空隙に液体が溜まりやすくするようにした（図6）。表面張力はウェハ下面側でも発現するため，単にリング内にプールのように薬液を溜めるに留まらず，リング上端部よりもさらに高い位置まで液体を溜めることができる。その液体最表面がウェハ裏面に接触した途端に，ウェハ裏面の表面張力も働くようになるので，結果として，ウェハ裏面とリングの間に壁のない空間があるにも関わらず，薬液はリング最上部とウェハ裏面の間にも溜まることとなる。そうなると，今度は，ウェハ上面とヘッドの間に溜まっている薬液とウェハ裏面とリングの間に溜まっている薬液が合体し，一つの液体球（これをウェハドロップレットと命名する）が形成される。ウェハは，その一つの液体球に包まれて洗浄がなされる。言い換えれば，薬液吐出ヘッドのエッジ部，ウェハエッジ，ウェハの裏面，ウェハを保持する石英ステージに装着したPTFEリングの4カ所の表面張力が合体して，ひとつの液体球が形成していると言うことである。ウェハ下面の液の排出は，PTFEリングと石英ウェハステージの間には意図的に僅かな隙間があって，PTFEリングとウェハ間に満たされた液体は次第に排出される。適宜新しい薬液をウェハ上方から滴下して追加することで，液体がウェハ両面に満たされ続けることで薬液使用量も少量で洗浄できる。薬液充填のためのリングを用いてウェハドロップレットを形成して，ウェハ両面を同時に洗浄する方法を，ウェハドロップレット洗浄と命名する。

② ウェハの浸漬度合いを制御する[6]

上記，ウェハドロップレット洗浄においては，液体の粘性・温度，ウェハ表面の親水性・疎水性の影響で液体の保持能力に差がでる。裏面の液体保持だけでなく，ウェハ表面側液体保持も洗浄力の重要な制御因子である。ウェハ表面側の液体保持力は，当然ではあるがヘッドとウェハの距離が近いほど強くなる。ウェハは回転しているので，回転速度が速くなるほど遠心力が働くのでウェハ上に乗っている薬液は，ウェハ端部に働く表面張力に抗してウェハ端部から飛び出しやすくなり排出されやすくなる。すなわち，ウェハ上の薬液の保持力は，回転数が高くなるほど，

第3章　半導体製造プロセスを支える洗浄・クリーン化・乾燥技術

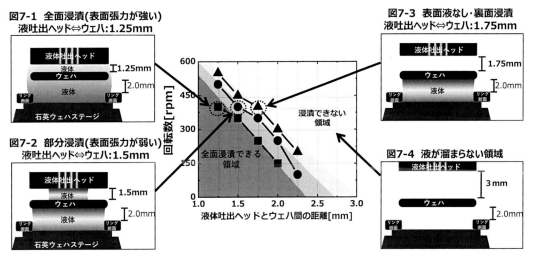

図7　DHF（1％）でウェハステージ上のウェハ上下に液が溜まる領域

そしてウェハとヘッドの距離が大きいほど弱くなる。これは薬液の排出がやりやすいということなので、リンス効率が良い、と言うことである。逆に薬液保持力は、回転数が低く、両者の距離が小さいほど強くなり、リンス効率が悪くなる。

　そこで、ヘッドとウェハの距離を変え、ウェハステージの回転数で浸漬状態をDHF（1％）で図7に示すようにグラフ化した。回転数430 rpmで図7-1のヘッドとウェハ間の距離が1.25 mmの時は全面浸漬している。同じ回転数でヘッドとウェハの距離を図7-2（距離1.5 mm）ではウェハ外周部の液が無くなる（部分浸漬）。図7-3（ヘッドとウェハ距離：1.75 mm）では、ウェハ上部の液は無くなり、図7-4（ヘッドとウェハの距離：3 mm）ではウェハ両面の液が無くなる。つまり、ヘッドの水平面の直径をウェハ直径と同じ径にしてヘッドとウェハの距離を変えることで、液を溜めてウェハ両面の全面を洗浄できる。

③　強い表面張力の液を置換する[7]

　ハーフインチウェハの場合、強い表面張力が働くために薬液から超純水へのリンスの効率がとても悪くなる傾向がある。図8-1は、薬液洗浄後のリンスは、ウェハ上で薬液がこぼれない回転速度の50 rpmで10 sec間隔で順次薬液を供給した場合のウェハ上で観察されるパーティクル分布である。ウェハ表面では外周部に微粒子が残り、裏面も外周部寄りに残っている。これは、このような継ぎ足し方式では結果的に薬液の残留分の排除、つまりリンスがほとんどできず、いつまでも薬液が残留してしまい、乾燥時にも薬液成分があるために、結果としてウォーターマークが発生したためと思われる。そこで、図8-2の様に液を溜めてから一度乾燥仕切らない時間である5秒で乾燥をとめ、600 rpm回転で液を振り切り、また、低速回転で液を供給して溜める方式で洗浄してウェハ上パーティクルを測定したのが図8-3である。ウェハパーティクルは両面共に10～20個（0.15 μm以上）になる。つまり反応で液中に溶けた異物を一度、高速回転で振り切り、

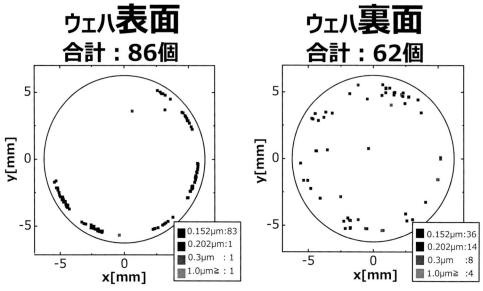

図8-1 つぎ足し方式洗浄後のパーティクル数

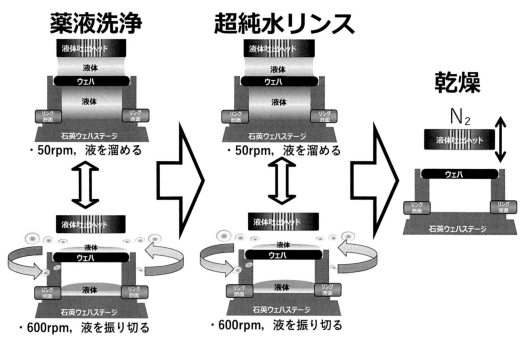

図8-2 液置換条件（溜める⇔振り切り方式）の方法

第3章　半導体製造プロセスを支える洗浄・クリーン化・乾燥技術

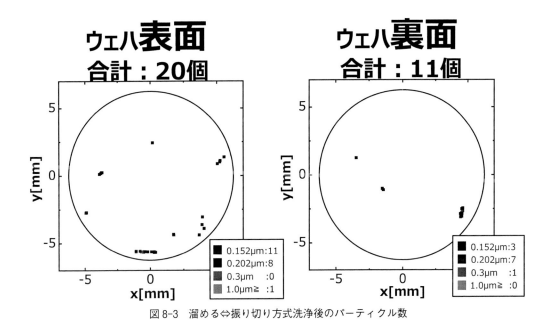

図8-3　溜める⇔振り切り方式洗浄後のパーティクル数

フレッシュな液を供給することでリンス効率が上がる上に，残留ウォーターマークの発生を抑制することができる。

④　薬液（SC1とSC2）のリンス効率が違う[8]

　薬液から超純水へのリンスでは，薬液の種類でリンス効率に違いが出る。図9は，SC1とSC2の処理後のリンス量，時間（量と時間は比例関係）を変えた実験後のウェハ上パーティクル分布である。実験は，図8-2の方法で行った。実験前のウェハ上パーティクル数を100個程度に揃えた（フッ酸ディップ仕上げした）ウェハを実験に使用し，微粒子が実験前より実験後の方が少なくなるリンス量は，SC1はリンス量6ml，SC2では24mlであった。これは，SC1は微粒子の再付着が少ないためリンス量（置換）は少量の超純水でできるということであり，一方，SC2は酸性のため微粒子が取れにくいため，リンス量が多くなると考えられる。薬液に依ってリンス効率が違うのは当然であるが，SC2のリンス効率はSC1よりかなり悪い。一般にこのことは余り知られていないが，ハーフインチウェハの様に表面張力が強く働く系では，それを踏まえて洗浄工程条件を設定すべきである。

⑤　乾燥効率[9]

　乾燥は，薬液洗浄，リンスにつづけて同じプロセス室内で乾燥窒素と高速スピン回転によって行われる。直前の洗浄工程とリンス工程で残った水分や微粒子がプロセス室内を浮遊し，かつプロセス室の内壁に付着している。プロセス室は，薬液や超純水の蒸気が籠もらないように，窒素ガスが供給されると共に排気されているが，完全に水分を排気して室内の湿度を下げるには時間がかかる。図10-1のプロセス室の模式図は，ヘッドとウェハの距離を1mmと乾燥窒素を0.75

半導体製造における洗浄技術

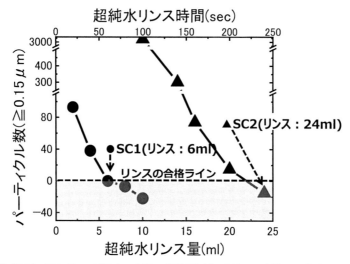

図9　薬液（SC1：アンモニア/過水，SC2：塩酸/過水）のリンスの違いによるパーティクル数

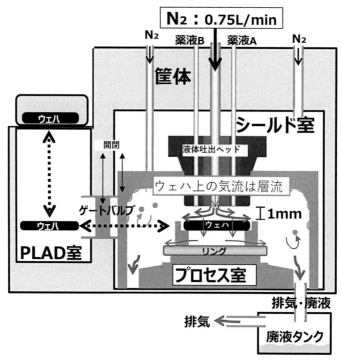

図10-1　乾燥窒素が流れるプロセス室とPLAD室・シールド室の模式図

第3章　半導体製造プロセスを支える洗浄・クリーン化・乾燥技術

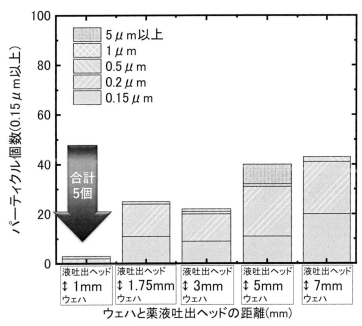

図10-2　薬液吐出ヘッドとウェハの距離を変えた場合のパーティクル数

l/min吐出した時の乾燥窒素が流れる様子である。ヘッドから吐出された窒素はウェハ上の中心部から外周部へ向かってなめるように流れて排気される。図10-2は，ヘッドとウェハ間の距離を変えたときのウェハ上パーティクルである。距離1mmだとパーティクル数は5個（0.15μm以上）になった。ヘッドとウェハの距離を1.75mm以上では乱流になると考えられ，そのためプロセス室内の高い湿度の雰囲気がウェハに逆流飛来する。以上のことから，ヘッド-ウェハ間距離が小さい場合は，乾燥窒素は一方向流，言い換えれば層流的にウェハ上を流れるので，ウェハ上では湿度は低くなっており水分は蒸発しやすく，その分ウォーターマークも発生しにくい。一方，ヘッド-ウェハ間距離が大きくなると，吐出乾燥窒素は乱流になるので，プロセス室内の水分を多量に含んだ気体がウェハ上に逆流してくる。このため，ウェハ上では水分は蒸発しにくくなり，ウォーターマークが発生しやすくなっている。以上の実験から，ヘッドから乾燥窒素をウェハ上に流し，ウェハ上では乾燥窒素が層流となって排気されるように気流制御をすることで，ウォーターマークを抑制出来ることがわかった。

以上の様に，ウェハドロップレット洗浄方法で開発当初の存在した①〜⑤の技術課題は，ほぼ解決方法が見いだされた。結果として，ウェハドロップレット洗浄は，実用技術として利用可能な技術レベルに達した。通常，新しい洗浄方法だけでなく，どのような技術であっても新しい手法は，実用化まで相当な研究開発が必要である。ミニマルファブにおいては，人空間と製造空間が完全に分離されているため，人空間由来の微粒子が製造空間に混入しない。このため，実験の

精度が高く，ウォーターマークの発生原因も，外来ではなくプロセス依存であると見なすことができる。さらに，ウェハ上微粒子測定はミニマルパーティクルスキャナーで行っているため，微粒子が発生するミニマル洗浄装置と，ミニマルパーティクルスキャナーの間で微粒子が発生することがないため，微粒子発生に関して，高い信頼性をもって，洗浄プロセスの最適化を行うことができる。このようなミニマルファブの研究開発の高い信頼性と高効率性が，ウェハドロップレット洗浄の発明から僅か2年の間で，プロセス技術を確立できた主な要因であった。

## 6.5　終わりに

　多品種少量生産のミニマルファブにおいて，表面張力を利用して洗浄する方式の洗浄方式と洗浄装置が開発された。洗浄方法には2つあり，一つはウェハの片面だけを洗浄するスピンドロップレット洗浄方式で，もう一つはウェハ両面を洗浄するウェハドロップレット洗浄方式である。ウェハドロップレット洗浄では，ウェハを包み込む一つの薬液ドロップレットが形成されることで，両面洗浄が可能となる。また，これらの洗浄方法においては，ウェハ上部の薬液と窒素吐出ヘッドのウェハからの距離を可変にすることで，表面張力を制御し，これによって，薬液の置換効率と，ガス置換効率（パージ効率）を制御できる。これによって，洗浄中は薬液使用量を抑制し，リンスプロセスではリンス効率を高めることができるようになった。これまでの洗浄方法では，洗浄力などの制御パラメータは，原則温度と薬液濃度だけであったが，本発明によって，表面張力を制御することで，リンス効率を制御できるようになった。洗浄技術に新たな制御因子が加わったと言うことができるだろう。

## 文　　　献

1)　原史朗，クンプアン ソマワン，日本信頼性学会誌，**44**(6)，337 (2022)
2)　S. Khumpuang, H. Maekawa and S. Hara, *IEEJ Trans. Sensors and Micromachines*, **133**(9)，272 (2013)
3)　S. Khumpuang and S. Hara, *IEEE Trans. Semi. Manuf.*, **28**(3)，393 (2015)
4)　S. Khumpuang, F. Imura and S. Hara, *IEEE Trans. Semi. Manuf.*, **28**(4)，551 (2015)
5)　根本一正，谷島孝，クンプアン ソマワン，原史朗，第69回（2022年春季）応用物理学会講演予稿集，24a-E103-12 (2022)
6)　根本一正，谷島孝，三浦典子，佐藤和重，原史朗，第84回（2023年秋季）応用物理学会講演予稿集，20a-A301-1 (2023)
7)　根本一正，谷島孝，三浦典子，佐藤和重，クンプアン ソマワン，原史朗，第70回（2023年春季）応用物理学会　講演予稿集，15a-B401-6 (2023)
8)　根本一正，谷島孝，三浦典子，佐藤和重，原史朗，第71回（2024年春季）応用物理学会

第 3 章　半導体製造プロセスを支える洗浄・クリーン化・乾燥技術

講演予稿集，22a-61C-1 (2024)
9)　根本一正，谷島孝，三浦典子，佐藤和重，原史朗，第 85 回（2024 年秋季）応用物理学会
講演予稿集，16a-B1-10 (2024)

## 7　マイクロバブルの半導体洗浄への応用

宮崎紳介*

　近年，家庭用シャワーヘッドなど一般用途向けとしてマイクロバブルを応用した洗浄を目にする機会が増えている。一方で，マイクロバブルを応用した半導体洗浄についての報告はまだまだ少ないのが現状である。筆者の所属する株式会社ダン・タクマでは，東北大学未来産業技術共同研究センターとこのマイクロバブルを半導体の洗浄への応用を目指し産学共同研究を行ってきている。今回，半導体洗浄装置に供用し得るマイクロバブル発生装置の製作，またその装置を利用しての半導体基板の洗浄評価を行ってきた結果の一部を紹介しながらマイクロバブルの半導体洗浄への応用について現状と展望について述べる。

### 7.1　マイクロバブルの基本特性

　マイクロバブルは1mm以下の微細な気泡で，特に50$\mu$m以下になると自己収縮が進み水中で消滅し，活性種であるフリーラジカルを発生させる事が報告されている[1]。また，気泡表面は帯電し，その電位は液のpHによってその極性が変わることが報告されている[2]。筆者はこれらの特性を活用し，半導体基板表面のフォトレジストやパーティクルなどの汚染物質がマイクロバブルにより分解・吸着され洗浄効果を発揮することを期待し，実際のシリコンウェーハを用いて半導体基板の洗浄評価を行った。

### 7.2　半導体洗浄に供用し得るマイクロバブル発生装置

　マイクロバブルを半導体洗浄に応用するにあたり，半導体，特に前工程基板の洗浄に供用し得るマイクロバブル発生装置が必須となる。半導体洗浄装置に求められる要件としては，①装置自体からの発塵が無い事，②金属不純物の溶出が無い事の2つが最低限求められる要件であることは広く認知されている。また，マイクロバブル水に含まれるマイクロバブルの密度は高い方が望ましい事は言うまでもない。

　筆者は，まずマイクロバブル発生方式として，二相流旋回方式（図1），加圧溶解減圧発泡方式（以下加圧溶解式）（図2）の二種類の発生方式を検討した。二相流旋回方式は，ノズル内部にて水の旋回流を発生し，そこにガスを接触することで，気泡が粉砕微細化するという非常にシンプルなメカニズムであり，装置化するにあたって水を圧送するポンプとノズルを用意することでマイクロバブルを発生させることが出来るという特徴を有する。一方，加圧溶解式は，水とガスの混合流体をポンプで加圧溶解し，溶解タンク内で余剰ガスを分離し，飽和に近いガス溶解水をマイクロバブル発生ノズルまで導き，ノズル内で減圧発泡させるという比較的複雑なプロセス

---

＊　Shinsuke MIYAZAKI　㈱ダン・タクマ　事業統括管理部　技術部　部長

第3章　半導体製造プロセスを支える洗浄・クリーン化・乾燥技術

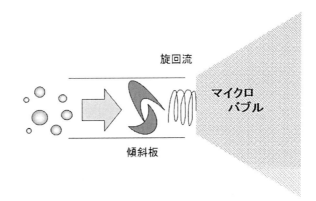

図1　二相流旋回方式マイクロバブル発生原理模式図
（東北大学髙橋正好特任教授提供）

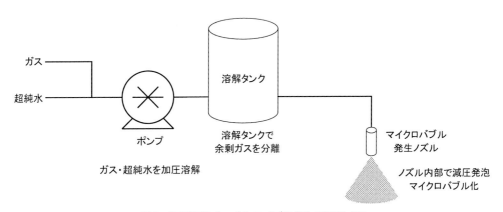

図2　加圧溶解式マイクロバブル発生原理模式図

を経てマイクロバブルを発生させるという方式である。

　比較検討の結果，加圧溶解式のほうが高い気泡密度が得られることが確認できた為（表1），筆者は加圧溶解式を用いて，各種の半導体洗浄評価に用いた。

　また，例え高い気泡密度を得られるマイクロバブル発生装置を製作したとしても，マイクロバブル発生装置からの発塵・汚染発生は許されない為，筆者は先行技術を参考に[3]，全ての部品をフッ素樹脂で製作し，接液部分には金属を一切用いないメタルフリーマイクロバブル発生装置を製作した（写真1）。製作したマイクロバブル発生装置を用いて超純水と窒素からなるマイクロバブル水を枚葉洗浄装置に供給し，200 mmシリコンウェーハに滴下，乾燥後，装置起因汚染を調査した。パーティクルに関してはTOPCON社製外観検査装置WM-2500を用いて0.079 μm以上のパーティクルを検査したところ，増加は10個以下（表2），金属汚染についてはテクノス社製TREX610全反射螢光X線装置を用いて金属汚染増加は無い事が確認できた（表3）。

　これにより，半導体洗浄に供用し得る装置からの汚染発生が無いマイクロバブル発生装置が完成した。

## 半導体製造における洗浄技術

### 表1 二相流旋回式，加圧溶解式によるマイクロバブル気泡密度比較
(東北大学高橋正好特任教授提供)

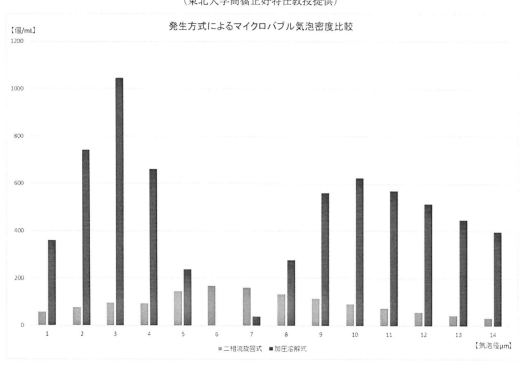

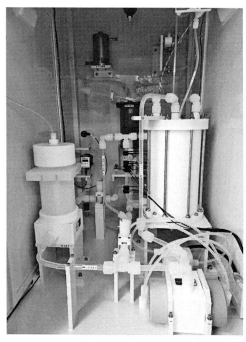

写真1 メタルフリーマイクロバブル発生装置

第3章　半導体製造プロセスを支える洗浄・クリーン化・乾燥技術

表2　パーティクル汚染増加評価結果

| Size【$\mu$m】 | 滴下前【個】 | 滴下後【個】 |
|---|---|---|
| 0.079 | 4 | 9 |
| 0.100 | 1 | 3 |
| 0.130 | 1 | 2 |
| 0.160 | 1 | 2 |
| 0.200 | 1 | 0 |
| 0.300 | 0 | 0 |
| 0.400 | 0 | 0 |
| 1.000 | 0 | 0 |
| 3.000 | 0 | 0 |
| 5.000 | 0 | 0 |

表3　全反射螢光X線装置による金属汚染評価結果

| スペクトル | エネルギー(KeV) | 積分強度(cps) | 含有量(*E10) | B.G(cps) | $\sigma$(cps) |
|---|---|---|---|---|---|
| Si-Ka | 1.74 | 591.2995 | | 0.4362 | 0.769 |
| S-Ka | 2.31 | 0.6475 | 554.16 | 0.3830 | 0.032 |
| Cl-Ka | 2.62 | 0.3195 | 172.13 | 0.3562 | 0.026 |
| K-Ka | 3.31 | 0.0000 | 0.00 | 0.2887 | 0.017 |
| Ca-Ka | 3.69 | 0.0000 | 0.00 | 0.2598 | 0.016 |
| Ti-Ka | 4.51 | 0.0000 | 0.00 | 0.1845 | 0.014 |
| Cr-Ka | 5.41 | 0.0000 | 0.00 | 0.1717 | 0.013 |
| Mn-Ka | 5.90 | 0.0000 | 0.00 | 0.1555 | 0.012 |
| Fe-Ka | 6.40 | 0.0000 | 0.00 | 0.1907 | 0.014 |
| Co-Ka | 6.93 | 0.0000 | 0.00 | 0.1658 | 0.013 |
| Ni-Ka | 7.47 | 0.0000 | 0.00 | 0.2767 | 0.017 |
| Cu-Ka | 8.04 | 0.0000 | 0.00 | 0.3006 | 0.017 |
| Zn-Ka | 8.63 | 0.0000 | 0.00 | 0.5476 | 0.023 |

## 7.3　マイクロバブルを用いた半導体洗浄評価

　マイクロバブルによる半導体洗浄の研究事例では，オゾンガスを用いたオゾンマイクロバブルによるフォトレジストの除去についての報告はなされており，その作用機構も解明されている[4]。筆者も，オゾンマイクロバブルを利用したフォトレジスト除去の開発を行っているが，この後の項で別途オゾンマイクロバブルによるレジスト膜洗浄の項があるので割愛する。一方，これから述べるパーティクル除去洗浄などについては，実験による結果はかなり収集できているが，その作用機構についてはまだ完全に解明できていない状況であり，その点についてはご留意頂きたい。また，今回パーティクル除去洗浄だけでなく，リンス，有機物除去洗浄についても以下に紹介する。

## 7.4 パーティクル除去洗浄

　半導体基板のパーティクルは半導体を製造するうえで非常に大きな問題である。半導体の微細な回路パターン上に存在するパーティクルにより，回路の断線やショートなどを引き起こし，製品歩留まりに大きな影響を及ぼすことは広く認知されている。近年は，半導体の微細化が進み，数十nm以下のパーティクルが大きな影響を及ぼすことが分かっており，その低減の必要性がある。一方で従来パーティクル除去洗浄の手法として広く用いられている超音波やスプレーなどの物理力の印加や，薬液による洗浄は，微細な半導体構造にダメージを与える可能性があり，ナノサイズのパーティクル除去と洗浄によるダメージの両立の必要性が高まってきている。

　筆者は，マイクロバブルによるパーティクル除去効果について，超純水との比較検証を行った。まず初めに，粒径 $0.1\,\mu m$ のポリスチレンラテックス標準粒子（PSL粒子）を 200 mm シリコンウェーハに塗布し，凡そ 3,000 個±1,000 個の付着数になるように調整した。200 mm シリコンウェーハに PSL 粒子を塗布した後，TOPKON 社製外観検査装置 WM-2500 を用いて $0.079\,\mu m$ 以上のパーティクル数を計測し，イニシャル基板とした。その後，枚葉洗浄装置（写真2）を用いて，超純水を噴射して洗浄，窒素ガスを用いた窒素マイクロバブル水を噴射して洗浄の2種類の洗浄を行い，洗浄後のパーティクル数を計測し，除去率を計算した（表4）。基板の回転数，ノズルスキャン回数（中心～エッジ），液流量などの諸条件は統一し，単純に超純水とマイクロバブル水の違いで評価した。また実験にあたり，超音波や高圧スプレーなどの物理力の印加は行っていない。

　洗浄試験の結果，窒素マイクロバブルは除去率に於いて約15％良好な結果が得られた。パーティクルと基板の付着はファンデルワールス力や基板とパーティクルのゼータ電位が異符号の場合クーロン力といった力で付着しているが，これらに対するマイクロバブルの作用機構は完全には解明されていない。しかしながら，この結果より，筆者はマイクロバブル水と例えば超音波やスプレーなどの物理力を弱めて組み合わせる，薬液を希釈して低濃度化して組み合わせることに

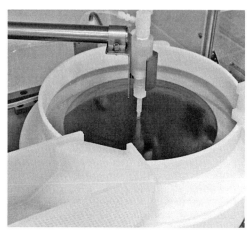

**写真2　枚葉式洗浄装置による洗浄の様子**

第3章　半導体製造プロセスを支える洗浄・クリーン化・乾燥技術

より洗浄によるダメージを抑えながら，パーティクル除去率のさらなる向上の可能性があるのではと考えている。

## 7.5　リンス

　半導体洗浄に於いては，その洗浄工程で硫酸，塩酸，リン酸，フッ酸やアンモニアといった薬液を使用するが，薬液洗浄後には必ず超純水で基板に付着した薬液を洗い流すリンスを行う事が一般的である。洗浄で使用した薬液が基板上に残留すると，次工程での処理に影響が出るため，出来るだけ低減する必要がある一方，洗浄工程の時間短縮や節水の観点からリンスの時間は出来る限り短くしたいという要望もあり，短時間で出来るだけ残渣を低減することが求められている。筆者は，このリンス工程に着目し，マイクロバブル水を使用した場合の効果を検証した。半導体製造で広く使われている硫酸・過酸化水素混合液（SPM）を 200 mm シリコンウェーハに滴下塗布し，その後，超純水，窒素マイクロバブル水の２種類のリンス液を使い，ウェーハ表面の硫酸（$H_2SO_4$）の残渣を硫黄原子（S）として捉え，テクノス社製全反射螢光 X 線装置 TREX 610 にて計測した。

　SPM 処理後のウェーハリンス評価では，硫酸残渣が超純水に比較して窒素マイクロバブルは約 15％程度低減されていることが確認できた（表５）。筆者の推察ではあるが，硫酸イオンがマイクロバブルの気液界面に吸着することでリンス効果が向上したと考えている。

　薬液洗浄後のリンス工程については，例えば SPM 処理後のリンスの場合，60℃ 程度に加温した温純水の利用や，長時間の超純水リンスを行う事が一般的である。また，薬液を含んだ排水は中和・無害化処理も必要となり，リンス工程の効率化がマイクロバブル水の応用により効率化が実現するとその効果は非常に大きいと考えている。今後の開発により，リンス工程へのマイクロ

表4　超純水と窒素マイクロバブル水における PSL 粒子除去率比較

| Size 【μm】 | 超純水 | | | 窒素マイクロバブル水 | | |
|---|---|---|---|---|---|---|
| | 洗浄前【個】 | 洗浄後【個】 | 除去率 | 洗浄前【個】 | 洗浄後【個】 | 除去率 |
| 0.079 | 1473 | 637 | 56.8% | 1673 | 357 | 78.7% |
| 0.100 | 844 | 446 | 47.2% | 993 | 477 | 52.0% |
| 0.130 | 159 | 112 | 29.6% | 126 | 109 | 13.5% |
| 0.160 | 354 | 272 | 23.2% | 279 | 235 | 15.8% |
| 0.200 | 165 | 131 | 20.6% | 77 | 71 | 7.8% |
| 0.300 | 109 | 97 | 11.0% | 60 | 59 | 1.7% |
| 0.400 | 308 | 247 | 19.8% | 170 | 121 | 28.8% |
| 1.000 | 137 | 110 | 19.7% | 51 | 35 | 31.4% |
| 3.000 | 6 | 3 | 50.0% | 1 | 1 | 0.0% |
| 5.000 | 1 | 1 | 0.0% | 3 | 2 | 33.3% |
| 合計 | 3560 | 2056 | 42.2% | 3435 | 1467 | 57.3% |

表5 SPM処理後のリンス液による残渣比較

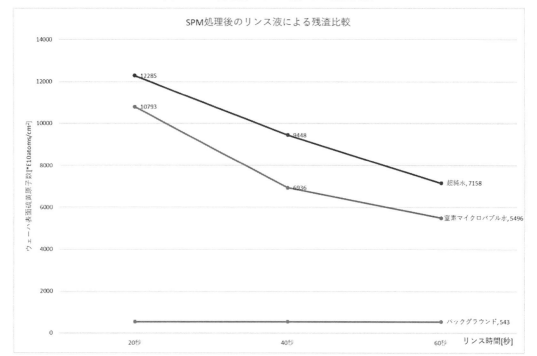

表6 シロキサン暴露後の基板洗浄における接触角比較

|  | イニシャル | シロキサン暴露後 | 洗浄後 |
|---|---|---|---|
| 超純水洗浄 | 2 | 18 | 5 |
| 窒素マイクロバブル洗浄 | 2 | 18 | 2 |

単位【度】

バブル水利用の実用化を進めていきたいと考えている。

### 7.6 有機物除去

　半導体製造に於いて，基板表面に有機物が付着すると，成膜工程での成膜不良や，めっき工程でのめっき不良などの原因となり，基板の清浄化が必要である．筆者は，この有機物に対してのマイクロバブル水の効果を評価した．有機物は，一般的に半導体工場のクリーンルーム内に存在するものがシリコンウェーハに吸着することが多く，筆者は半導体工場で一般的に存在するシロキサンを基板に吸着させ，洗浄評価に用いた．シロキサンを含有するシリコン系グリースの雰囲気中にシリコンウェーハを12時間暴露させて，基板の水の接触角を計測し，その後枚葉洗浄装置で超純水，窒素マイクロバブル水の2種類の洗浄液を用いて洗浄を行い，乾燥後再び基板の接

第3章　半導体製造プロセスを支える洗浄・クリーン化・乾燥技術

触角を計測した（表6）。これにより，超純水を使用した場合に比較して窒素マイクロバブル水を使用した場合の方が，接触角が低い結果が得られた。これは疎水性を示す有機物がマイクロバブルの気液界面に付着しやすく，除去効率が向上したと推察している。

### 7.7　マイクロバブルの半導体洗浄への応用試験結果まとめと展望

　マイクロバブルを利用した半導体洗浄に於いて，その詳細メカニズムはまだ解明されていない部分もあり，筆者も研究・開発を行っている最中ではあるが，超純水と比較してマイクロバブル水はパーティクル除去，リンス（薬液残渣除去），有機物除去の試験において良好な結果を得ることが出来た。

　近年，製造業では地球環境や安全性に配慮した Sustainable な製造工程の構築が求められており，特に半導体の洗浄に於いては，水資源の枯渇対策としての節水，超純水を製造する為のエネルギーや洗浄で発生する排水処理の為のエネルギーの削減が重要な課題となっている。一方では，AI や IoT，大規模データセンタの増設，自動車の自動運転の普及など，半導体の需要は拡大の一途をたどっており，環境への影響を防ぎながら半導体の生産を拡大させる必要がある。

　筆者は，マイクロバブルを応用した洗浄は，洗浄時間の短縮，純水使用量の削減，薬液使用量の削減，歩留まり向上に効果があると考えており，これらは今後の半導体の微細化，環境負荷を低減させた製造方法に必要となる技術と考えており，引き続き研究・開発を行っていく所存である。

文　　　　献

1) M. Takahashi *et al.*, *J. Phys. Chem B*, **111**, 1343-1347（2007）
2) M. Takahashi, *J. Phys. Chem B*, **109**, 21858-21864（2005）
3) 日本国特許公報 6534160 号
4) M. Takahashi *et al.*, *J. Phys. Chem B*, **116**, 12578-12583（2012）

# 8 オゾンマイクロバブルによる半導体フォトレジストの除去メカニズム

平井聖児[*1], 堀内 勉[*2], 髙橋常二郎[*3]

## 8.1 フォトレジスト工程について

集積回路の微細化の進展に伴い製造過程では，より高効率，低コスト，低環境負荷となる半導体洗浄法が求められている。半導体製造においては基板上に吸着したパーティクルを取り除く洗浄以外にも，製造プロセス中に形成されたフォトレジスト[1)]を取り除く洗浄プロセスがある。フォトレジストは半導体集積回路，光集積回路，マイクロマシンなどの微細構造物を製造する際に不可欠な光感応性ポリマ材料である。露光装置の光源の短波長化に合わせて水銀ランプ（g 線（436 nm），i 線（365 nm））からエキシマレーザ KrF（248 nm），ArF（193 nm）へと対応する化学増幅型フォトレジストが開発されてきた。

フォトレジスト工程の典型的なプロセスは

(1) 基板上にスピンコータによる均一な数ミクロンのレジスト膜の形成

(2) 光反応を確実にするためのプリベーク

(3) 上記の UV 光をフォトマスクを通して照射し，照射部のフォトレジストの溶解性を変化させる露光

(4) 現像液中で照射部分を溶解させる現像（ポジ型フォトレジストの場合，ネガ型では非照射部分が溶解）およびリンス（水洗）

(5) 重合を促しエッチング耐性を高めるためポストベーク

(6) 材料除去加工（エッチング）や材料付加加工（スパッタ成膜など）による微細構造の転写

(7) 不要な部分のフォトレジストの除去

となる。

フォトレジストは特別な場合（例えば，レジストを電気化学測定における絶縁膜として残す[2)]，レジストを炭化して電気化学的な電極とする[3)]など）を除いて除去されることになる。(6) の工程においてはレジストがエッチングや高温に耐え基板上に安定に固着，(7) の工程に対しては基板からの除去が容易という背反した性質が要求される。

(7) の工程はプラズマアッシングや反応性イオンエッチングなどのドライプロセスによる分解や，有機溶剤や強酸・強塩基溶液の薬剤によるウエットプロセスによる溶解が行われる。

リフトオフは基板上に金属電極を形成する際に行われるプロセスであるが，金属の下のレジス

---

＊1 Seiji HIRAI ものつくり大学 技能工芸学部 情報メカトロニクス学科 教授

＊2 Tsutomu HORIUCHI ものつくり大学 技能工芸学部 情報メカトロニクス学科
教授

＊3 Tunejirou TAKAHASHI ㈱資源開発研究所 代表取締役社長

第3章　半導体製造プロセスを支える洗浄・クリーン化・乾燥技術

トを除去する必要がありまた，剥離した金属を除去するためにウエットプロセスが行われる。薬剤としてはアセトン，トルエン，メチルエチルケトン，クロロベンゼン，イソプロピルアルコール，硫酸と過酸化水素の混合液（SPM）などが用いられる。これらの薬剤の利用では，薬剤の製造や保管，安全で法令に基づいた管理，使用後の廃棄の点で，コストと環境負荷が大きい。オゾンと水蒸気と組み合わせたウェットオゾンもレジスト分解することができる。この方法は薬剤を使用する方法よりコスト，環境負荷の両面で有利である。さらにオゾンと水の組み合わせではエネルギーコストの点でより環境負荷が低い。

### 8.2　加圧溶解方式によるマイクロバブル発生装置[4,5]

　半導体洗浄の後工程におけるフォトレジストの除去は最も困難であり，一般的に硫酸と過酸化水素を混合した溶液（SPM）などが用いられている。しかしながら，これらの廃液処理は極めて大変であり，環境汚染に大きく繋がるため，環境に優しい洗浄技術の導入が望まれており，蒸留水，オゾンをベースとした，マイクロバブルを利用した洗浄法などが注目されるようになってきた。一方，従来からマイクロバブルを発生させる方法に関しては，気泡を微細化すると気体の溶解能力を高めることができるため，微細な気泡を作るための試みが進められてきた。しかしながら，水は非常に表面張力の高い物質であるため，気体を微細な孔を通して供給しても，また機械的なせん断力で気泡を砕いても，100 μm 以下の気泡を作ることは容易ではなかった。そこで近年では，極微細な気泡を作り出す方法として，渦流を作って，この中に気体を巻き込みながら最後にばらけさせる方法である流体力学的な手法と加圧溶解方式の応用とが注目されるようになってきている。

### 8.3　オゾンバブリングとオゾンマイクロバブルによるフォトレジスト除去速度に関する実験[6,7]

　マイクロバブルの特徴としては，水と種々のガス（オゾンなど）から生成することが可能であり，多大な比表面積と表面の帯電性および圧壊によるフリーラジカルの発生に由来する優れた物理的化学的吸着能を有することから，経済的かつ低環境負荷であると共に，狭隘部への高い浸透力があるなどの利点を有する。そこで基礎的実験として，通常の気泡を用いたオゾンバブリングと加圧溶解方式で発生させたオールテフロン製オゾンマイクロバブル（図1参照）により，各々のフォトレジストの除去速度を測定し，マイクロバブルの洗浄効果を評価することを試みている。図2に，オゾンバブリングとオゾンマイクロバブルによるフォトレジストの除去速度を示す。ここで，水中オゾン濃度の平均値は各々7.2 mg/L，21.2 mg/L であった。オゾンバブリングの場合，洗浄開始20分間は緩やかな下降傾向を示す。これは，フォトレジストが疎水性であるためである。その後は，ほぼ直線的な減少傾向が見られ，120分でフォトレジストが完全に除去された。また，オゾンマイクロバブルでは，20分間でフォトレジストが完全に除去されており，オゾンバブリングと比較しても約6倍の除去速度を有した。図3は時間経過におけるレジスト除去の様子を示している。この除去速度の差を生んだメカニズムとして2つが挙げられる（図

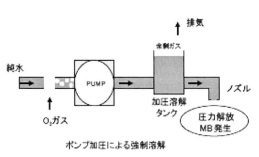
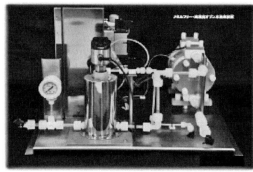

図1 加圧溶解方式によるオールテフロン製マイクロバブル発生装置

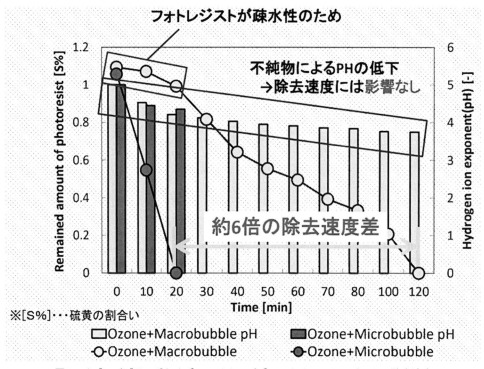

図2 オゾンバブリングとオゾンマイクロバブルによるフォトレジストの除去速度

4参照)。

1) 水中オゾン濃度である。フォトレジストの除去速度は水中オゾン濃度に比例して増減する。今回，その濃度はオゾンバブリングよりオゾンマイクロバブルの方が約3倍高い数値となっている。

2) マイクロバブルの圧壊現象による影響が考えられる。フォトレジスト表面もしくはその近

第3章　半導体製造プロセスを支える洗浄・クリーン化・乾燥技術

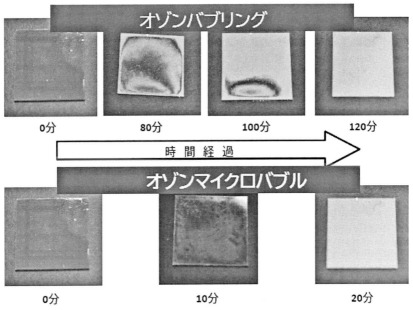

図3　時間経過におけるレジスト除去の様子

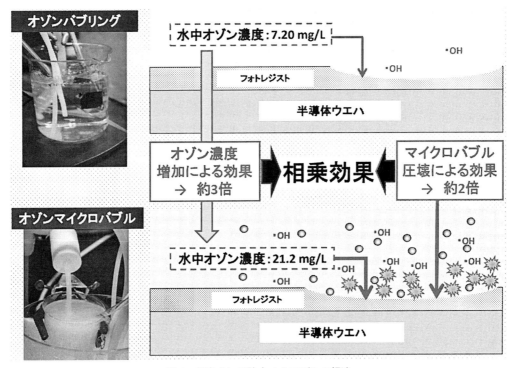

図4　想定される除去メカニズムの相違

半導体製造における洗浄技術

図5　オールテフロン製オゾンマイクロバブル発生システム

傍でオゾンマイクロバブルが圧壊され，その時に生じた大量の水酸基ラジカルがフォトレジストを極めて強力に分解除去したと考えられる。
したがって，これらの相乗効果により6倍の除去速度の差を生じたと考えられる。

### 8.4　オゾンマイクロバブルによるフォトレジスト除去メカニズム[8]

次に実用化を目的として，クリーンルーム内に設置し，超純水に対応した配管などすべてオールテフロンで製作したオゾンマイクロバブル発生システム（図5参照）にて，低コスト，アッシングレス，酸使用レス，酸廃液レスおよびフッ素排水レスの半導体洗浄プロセスの確立を試みている。具体的にはオゾンマイクロバブル水における洗浄能力を確かめるために，ウエハ上のレジスト除去実験を行い，そしてレジスト除去メカニズムの解明を試みている。図6(a)は高ドーズインプラされた変質層（硬化層）を含むフォトレジストの除去の様子を示している。2分でレジスト除去が可能となっている（洗浄条件：オゾンガス $300\,g/m^3$ オゾン水濃度：$50\,mg/L$ オゾン水温度：50℃ ポンプ送圧：0.40 Mpa 流量：1.0 L/min ウエハ回転速度：200 rpm ノズルスキャン）。上述のように（図4参照），効率的な溶解・剥離速度は水中オゾン濃度とマイクロバブルの圧壊現象が関与していると考えられる。図6(b)はフォトレジストの溶解・剥離過程（メカニズム）を示している。ウエハの一部が溶け，そこからレジストとウエハの界面にオゾンマイクロバブルが侵入するように剥がしていくメカニズムが考えられる。また，カール状に剥離除去されるので後工程の処理にも有効に働くと考えられる。

### 8.5　まとめ

今後，種々のレジスト除去条件による実験を行い，最適条件を見出すことが重要になる。また，一方では，UV照射併用オゾンマイクロバブル洗浄方法を検討することで，より効率的なレジスト除去も期待される。

第3章 半導体製造プロセスを支える洗浄・クリーン化・乾燥技術

- 洗浄試験結果 レジスト除去（イオンインプラの硬化レジスト）
- サンプル：リン-インプラ(1E15,60keV)されたパターン付きレジスト

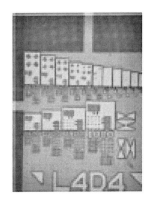

洗浄前（Aching工程なし）　　　　　　洗浄後（洗浄時間：2分）
　　　　　　　　　　　　　　　　　　レジストが完全に除去されている

(a) 高ドーズインプラされた変質層（硬化層）を含むフォトレジストの除去

サンプル：リン-インプラ(1E15,60keV)されたパターンなしレジスト

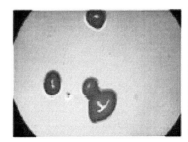
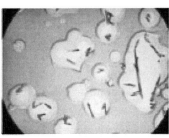
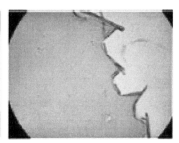

レジスト表面の一部が溶解され、や　　レジストがカール状に　　　　カール状になったレジストが
ぶれ基板界面から浮き出す　　　　　　剥がれ始める　　　　　　　　剥離される
　　　　　　　　　　　　　　　　　　　　　　　　　　　　　　　　（剥離されたレジストは、バブル表面
　　　　　　　　　　　　　　　　　　　　　　　　　　　　　　　　帯電の効果でバブルに付着されバブ
　　　　　　　　　　　　　　　　　　　　　　　　　　　　　　　　ルと同時に流れる）

洗浄時間経過 →

(b) カール状に剥離し，形成されるフォトレジスト
図6 フォトレジストの除去の様子

半導体製造における洗浄技術

# 文　　　献

1) 駒野博司，表面技術，**46**, 778（1995）

2) H. Tabei *et al.*, *DENKI KAGAKU*, **61**, 821（1993）

3) S. Ranganathan *et al.*, *J. Electrochem. Soc.*, **147**(1), 277（2000）

4) 高橋正好，精密工学会誌，**83**(7), 636-640（2017）

5) S. Hirai *et al.*, *Electronics and Electrical Engineering–Kaunas: Technologija*, No. 4（92），37-40（2009）

6) 中村佑紀，栗田勝実，青木繁，高橋正好，平井聖児，日本機械学会関西支部定期総会講演会講演概要集，12-26（2012）

7) S. Hirai *et al.*, *International information institute*, **18**(6), 2589-2592（2015）

8) 平井聖児，堀内勉，ビチャイサェチャウ，高橋常二郎，2021 年度砥粒加工学会学術講演会論文集，322-323

## 9 レジスト除去技術―湿潤オゾン装置を用いたレジスト除去―

堀邊英夫*

### 9.1 はじめに

　今日の高度情報化社会は，Si，Ge などの真性半導体や SiC，GaAs，InP などの化合物半導体を軸とした，半導体エレクトロニクスにより支えられているといっても過言ではない。科学技術の発展に伴い，半導体デバイスには小型，軽量，薄型，低消費電力，多機能など，さらなる高集積・高機能化が求められている。このためには，超微細な回路を半導体基板上に作製することが必要となる。微細な回路を作製する上で不可欠な高分子材料がレジストと呼ばれる感光性高分子である。

　レジストは，その名のとおり光に反応して性質が変化する高分子材料である。光化学反応の違いから，光が当たった部分が現像液（多くはアルカリ性水溶液）に溶解する"ポジ型レジスト"と，光が当たった部分が溶解しない"ネガ型レジスト"の2種類に分類される。現在の半導体デバイス製造では，ポジ型レジストを使用したプロセスが主流である。

　図1に，ポジ型レジストを用いた Si 半導体デバイスの製造工程の模式図を示す。その工程は，大きく分けて"成膜"，"レジスト塗布"，"パターニング（露光／現像）"，"エッチング"，"レジスト除去"，"洗浄"で構成されている。まず，Si 基板上に絶縁膜を成膜（$SiO_2$ の場合：800～1200℃で焼成）後，その上にレジストを塗布する。次に，回路パターンの描かれたマスクを通し

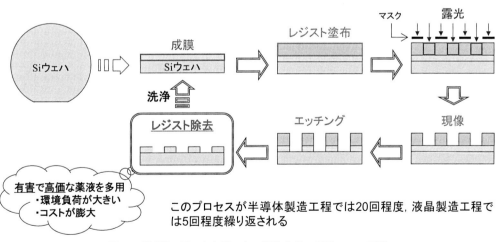

図1　ポジ型レジストを用いた一般的なリソグラフィー工程

---

＊　Hideo HORIBE　大阪公立大学　大学院工学研究科　物質化学生命系専攻
　　　　　　　　　化学バイオ工学分野　教授

てレジストを露光した後，現像液で現像することで Si 基板上のレジストに回路パターンを転写する。さらに，レジストパターンをマスクとして，反応性ガスを利用して基板をエッチングすることで，回路パターンを基板に転写することができる。この段階でレジストの役目は終了しており，最終的にレジストを除去し，基板を洗浄する。この一連のプロセスが半導体デバイスの製造工程の場合は 20～30 回程度，液晶ディスプレイの場合は 5 回程度繰り返される。レジスト除去工程では薬品が用いられることが多く，環境負荷や薬品コストおよびその排液処理に基づくコストなどの問題を抱えている。ここでは，薬品をはじめとする一般的なレジスト除去技術について述べた後，我々が研究している湿潤オゾンを用いた"環境にやさしい"レジスト除去技術について簡単に紹介する。

## 9.2　一般的なレジスト除去技術

### 9.2.1　薬液方式

　薬液方式は最も主流なレジスト除去技術である。薬液方式では，硫酸・過酸化水素水（Sulfuric Acid Hydrogen Peroxide Mixture：SPM），アンモニア・過酸化水素水（Ammonia Hydrogen Peroxide Mixture：APM），アミン系有機溶剤などの環境負荷の大きい薬液が大量に使用されている[1~4]。表 1 に，デバイス分野別に用いられる代表的な薬液および一般的な処理条件を示す[5,6]。これらの薬液はいずれも有害であるだけでなく大量に使用されるため，その環境負荷は大きい。

　薬液方式では，レジスト除去だけでなく，有機不純物やパーティクル，金属不純物の除去を行うため，様々な薬液が用いられる。また，レジスト除去中に生じた不純物を取り除くために，薬液処理後に数回の純水による洗浄が必要とされる。1970 年代に RCA 社が開発した洗浄方式（RCA 洗浄[7]）が広く用いられている。図 2 に，RCA 洗浄工程の流れと各処理条件を示す。SPM にはパーティクル除去能力がないため，超純水による洗浄工程が必須となり，超純水の大量消費の問題もある。6 インチ基板 1 枚当たり 5～7 トンもの大量な純水が用いられる[8]。SPM は硫酸と過酸化水素水を混合した瞬間に最も活性となるため，基板接触の直前に混合タイミングを制御することが重要となり，薬液には常にフレッシュな状態が要求される。SPM によるレジストでは，レジスト除去速度が 0.2 $\mu$m/min 程度と遅いため，製造ラインではバッチ処理することで見かけの除去速度を向上させている[2,4]。APM では，基板上に APM と反応した金属不純物が堆積したり[2~4]，基板表面を劣化させたりする[9,10]などの問題がある。表面の劣化に関しては，

表 1　代表的な薬液と処理条件

| 製造工程 | 薬液および処理条件 |
|---|---|
| 半導体デバイス | SPM（硫酸：過酸化水素 = 1：4）<br>100～120℃，10 分[5] |
| 液晶ディスプレイ | 106 溶剤<br>（エタノールアミン：ジメチルスルホキシド = 7：3）<br>80～120℃，10 分[6] |

第3章　半導体製造プロセスを支える洗浄・クリーン化・乾燥技術

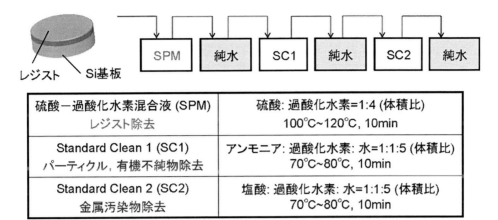

図2　RCA洗浄工程の流れと各処理条件

SiやSiO$_2$が数Å/minのエッチング速度でエッチングされてしまうため[9,10]，43nm世代以降の極薄膜（厚み1nm程度）のSiO$_2$絶縁膜がエッチングされてしまうことも危惧されている。

　これら薬液を用いる場合，混合した薬液の分離・再利用に特殊な排気設備や膨大なコストなどの大きな労力が必要となることも問題である。複雑な回路パターンを作製するために上記工程は複数回繰り返されるため，薬液のコストに加え，分解・精製，廃棄処理などのコストも加算され，膨大な経費になる。これらの問題を解決する方法として最も有効な方法は，従来の薬液方式を薬液フリー方式に転換することである。例えば，液晶プロセスにおける有機溶剤を用いた薬液方式を薬液フリー方式にすることで，環境負荷の指標となる全有機炭素量を約1/10，ランニングコストを数分の1程度にまで削減できると期待されている。環境やコストへの配慮から，次世代の新規レジスト除去技術の開発が求められている。

### 9.2.2　アッシング方式

　薬液方式では，環境負荷の低減や薬液コストおよびその排液処理に基づくコストの削減が大きな課題である。そこで，一部のプロセスでは，反応性ガスやプラズマによるレジスト除去方法が検討されている。最も主流な方法が酸素プラズマアッシングである[11〜14]。酸素プラズマをレジストに照射し，二酸化炭素と水に分解し除去する。"アッシング"の由来は，酸化させて炭にするという意味である。プロセスで要求される最低限の除去速度は1μm/minと言われている。酸素プラズマの高い反応性を利用することでプロセス要求速度を達成できるが，そのためには基板温度を200℃以上にする必要がある[11,12]。耐熱性の低い基板や熱膨張係数の異なる部材を含む場合には適用しにくいためプロセスの自由度が狭い。基板や金属配線の酸化も懸念される。また，プラズマ中の荷電粒子によってウェハがチャージアップしたり，シリコン基板に欠陥が生じたりするなど，デバイス品質の低下の問題もある[13〜15]。

　プラズマの問題点を解決する方法として，オゾンを用いたアッシング方式がある[16]。ただし，オゾンだけではレジストを分解することができない。オゾンアッシングでは，オゾンをレジスト

表面で分解させて生成した酸素ラジカルによりレジストを分解・除去する。酸素ラジカルを生成することで、プロセス要求速度を満足する除去性能を発揮することができる。しかし、前述の酸素プラズマアッシングと同様に、基板温度を300℃程度にする必要があり、耐熱性の低い基板や熱膨張係数の異なる部材を含むプロセスには適用できない問題がある。また、基板や金属配線が酸化されてしまう。

## 9.3 湿潤オゾンを用いた環境にやさしいレジスト除去技術
### 9.3.1 オゾン水と湿潤オゾンとの違い

薬液方式では環境負荷やコストの問題がある。アッシング方式ではプロセス温度や荷電粒子の問題がある。薬液やプラズマを用いない新たなレジスト除去方式が必要と考えられる。我々は低温で高い除去性能を発揮できる手法として、湿潤オゾンを用いた環境にやさしいレジスト除去技術の開発に取り組んできた。湿潤オゾン方式では、図3に示すように、オゾンとレジストとの反応中に少量の水を加えることでレジストを水溶性のカルボン酸に加水分解し、これを水で洗い流すことによって除去する[17〜19]。

オゾン水と湿潤オゾンとの違いは供給できるオゾン濃度と言える。一般に、オゾン水は超純水にオゾンをバブリングして生成する。オゾン水にレジストを塗布した基板を浸漬するとレジストを除去できるが、その除去速度は0.01 μm/minと非常に低速である[14]。これは、水へのオゾンの溶解度が非常に低いためである。室温の水中での溶存オゾン濃度はせいぜい数十〜数百ppmオーダーである。オゾン水方式では、加水分解のための水は豊富であるが、オゾン反応のためのオゾンが大幅に不足している。

湿潤オゾン方式ではオゾン水方式における"オゾン律速"を解決することができる。オゾンと少量の水を気相中で混合してレジスト表面に照射するため、高濃度のオゾンをレジストに供給することができる。オゾンと水分の比率を適切に調整すれば、オゾン反応と加水分解反応を効率的に進めることができる。オゾンは洗浄効果に加え、反応後は酸素に戻るため残留性がなく、薬液方式に比べて非常に環境に優しいレジスト除去方式といえる。また、薬液を用いないので、薬液のコストをカットすることができ、コスト削減にも貢献できる。オゾンによる金属酸化に関しては、水の代わりに100％溶剤を用いてカルボン酸の電離を抑えることで酸化を防止することができる[20]。

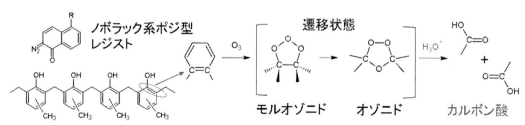

図3 湿潤オゾンによるノボラック系ポジ型レジストの分解・除去過程

## 9.3.2 実験装置の構成および実験条件

　湿潤オゾンによるレジスト除去装置（Mitsubishi Electric Corp. and SPC Electronics Corp.）の模式図を図4に示す。オゾンガスを温水にバブリングさせ，蒸気と混合させることで湿潤オゾンを生成し，これをノズルからレジスト表面に照射した。オゾンガスはオゾナイザー（OP-300 C-S；Mitsubishi Electric Corp.）により生成した。オゾンガスの濃度および流量は，それぞれ230 g/Nm$^3$（10.2 vol%），12.5 L/min である。ノズルとレジスト表面までの距離は2 mm である。レジストを塗布した基板を所定の回転数で回転させ，基板全面に均一に湿潤オゾンを照射した。レジストの加水分解に必要な微量の水の調整は，湿潤オゾン温度（$T_1$）と基板温度（$T_2$）との温度差により生じる結露水量を制御することで行った。湿潤オゾンの温度は温水タンクのヒータにより調整した。基板温度はチャンバー内に設置しているヒータにより調整した。反応場であるレジスト表面の温度は，基板中心から60 mm の距離に設置したクロメル—アルメル型熱電対により計測した。なお，本装置は大気圧雰囲気で処理を行うものであり，従来のアッシング装置のような真空排気系を必要としない。

　レジスト除去の実験条件を表2に示す。湿潤オゾン方式では，レジスト表面層をカルボン酸に変化させて，これを純水で洗い流すことでレジストを表面から徐々に分解・除去する。そのため，湿潤オゾンによるレジスト除去では，基板加熱，湿潤オゾン照射，純水洗浄，乾燥を1サイクルとして，これを繰り返す。1サイクルでの基板加熱時間，湿潤オゾン照射時間，純水洗浄時間，乾燥時間は，それぞれ80秒，10秒，5秒，10秒とした。実際のレジスト除去プロセスにかかる時間はこれらの時間の足し合わせとなるが，本実験では数サイクルごとのレジスト膜厚の変化を計測して湿潤オゾン照射時間に対するレジストの除去性を評価した。

　レジストにはノボラック系ポジ型レジスト（AZ 6112；AZ-Electronic Materials）を用いた。Si ウェハ上にレジストをスピンコータ（ACT-300A；Active）により2000 rpm で20秒間スピンコートし，ホットプレート（PMC 720 Series；Dataplate）により100℃で1分間プリベークした。レジスト膜厚は触針式表面形状測定器（DekTak 6M；ULVAC）で計測した。レジストの

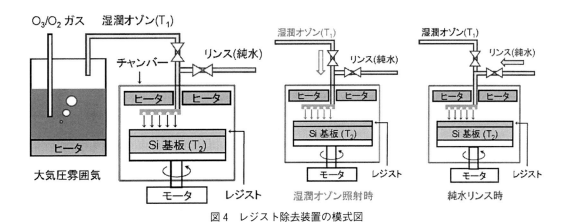

図4　レジスト除去装置の模式図

半導体製造における洗浄技術

表2 レジスト除去条件

| パラメータ | 条件 |
| --- | --- |
| 湿潤オゾン温度（$T_1$） | 46〜74℃ |
| 基板温度（$T_2$） | 33〜83℃ |
| リンス（純水）温度 | 70℃ |
| 1サイクルあたりの基板加熱時間 | 80秒（300 rpm） |
| 1サイクルあたりのオゾン照射時間 | 10秒（2000 rpm） |
| 1サイクルあたりの純水洗浄時間 | 5秒（1000 rpm） |
| 1サイクルあたりの乾燥時間 | 20秒（1000 rpm） |
| オゾンガス濃度 | 230 g/m$^3$（10.2 vol%） |
| オゾンガス流量 | 12.5 L/min |

初期膜厚は約 1.2 μm である。このレジストに関して，湿潤オゾン温度や基板温度を変化させて，温度と除去速度の関係を調べた。

#### 9.3.3 結果と考察

図5に，湿潤オゾン温度74℃および基板温度66℃における湿潤オゾン照射時間（$t$ [s]）に対するレジスト膜厚（$f_R$ [μm]）の変化を示す。レジスト除去速度（$v_{rmv}$ [μm/min]）は，このグラフの傾き，すなわち以下の式(1)より算出した。この結果より，時間とともに直線的に膜厚が減少し，傾きからレジスト除去速度が1.8 μm/minであることがわかった。

$$v_{rmv} = \frac{df_R}{dt} \tag{1}$$

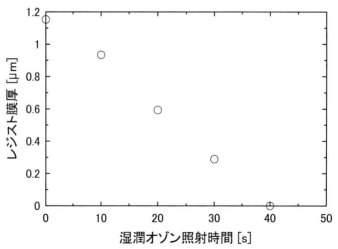

図5 湿潤オゾン照射時間とレジスト膜厚との関係
（湿潤オゾン温度 74℃，基板温度 66℃）

第3章　半導体製造プロセスを支える洗浄・クリーン化・乾燥技術

　図3に示したように，湿潤オゾン方式では，レジスト表面層を加水分解して水溶性のカルボン酸に変化させ，これを水洗することでレジストを表面から徐々に分解・除去する。主な分解反応過程は，レジストを「オゾン分解する過程」と「その分解生成物を加水分解する過程」の2つである。この反応過程を図6に示す。オゾンはノボラック樹脂やナフトキノン誘導体に含まれる炭素-炭素二重結合と反応してモルオゾニドを生成する。その後，モルオゾニドはオゾニドへと変化する。オゾニドに微量水分を供給すると加水分解により親水性かつ低分子のカルボン酸が生成される[21,22]。ノボラック樹脂では，電子密度の高い OH 基のオルト位をオゾンが酸化（求電子付加）する反応から始まり上記過程を経て主鎖が切断され低分子化すると考えられる[23]。前述の水洗は，このとき生成した低分子化合物（カルボン酸）を洗い流すためである。

　図7に各湿潤オゾン温度における Si 基板温度とレジスト除去速度との関係を示す。いずれの湿潤オゾン温度においても，レジスト除去速度は Si 基板温度に対して極大値が確認された。各湿潤オゾン温度でのレジスト除去速度の極大値は，湿潤オゾン温度 46℃では基板温度 44℃のとき 0.9 μm/min であった。湿潤オゾン温度 68℃では基板温度 62℃のとき 1.6 μm/min，74℃では 66℃のとき 1.8 μm/min であった。基板温度が除去速度が極大になる温度より低温側では，レジ

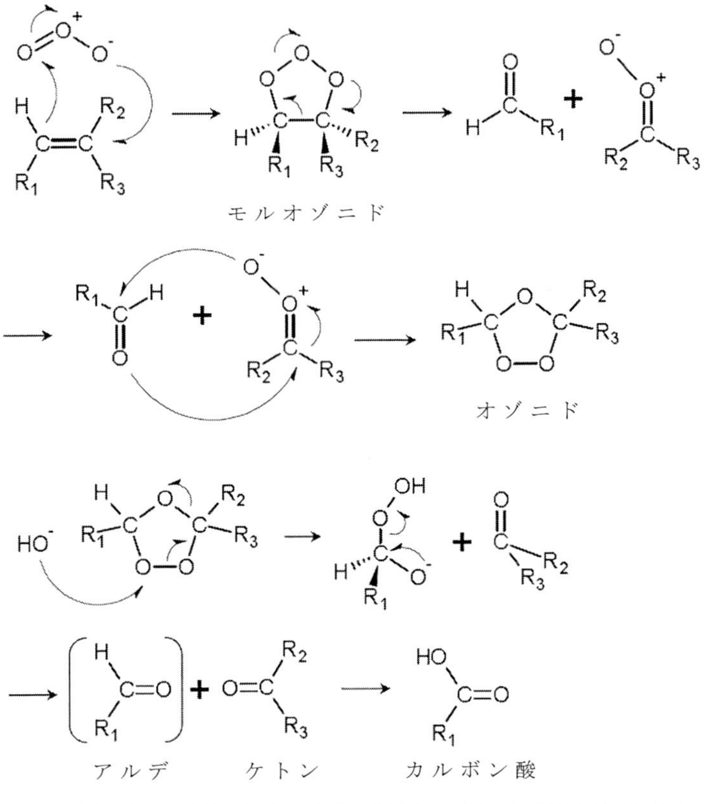

図6　炭素-炭素二重結合部位のオゾン分解およびオゾニドの加水分解過程

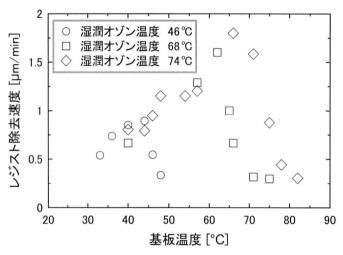

図7 レジスト除去速度の基板温度依存性

スト除去速度は基板温度に比例して増加した。湿潤オゾンと基板との温度差（$\Delta T = T_1 - T_2$）が大きくなるため，結露水の量が多くなっていると推測される。この結露によってレジスト表面に供給される水分量が十分あれば，除去速度は温度とともに増加すると考えられる。一方で，基板温度が除去速度が極大になる温度より高温側では，除去速度は基板温度の増加とともに急激に低下した。温度差が小さくなるため，湿潤オゾン照射中の結露水の量が少ないことが推測される

以上より，レジスト除去速度は基板表面温度と結露水量（湿潤オゾン温度と基板温度との差）に左右されることがわかった。とりわけ，結露水量の不足は除去速度の急激な低下を招く。結露水量の影響を詳細に検討するため，次のようにして結露水量を見積もった。結露水量は，各湿潤オゾン温度およびSi基板温度における飽和水蒸気量（$A$ [g/m$^3$]）の差に湿潤オゾン供給量（12.5 L/min）を乗じて算出できると考えられる。このとき，湿潤オゾン温度がSi基板温度よりも高い場合の結露量は"正"となり，結露水量が多くなる。逆に，湿潤オゾン温度がSi基板温度よりも低い場合は"負"となり，結露しにくくなる。飽和水蒸気量（$A$）は，Tetensの式（式(2)：飽和水蒸気圧（$E$ [hPa]））を水蒸気の状態方程式から導かれる式(3)に代入して見積もった。ここで，$T$ [℃]は雰囲気温度であり，湿潤オゾン温度および基板温度を代入した。

$$E = 6.11 \times 10^7 \left( \frac{7.5\,T}{T + 273.15} \right) \tag{2}$$

$$A = 217 \left( \frac{E}{T + 273.15} \right) \tag{3}$$

図8に各湿潤オゾン温度におけるSi基板温度と単位面積・単位時間あたりに基板表面に供給される水分量（結露水量）との関係を示す。図8中には，図7で示した除去速度の極大値を記載している。これは，各条件での極大値を破線で結ぶことで，最速の除去速度を得るために必要な

第3章 半導体製造プロセスを支える洗浄・クリーン化・乾燥技術

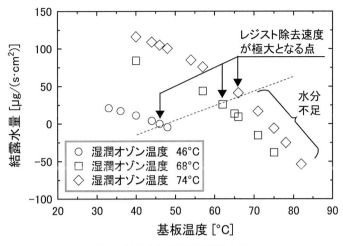

図8 結露水量の基板温度依存性

結露量を見積もることができると考えたからである。すなわち，この破線より下方（結露量が少ない）側では加水分解のために必要な水分量が不足していると考えられる。なお，結露量がマイナス領域では，結露が起こらないことを意味する。したがって，図7で示したように，基板温度が高温側では結露量不足により除去速度が大きく低下したと考えられ，除去速度が極大値を示したことは妥当な結果といえる。基板温度が高くなるとオゾニドの生成量が増加するため，これを加水分解するために必要な結露量が増加する。このため極大値を結んだ破線が基板温度とともに増加したと考えられる。

図7と図8の結果から，湿潤オゾン温度の上昇に伴い，レジスト除去速度が極大となるSi基板温度が高くなっていることがわかる。また，各湿潤オゾン温度において除去速度が極大値となるときの結露水量は基板温度に比例して増加する傾向が見られ，極大値より高温側（図8中の極大値を結ぶ破線の下方）では，加水分解に必要な水分が不足していると考えられる。

図9に，除去速度の極大値とそのときの結露水量との関係を示す。これらの間には線形性があることがわかった。一般に基板温度が高くなると反応速度が速くなる。それに伴い，反応に必要な水分量が増加するため，除去速度が結露水量に比例して増加したと考えられる。すなわち，湿潤オゾン方式では，各温度条件に応じて最適量の水分を供給するための温度差$\Delta T$が存在するといえる。既存の酸素プラズマアッシングやオゾンアッシングでは200℃程度以上に基板を加熱した条件において1 $\mu$m/min以上の除去速度が報告されているのに対し[11,12,16]，湿潤オゾン方式では100℃以下でも同等以上の除去速度を達成可能である。

既存の方式に比較し湿潤オゾン方式の除去速度が速い理由を考察するため，湿潤オゾンとレジストとの除去速度式をアレニウス則に当てはめて，分解・除去反応における活性化エネルギーを見積もった。横軸にSi基板温度（絶対温度）の逆数をとり，縦軸にレジスト除去速度の自然対数をとったアレニウスプロット（図10）の傾きから活性化エネルギーを算出した。除去速度が

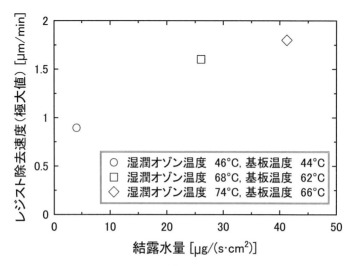

図9　レジスト除去速度（極大値）の結露水量依存性

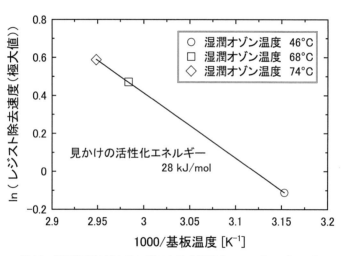

図10　基板温度に対するレジスト除去速度のアレニウスプロット

極大値をとるまでの基板温度範囲（低温側）における除去速度を線形近似した傾きから見かけの活性化エネルギーを算出した。その結果，28 kJ/molであった。既存の薬液フリーなレジスト除去技術である酸素プラズマアッシングの活性化エネルギーは35〜50 kJ/mol[11,24]，オゾンアッシングでは42 kJ/mol（200℃以下）[16] であり，どちらも湿潤オゾン方式に比較し大きい。このため，湿潤オゾン方式では比較的低温でも高速での除去が可能であったと考えられる。

第3章　半導体製造プロセスを支える洗浄・クリーン化・乾燥技術

### 9.4　おわりに

電子デバイスを製造するうえでレジストを用いたフォトリソグラフィープロセスは不可欠である。一方で，レジストの役目は微細加工時の下地のエッチングに対する保護膜であり，最終的に除去される必要がある。レジスト除去は一般的に薬液が用いられるが，その環境負荷やコストが大きな問題となっている。薬液フリーな方法としてアッシング方式があるが，プロセス温度や荷電粒子の問題がある。これらの問題点を解決する手法として，我々は薬液フリー，低温処理，デバイス品質を低下させない等の特長を有する新しいレジスト除去技術である湿潤オゾン方式について述べた。

湿潤オゾン方式では，レジスト除去速度は結露水量に大きく影響される。基板温度の高温化に比例してレジスト除去速度は速くなるが，必要十分な水分量を供給できなければ除去速度が急激に低下する。すなわち，湿潤オゾン方式では，単に基板を加熱するのではなく，最適量の水分を供給するための温度差（＝湿潤オゾン温度−基板温度）の制御が非常に重要といえる。条件の最適化により，半導体プロセスで要求される除去速度の約 1.8 倍（1.8 μm/min）の除去速度を達成した。この時の反応の活性化エネルギーは，アレニウス則より 28 kJ/mol であった。一般的なアッシング方式の活性化エネルギーに比較し 10〜20 kJ/mol 程度小さいため，低温でも高速にレジストを除去できたと考えられる。

文　　　　　献

1) 陶山正夫編集，エレクトロニクス洗浄技術，技術情報協会，pp. 31-64（2007）
2) H. Morinaga, T. Futatsuki, T. Ohmi, E. Fuchita, M. Oda, and C. Hayashi, *J. Electrochem. Soc.*, **142**(3), 966-970（1995）
3) H. Morinaga, M. Suyama, M. Nose, S. Verhaverbeke, and T. Ohmi, *IEICE Trans. Electron.*, **E79-C**(3), 343-362（1996）
4) H. Morinaga, M. Suyama, and T. Ohmi, *J. Electrochem. Soc.*, **141**(10), 2834-2841（1994）
5) 堀池靖浩，小川洋輝，はじめての半導体洗浄技術，工業調査会，p. 66（2002）
6) 山岡亜夫監修，半導体集積回路用レジスト材料ハンドブック，リアライズ理工，p. 222（1996）
7) 堀池靖浩，小川洋輝，はじめての半導体洗浄技術，工業調査会，p. 50（2002）
8) 中小企業庁，ホモジニアスバブルジェネレータの研究開発による次世代エコ常温洗浄技術の確立，成果報告書（平成 22 年度戦略的基盤技術高度化支援事業），p. 2（2011）
9) M. Itano, F. W. Kern, M. Miyashita, and T. Ohmi, *IEEE Trans. Semicond. Manuf.*, **6**(3), 258（1993）
10) S. Y. Mun, Y. S. Jang, Y. S. Ko, S. B. Huh, J. K. Lee, and Y. H. Jeong, *J. Electrochem. Soc.*, **153**(9), G866（2006）

11) K. Shinagawa, H. Shindo, K. Kusaba, T. Koromogawa, J. Yamamoto, and M. Furukawa, *Jpn. J. Appl. Phys.*, **40**(10), 5856 (2001)

12) K. Shinagawa, H. Shindo, K. Kusaba, T. Koromogawa, J. Yamamoto, and M. Furukawa, *Jpn. J. Appl. Phys.*, **41**(3A), 1224 (2002)

13) S. Fujimura and H. Yano, *J. Electrochem. Soc.*, **135**(5), 1195 (1988)

14) K. Tsunokuni, K. Nojiri, S. Kuboshima, and K. Hirobe, Extended Abstracts of the 19th Conference on Solid State Devices and Materials, Tokyo, 195 (1987)

15) 岩黒弘明, 黒田司, 平井実, 表面技術, **41**(2), 37 (1990)

16) T. Miura, M. Kekura, H. Horibe, and M. Yamamoto, *J. Photopolym. Sci. and Technol.*, **21**(2), 311 (2008)

17) H. Horibe, M. Yamamoto, T. Ichikawa, T. Kamimura and S. Tagawa, *J. Photopolym. Sci. and Tech.*, **20**(2), 315 (2007)

18) S. Noda, M. Miyamoto, H. Horibe, I. Oya, M. Kuzumoto, and T. Kataoka, *J. Electrochem. Soc.*, **150**(9), G537 (2003)

19) S. Noda, H. Horibe, K. Kawase, M. Miyamoto, M. Kuzumoto, and T. Kataoka, *J. Adv. Oxid. Technol.*, **6**(2), 132 (2003)

20) S. Noda, K. Kawase, H. Horibe, I. Oya, M. Kuzumoto, and T. Kataoka, *J. Electrochem. Soc.*, **152**(1), G73 (2005)

21) C. Geletneky and S. Berger, *Eur. J. Org. Chem.*, **1998**(8), 1625 (1998)

22) Wade Jr. L. G., Organic-chemistry, 6th ed, 360, Pearson Prentice Hall, USA (2006)

23) 阿部豊, 金子暁子, 八木崇弘, 濱田博之, 池昌俊, 浅野俊之, 加藤健, 藤森憲, 化学工学論文集, **36**(1), 41 (2010)

24) S. Fujimura, K. Shinagawa, M. Nakamura and H. Yano, *Jpn. J. Appl. Phys.*, **29**(10), 2165 (1990)

## 10 レジスト除去技術
### ―イオンビーム照射レジストに対する湿潤オゾンによる除去―

堀邊英夫[*]

### 10.1 はじめに

　半導体やLCD製造では，p/n型半導体を作製するために最低でも2回のイオン注入工程が必要である。このとき，Si基板上に作製した微細パターンに対して13族/15族のイオン（B，P等）が基板全体に注入され，マスクとなるレジストにもイオンが注入される。このイオン注入されたレジストは表面が変質し，レジスト除去が非常に困難である[1]。現在，酸素プラズマアッシングと硫酸-過酸化水素水混合液の薬液を組み合わせることで除去しているが，ここで使用される薬液は高価であり，大量に使用するため環境負荷が高いという課題がある。また，酸素プラズマアッシングは基板を250℃程度まで加熱するため高温プロセスとなる。さらに，イオン注入レジストの酸素プラズマアッシングでは，レジストがはじけ飛ぶポッピングという現象が発生し，チャンバー汚染を引き起こす可能性がある[2]。これらの問題を解決するために，新規に開発した湿潤オゾン方式によるイオン注入レジストの除去を行ったのでここで紹介する。

　現在のデバイス製造で，低加速エネルギー，高イオン注入が求められている。$0.1\,\mu m$以下のパターンを作製する場合，アスペクト比が5を超えた場合，パターン倒れが発生するためパターンの微細化にしたがって薄膜のレジストが必要となる[3]。その薄膜のレジストに$150\,keV$などの高い加速エネルギーでイオンを注入した場合，マスクとなるべきレジストをイオンが貫通し基板にまで到達してしまうので，低加速のエネルギーで行う必要がある。さらに，素子の抵抗を低くするためにイオン注入量を高くする必要がある。

　ここでは，イオン注入条件（イオン種，イオン注入量，加速エネルギー）をパラメータにイオン注入レジストに対する湿潤オゾンによる除去を行い，その除去性について微小押し込み硬さ試験により検討した。また，オゾン濃度が$30\,vol\%$（従来$10\,vol\%$）の高濃度湿潤オゾンを用いてレジストの高速除去を検討した。さらに，イオン注入されたポリビニルフェノール（PVP）の湿潤オゾンによる除去の検討を行った。イオン注入されたPVP変質層の深さについてSIMS測定から検討し，湿潤オゾンとイオン注入されたPVPとの化学反応性についてFT-IRから評価した。

### 10.2 イオン注入量を変えたレジストの湿潤オゾンによる除去性の実験方法
### 10.2.1 イオン注入レジスト

　イオン注入レジストは，ノボラック系ポジ型レジスト（AZ6112；AZエレクトロニックマテ

---

[*]　Hideo HORIBE　大阪公立大学　大学院工学研究科　物質化学生命系専攻
　　　化学バイオ工学分野　教授

リアルズ）にイオンを注入し作製した。レジストはスピンコーター（ACT-300A；Active）により 2000 rpm で 20 sec 回転塗布し，ホットプレートで 100℃，1 min プリベークした。その後，加速エネルギーを 70 keV とし，$5×10^{13}$，$5×10^{14}$，$5×10^{15}$ atoms/$cm^2$ のイオン（ホウ素：B，リン：P）をレジストに注入した。

### 10.2.2 イオン注入レジストの湿潤オゾンによる除去

図1に湿潤オゾンによるレジスト除去装置（Mitsubishi Electric Corp. and SPC Electronics Corp.）の概要を示す。湿潤オゾンによるレジスト除去は，レジスト基板への湿潤オゾン照射，リンス（水），乾燥工程を繰り返すことで行う。湿潤オゾン照射時間に対するレジスト膜厚をプロットすることで除去速度を評価した。レジスト膜厚は触針式表面形状測定器（DekTak 6M ULVAC）を用いて測定した。

湿潤オゾン照射条件は以下の通りである。1プロセスあたりの湿潤オゾン照射は 10 sec，リンスは 5 sec，乾燥は 20 sec である。基板回転数は湿潤オゾン，水リンス工程では 2000 rpm，乾燥工程では 1000 rpm である。オゾン濃度及び $O_3/O_2$ ガス流量はそれぞれ 230 g/$m^3$（10.7 vol%），12.5 slm とし，湿潤オゾン温度（$T_1$）を 70℃，基板温度（$T_2$）を 60℃ とした。

### 10.2.3 微小押し込み硬さ試験によるレジストの塑性変形硬さ測定

イオン注入レジストの硬さを評価するため微小押し込み硬さ試験（ENT-1040 ELIONIX）を行った。図2に微小押し込み硬さ試験による負荷除荷曲線を示す。下式の塑性変形硬さ $H$ はサンプルの塑性を示し，塑性押し込み深さ $h_2$ μm と荷重 $P$ mgf を用いた。塑性押し込み深さ $h_2$ μm は除荷開始部分から接線を引き，荷重 0 まで接線を延長したときの変位である。$K$ は圧子形状に起因する係数であり，バーコビッチ型圧子では 23.96 である[4]。

$$H = K\frac{P[\mathrm{mgf}]}{h_2^2[\mu m^2]}$$

荷重は 1〜260 mgf とし，荷重ステップは 8 mgf 以上では（荷重/2000）mgf/msec で，荷重 1〜8 mgf では 0.004 mgf/msec とした。圧子には，稜角 115° のバーコビッチ（三角錐）型ダイヤモンド圧子を使用した。また，イオン注入レジストの塑性変形硬さを未注入レジスト

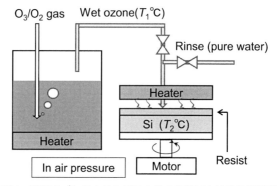

図1 湿潤オゾンによるレジスト除去実験における装置概要

第3章 半導体製造プロセスを支える洗浄・クリーン化・乾燥技術

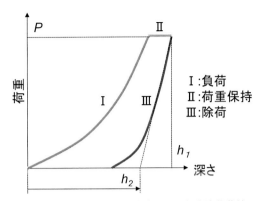

図2 微小押し込み硬さ試験による負荷除荷曲線

（AZ6112）の塑性変形硬さで規格化し，この値を規格化塑性変形硬さ $H_2$ とした。

### 10.2.4 高濃度湿潤オゾンによるイオン注入レジストの除去

高濃度での湿潤オゾンによりイオン注入レジストの除去を行った。湿潤オゾン濃度は10，30 vol%，$O_3/O_2$ ガス流量，12.5 slm（10 vol% 時），7.5 slm（30 vol% 時）である。$O_3/O_2$ ガスは高濃度オゾン発生装置（HAP-3024；Iwatani corp.）で発生させた。イオン注入レジストには，ノボラック系ポジ型レジストに，加速エネルギー70 keV で $5×10^{14}$ 個/cm$^2$ のイオン（B，P，As）を注入したものを用いた。湿潤オゾンによるイオン注入レジストの除去では，レジストの基板からの剥離の影響が考えられる[5]。これは，イオン注入レジストは表面硬化層と未注入層からなる2層構造であり，未注入層（下層）は湿潤オゾンにより容易に溶解するためである。そこで，レジスト除去には，レジスト表面からの溶解によるものと基板からの剥離によるものの両方を含めることになる。レジスト表面からの溶解については膜厚測定により検討し，基板からの剥離については光学顕微鏡観察（ECLIPSE L150；Nikon）により検討した。

### 10.2.5 加速エネルギーの異なるイオン注入レジストの湿潤オゾンによる除去とレジスト変質層の評価

イオン注入レジストは，ノボラック系ポジ型レジストに，加速エネルギーを10，70，150 keV とし $5×10^{14}$ atoms/cm$^2$ のイオン（B，P）を注入した。また，加速エネルギーを0.5，3 keV とし $1×10^{15}$ atoms/cm$^2$ のイオン（B，As）を注入した。同様に，湿潤オゾンによる除去性を評価した。イオン注入レジスト断面の状態を走査型電子顕微鏡（SEM：JSR-6360 JEOL Ltd.）により観察した。断面SEM像は，加速電圧20 kV で観察された二次電子像である。

### 10.2.6 イオン注入PVPの湿潤オゾンによる除去

(1) イオン注入PVP

ポリビニルフェノール（PVP；$M_w$ = 8000）/乳酸エチル溶液を3 inch Siウェハにスピンコーター（ACT-300A；Active）により2000 rpm で20 sec 回転塗布，ホットプレートで100℃，1 min プリベークした。このPVPに，70 keV の加速エネルギーで $5×10^{13}$〜$5×10^{15}$ atoms/cm$^2$

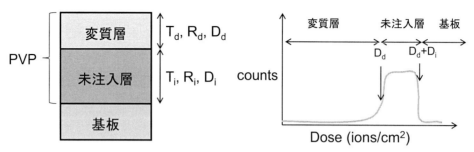

図3 イオン注入PVP変質層の膜厚換算概要

のイオン(B, P, As)を注入した。

(2) SIMSによるイオン注入PVP変質層の膜厚測定

イオン注入されたPVPの変質層の厚みについてアルゴンクラスタービームを用いてSIMS測定を行った[6]。イオン注入されたPVPの深さをイオン照射量とエッチングレートから換算した。エッチングレートはPVP膜全てをエッチングするのに要したイオン照射量から算出した。全膜エッチング照射量($D_d+D_i$)及び変質層エッチング照射量$D_d$より、$D_i$を決定する。未照射サンプルの測定より$R_i = 3.72E-13$ nm/(ions/cm$^2$)であるので、未注入層の膜厚は$T_i = R_i \times D_i$で求められる。さらに、膜厚測定から全膜厚$T_{total}$も分かるので変質層の膜厚は$T_d = T_{total} - T_i$である(図3)。エッチングにはArを用い、加速電圧は13 kVである。イオン注入されたPVPには、B, P及びAsが70 keVの加速エネルギーで$5 \times 10^{14}$ atoms/cm$^2$注入したものを用いた。

(3) FT-IRによるイオン注入PVPの分光学的評価

イオン注入されたPVPの化学的組成を定量的に評価するためにATR法を用いたFT-IR測定を行った。FT-IR測定は光路を窒素置換した後に行った。

## 10.3 注入イオン種及びイオン注入量の異なるレジストの除去の結果

図4に異なるイオン注入量のB, Pイオンが注入されたレジストの湿潤オゾンによる除去性を示す。表1にそれぞれのレジスト除去速度をまとめた。B, Pイオンが注入されたレジストどちらにおいてもイオン注入量の増加にしたがってレジスト除去速度は低下した。$5 \times 10^{13}$ atoms/cm$^2$のレジストは、B, Pイオン両者で除去が可能であり、除去速度はBが$1.04\,\mu$m/min、Pが$1.07\,\mu$m/minであった。$5 \times 10^{14}$ atoms/cm$^2$イオンが注入されたレジストは、BがPに比較して容易に除去された(除去速度:$0.25\,\mu$m/min)が、Pは除去されなかった。$5 \times 10^{15}$ atoms/cm$^2$のレジストは、B, Pイオン両者とも膜厚が減少せず、除去できなかった。また、除去可能なイオン注入レジストについては、膜厚が急速に減少し始める領域においては、未注入レジストと膜厚減少の傾向がほぼ同じであったことから、レジスト表面の変質層より深い部分は未注入レジストと同一であると考えられる。

図5に70 keVの加速エネルギーでB, Pイオンが注入されたレジストの規格化塑性変形硬さ

第3章　半導体製造プロセスを支える洗浄・クリーン化・乾燥技術

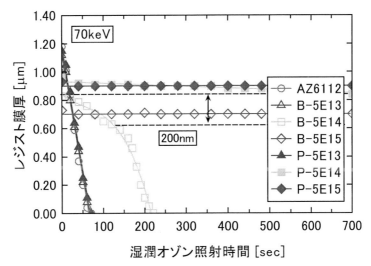

図4　異なるイオン注入量のB, Pイオン注入レジストの湿潤オゾンによる除去

表1　異なるイオン注入量のB, Pイオン注入レジストの除去速度

| サンプル | 除去速度 |
| --- | --- |
| AZ6112 | 1.01 μm/min |
| B ions ($5\times10^{13}$ atoms/cm$^2$) | 1.04 μm/min |
| B ions ($5\times10^{14}$ atoms/cm$^2$) | 0.25 μm/min |
| B ions ($5\times10^{15}$ atoms/cm$^2$) | × |
| P ions ($5\times10^{13}$ atoms/cm$^2$) | 1.07 μm/min |
| P ions ($5\times10^{14}$ atoms/cm$^2$) | × |
| P ions ($5\times10^{15}$ atoms/cm$^2$) | × |

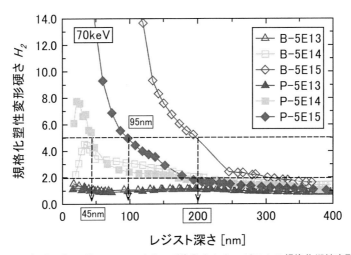

図5　70 keVの加速エネルギーでB, Pイオンが注入されたレジストの規格化塑性変形硬さ $H_2$

125

$H_2$を示す。イオン注入量の増加にしたがってレジスト表面の塑性変形硬さは増加した。また，Bイオン注入レジストはレジストの深い部分まで変質しており，またレジスト表面の塑性変形硬さはPイオンのものより低かった。これは，SRIM 2008[7]によるイオン注入シミュレーションの結果より，BはPと比較して軽いイオンのためレジスト深くまで注入される。そのため，同じイオン注入量の場合，Bイオン注入レジストの変質の度合いはPイオン注入レジストの変質のそれより弱いと考えられる。

### 10.4 高濃度湿潤オゾンによるイオン注入レジストの除去

図6にオゾンガス濃度10 vol%におけるイオン注入レジストの膜厚変化を示す。Bイオン注入レジストのみ膜厚が減少した。一方，P，Asイオン注入レジストの膜厚は減少しなかった。これは，P，Asイオン注入レジストの上層の硬化の度合いがBイオン注入レジストに比較し大きいためと考えられる。

図7にオゾン濃度30 vol%におけるイオン注入レジストの膜厚変化を示す。オゾン濃度10 vol%の除去性と同じ傾向にあり，Bイオン注入レジストのみ膜厚が減少した。オゾン濃度の高濃度化によりレジスト除去時間は短くなった。図8にB，P，Asイオン注入レジスト表面の光学顕微鏡写真を示す。オゾン濃度は30 vol%である。全てのイオン注入レジストにおいて剥離が見られた。まず，照射初期段階で，レジスト表面にクラックが発生し，照射時間が長くなるにつれて，クラック部が除去された。クラック部が除去された後，クラック部周辺のレジストが剥離した。クラック部のレジストが除去されると，オゾンはレジスト下層にもアタックすることが可能になる。光学顕微鏡での観察範囲（1.0 mm×1.5 mm）では，Bイオン注入レジストは湿潤オゾン照射時間が120秒，Pイオンでは660秒，Asイオンでは840秒でレジストが除去された。これらより，高濃度湿潤オゾン（30 vol%）を使用することにより，低濃度湿潤オゾン（10 vol%）では除去できなかったイオン注入レジスト（$5\times10^{14}$個/cm$^2$）がイオン種に関わらず除去できる

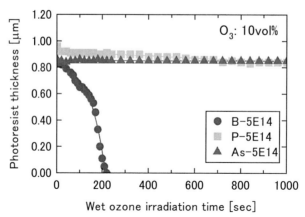

図6　オゾンガス濃度10 vol%におけるイオン注入レジストの膜厚変化

第3章 半導体製造プロセスを支える洗浄・クリーン化・乾燥技術

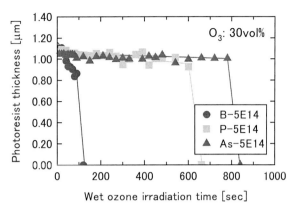

図7 オゾンガス濃度 30 vol% におけるイオン注入レジストの膜厚変化

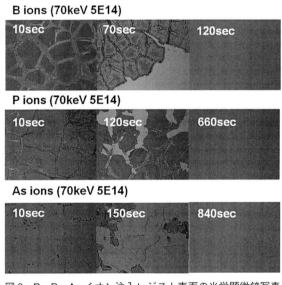

図8 B, P, As イオン注入レジスト表面の光学顕微鏡写真

ことが判明した。オゾン濃度が 30 vol% での B, P, As イオン注入レジストの除去性は, B イオン注入レジストは表面からの溶解と界面からの剥離の両方であり, P, As イオン注入レジストは剥離のみであった。

## 10.5 加速エネルギーの異なるイオン注入レジストの湿潤オゾンによる除去

図9に異なる加速エネルギーでBイオンが注入されたレジストの除去性を示す。イオン注入量は $5×10^{14}$ atoms/cm$^2$ である。この結果より, 10, 70, 150 keV の順でレジストは除去されにくくなり, 150 keV でイオン注入されたレジストは除去できなかった。加速エネルギーの増加にしたがってレジスト除去速度は低下し, 10 keV では 0.69 μm/min, 70 keV は 0.25 μm/min で

半導体製造における洗浄技術

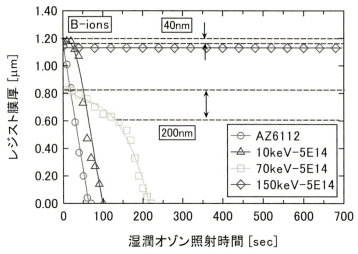

図9 異なる加速エネルギーでBイオンが注入されたレジストの除去性

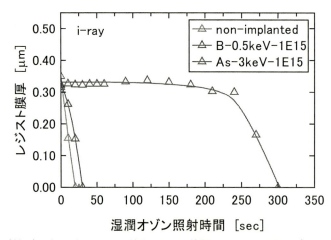

図10 低加速エネルギーでイオン注入されたi線用レジストの湿潤オゾンによる除去

あった。加速エネルギーの増加にしたがってイオンがレジストに与えるエネルギーが多くなり，レジスト表面の変質の度合いが増加し，湿潤オゾンとの反応が困難になったためと考えられる。Bイオンが注入されたレジストの湿潤オゾンによる除去結果よりレジスト変質層とみられる部分の厚みは10 keVでは40 nm，70 keVでは200 nmであった。

図10に低加速エネルギー（0.5 keV，3 keV）でイオン注入されたi線用レジストの湿潤オゾンによる除去を示す。低加速エネルギーであれば高イオン注入量のレジストも除去可能であった。Asが3 keVでイオン注入されたi線用レジストが除去可能であったことからBが3 keVで注入されたレジスト，及びAsが0.5 keVで注入されたレジストも除去可能であると考えられる。

第3章　半導体製造プロセスを支える洗浄・クリーン化・乾燥技術

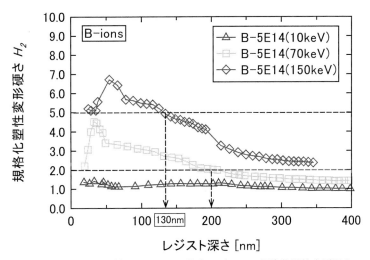

図11　レジスト深さに対するBイオン注入レジストの規格化塑性変形硬さ $H_2$

　加速エネルギーの増加にしたがって湿潤オゾンによるレジスト除去が困難になったことについて微小押し込み硬さ試験により考察した。図11にレジスト深さに対するBイオン注入レジストの規格化塑性変形硬さ $H_2$ を示す。これより，加速エネルギーの増加にしたがってレジスト表面の塑性変形硬さが増加し，レジストの変質している範囲（厚み）が広がった。また，湿潤オゾンによるBイオン注入レジスト除去の結果（図9）より，150 keV でBイオンが注入されたレジストは除去されなかったことから，イオン注入レジストの塑性変形硬さの最も高い値が未注入レジストの5倍以上であった場合，除去は不可能と言えるのではないかと思われる。規格化塑性変形硬さ $H_2$ が5以上になる厚みは 150 keV では 130 nm であった。また，10 keV において塑性変形硬さは未注入レジストの2倍以下であり，70 keV ではレジスト深さ 200 nm より深い部分に存在するレジストは未注入レジストと同様に除去され，規格化塑性変形硬さ $H_2 \leqq 2$ のレジスト深さが 200 nm であることから規格化塑性変形硬さ $H_2$ が2以下であった場合，未注入レジストとほぼ同様に除去できると考えられる。

## 10.6　イオン注入された PVP の湿潤オゾンによる除去

　図12に異なるイオン注入量でB，P及びAsイオンが注入されたPVPの湿潤オゾンによる除去を示す。Bイオン注入量の増加にしたがってPVPは除去されにくくなり，$5 \times 10^{15}$ atoms/cm$^2$ のイオン注入量のPVPは除去できなかった。また，イオン注入量の増加にしたがってPVP除去速度は低下し，$5 \times 10^{13}$ atoms/cm$^2$ では $0.49\,\mu$m/min，$5 \times 10^{14}$ atoms/cm$^2$ は $0.12\,\mu$m/min であった。Pイオンが注入されたPVPでは，イオン注入量の増加にしたがって除去されにくくなり，$5 \times 10^{14}$，$5 \times 10^{15}$ atoms/cm$^2$ においては完全に除去できなかった。また，Pイオンが $5 \times 10^{13}$ atoms/cm$^2$ 注入されたPVPの除去速度は $0.48\,\mu$m/min であった。Asイオンが注入されたPVP

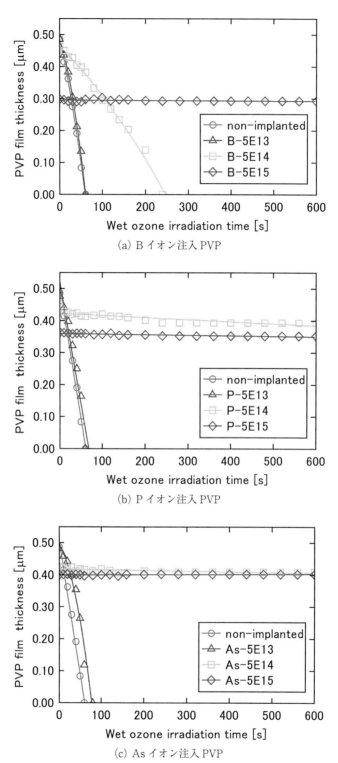

(a) B イオン注入 PVP

(b) P イオン注入 PVP

(c) As イオン注入 PVP

図12 異なるイオン注入量で注入された PVP の湿潤オゾンによる除去

は，$5\times10^{14}$，$5\times10^{15}$ atoms/cm$^2$ は完全に除去できなかった。また，As イオンが $5\times10^{13}$ atoms/cm$^2$ 注入された PVP の除去速度は 0.36 μm/min であった。

### 10.7 SIMS によるイオン注入 PVP 変質層の膜厚測定

図13に未注入 PVP の SIMS スペクトルを示す。質量数106，120及び226のイオンが強く検出され，これらは PVP 特有のイオンであると推定される（図14）。イオン注入 PVP ではこれらの検出数を深さ方向に対してプロットした。図15に各種イオン注入 PVP の質量数106，120及び226の深さ方向分析結果を示す。ここでは，イオンカウント数を総イオンカウント数で規格化した。これらの結果より，注入する質量数の大きいイオンになるにしたがって（B→P→As）変質層の厚みは減少し，B イオン注入 PVP の変質層厚みは 387 nm，P イオン注入 PVP は 232 nm，As イオン注入 PVP は 142 nm であった。これは，質量数の大きいイオンになるにしたがって PVP の表面にイオンが浅く注入されるためと考えられる[8]。しかしながら，いずれのサンプ

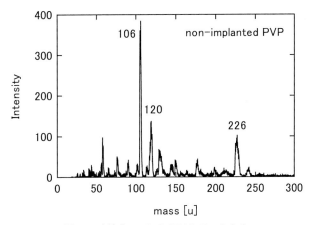

図13 未注入 PVP の SIMS スペクトル

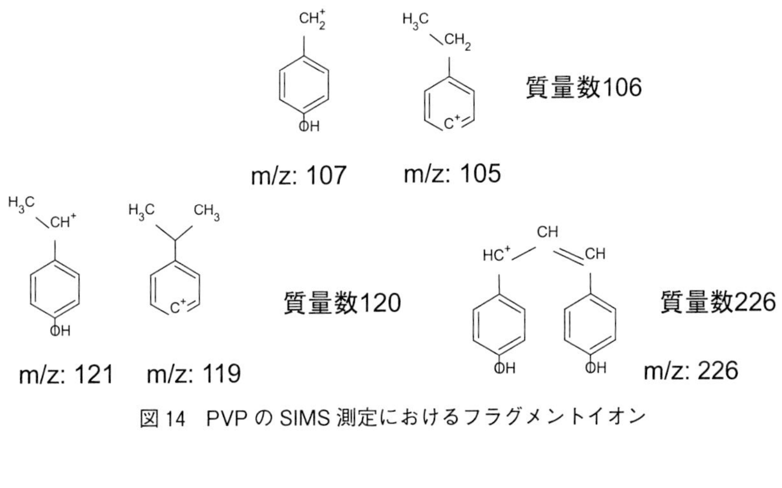

図14 PVP の SIMS 測定におけるフラグメントイオン

半導体製造における洗浄技術

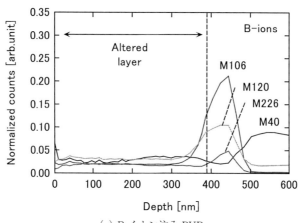

(a) B イオン注入 PVP

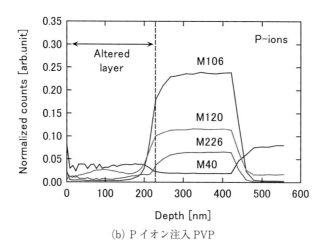

(b) P イオン注入 PVP

(c) As イオン注入 PVP

図 15　各種イオン注入 PVP の質量数 106，120 及び 226 の深さ方向分析

第3章　半導体製造プロセスを支える洗浄・クリーン化・乾燥技術

ルも同じ加速エネルギーで注入されているため変質の度合いは質量数の大きいイオンが高くなると考えられる。

### 10.8　FT-IRによるイオン注入PVPの分光学的評価

図16にBイオンが注入されたPVPのFT-IRスペクトルを示す。また，表2に未注入PVPのOH基含有率を100%としたときの各イオン注入PVPのベンゼン環及びOH基含有率を示す。いずれのイオン種においてもイオン注入量の増加にしたがってベンゼン環及びOH基含有率は低下した。また，イオン種の違いでは質量数の大きいイオンになるに伴い，表面の変質度合いが高くなっていると考えられる。湿潤オゾンにより除去可能なものと不可能なものの間でベンゼン環含有率はほぼ変化がみられなかった。一方，OH基含有率は除去可能なものと不可能なもので明確な違いがあり，P，Asの$5×10^{14}$ atoms/cm$^2$から急激に低下した。したがって，イオン注入PVPの湿潤オゾンによる除去性は，ベンゼン環の濃度よりもOH基の濃度に依存すると考えられる。ここで，オゾンとフェノールとの反応活性化エネルギーは39.7 kJ/molであり，オゾンとベンゼンとの反応活性化エネルギーは66.0 kJ/molであった[9]。これより，イオン注入PVP中

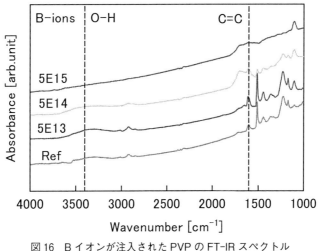

図16　Bイオンが注入されたPVPのFT-IRスペクトル

表2　未注入PVPのOH基含有率を100%としたときの各イオン注入PVPのベンゼン環及びOH基含有率

OH基

|   | 5E13 | 5E14 | 5E15 |
|---|------|------|------|
| B | 90%  | 75%  | 10%  |
| P | 90%  | 40%  | 5%   |
| As| 90%  | 40%  | 0%   |
|   | 除去可 | 除去不可 | |

ベンゼン環

|   | 5E13 | 5E14 | 5E15 |
|---|------|------|------|
| B | 95%  | 85%  | 85%  |
| P | 85%  | 85%  | 70%  |
| As| 90%  | 50%  | 50%  |
|   | 除去可 | 除去不可 | |

の OH 基含有率が減少するにしたがって湿潤オゾンによる除去が困難になると考えられる。

## 10.9 おわりに

イオン注入条件（イオン種（B，P），イオン注入量（$5 \times 10^{13}$，$5 \times 10^{14}$，$5 \times 10^{15}$ atoms/cm$^2$），加速エネルギー（10，70，150 keV））の異なるレジストの湿潤オゾンによる除去を行った。

イオン注入量の増加にしたがってレジストは除去されにくくなった。これは，イオン注入量の増加にしたがってレジスト変質層の塑性変形硬さが増加し，レジストと湿潤オゾンとが反応しにくくなったためと考えられる。また，注入イオン種で比較した場合，B イオン注入レジストが P イオン注入レジストよりも容易に除去された。これは，SRIM 2008 によるイオン注入シミュレーション結果より，B イオンがレジストの奥深い部分まで入りこみ，イオンからレジストに与えられるエネルギーが分散するので，同じイオン注入量の場合，レジスト表面における変質の度合いが B イオンの場合，低くなるためと考えられる。

異なる加速エネルギーでイオンが注入されたレジストでは，10，70，150 keV の順でレジストは除去されにくくなった。これは，加速エネルギーの増加にしたがってレジスト変質層の塑性変形硬さが増加し，湿潤オゾンとの反応が困難になったためと考えられる。微小押し込み硬さ試験と湿潤オゾンによるイオン注入レジストの除去結果を比較すると塑性変形硬さが未注入レジストの 5 倍以上であると湿潤オゾンによる除去ができず，2 倍以下では未注入レジストとほぼ同様に除去可能であるといえる。

高濃度オゾンを用いることでレジスト除去時間は短くなった。オゾン濃度を 30 vol% にすることにより，10 vol% では除去できなかった P，As イオン注入レジスト（$5 \times 10^{14}$ 個/cm$^2$）の除去が可能となった。30 vol% での B，P，As イオン注入レジスト（加速エネルギー：70 keV，注入量：$5 \times 10^{14}$ 個/cm$^2$）の除去性は，B イオン注入レジストは表面からの溶解と界面からの剥離の両方であり，P，As イオン注入レジストは剥離のみであった。

イオン注入 PVP 変質層の深さについて SIMS から検討し，湿潤オゾンとイオン注入 PVP との反応性について FT-IR から検討した。イオン注入量の増加にしたがって PVP のベンゼン環及び OH 基の変質度合いが増加し，除去されにくくなった。除去可能な PVP と除去不可なものでベンゼン環含有率がほぼ変化しないのに対し，OH 基含有率は明らかな違いがみられ，イオン注入 PVP の湿潤オゾンによる除去性は，ベンゼン環の濃度よりも OH 基の濃度に依存すると考えられる。

## 文　　献

1)　C. K. Huynh, J. C. Mitchener, *J. Vac. Sci. Technol*, **B 9**(2), 353-356 (1991)

第3章　半導体製造プロセスを支える洗浄・クリーン化・乾燥技術

2) 石橋健夫，半導体・液晶ディスプレイフォトリソグラフィ技術ハンドブック，リアライズ理工センター，pp. 310-312 (2006)

3) 山岡亜夫，半導体レジスト材料ハンドブック，シーエムシー，p. 217 (1996)

4) 山本雅史，五十嵐壮紀，河野昭彦，堀邊英夫，太田裕充，柳基典，電子情報通信学会 C, **J93**-**C** (10), 353-359 (2010)

5) M. Itano, F. W. Kern, Jr., M. Miyashita, and T. Ohmi, *IEEE Trans. Semicond. Manuf.*, **6**, 258 (1993)

6) J. Matsuo, K. Ichiki, Y. Yamamoto, T. Seki and T. Aoki, *Surf. Interface Anal.*, **44**, 729-731 (2012)

7) J. F. Ziegler, J. P. Biersack, and M. D. Ziegler, "SRIM, The Stopping and Range of ions in Matter", Lulu PressCo., Morrisville, NC, USA (2008) (http://www.srim.org)

8) M. Yamamoto, Y. Goto, T. Maruoka, H. Horibe, T. Miura, E. Kusano, and S. Tagawa, *J. Electrochem. Soc.*, **156** (7), H505-H511 (2009)

9) M. F. A. Hendrickx, and C. Vinckier, *J. Phys. Chem. A*, **107**, 7574-7580 (2003)

## 11 レジスト除去技術—水素ラジカル装置を用いたレジスト除去—

堀邊英夫[*]

### 11.1 はじめに

　半導体メモリや液晶ディスプレイ（LCD）などの製造では，成膜，リソグラフィー，洗浄，配線工程などを繰り返し行い，シリコンウェハなどの基板上にトランジスタを集積化する。リソグラフィー工程では，露光，現像を行うことにより感光性高分子（レジスト）をパターニングし，これをマスクとして基板のエッチングやp/n接合を形成するためのイオン注入を行う。この段階でレジストの役目は完了し除去されることになる。現在のレジスト除去法では，薬液を用いるウェット方式と酸素プラズマやオゾンアッシングなどのドライ方式が多用されている。薬液方式では，高価で環境負荷の大きい硫酸過酸化水素水やアミン系有機溶媒などのレジスト除去液が大量に使用されていることが大きな問題となっている[1]。酸化系ガスを用いるアッシング方式では，基板や金属配線の酸化劣化やプラズマによるデバイス特性の不安定化などが問題となっている。そのため，産業界では，薬液フリー，酸化レス，プラズマレスな新規レジスト除去方式が強く求められている。そこで，我々は加熱したタングステンフィラメント（Hot-wire）で水素分子を分解し生成する水素ラジカルを用いた環境に優しい新規レジスト除去方式の開発に取り組んでいる[2~9]。

　近年，光・電子デバイスの多様化，高精細化の進展に伴い，レジストの露光波長の短波長化が進行している。これは，レジストの解像度（$R$）がレーリーの式 $R = k_1\lambda/NA$ で決まることによるものである。ここで$\lambda$は露光波長，NAはレンズの開口数（numerical aperture），$k_1$はレジストプロセスによって決まる定数である。実際，レジストの露光光源の波長は，436/365 nm（g/i線）→248 nm（KrFエキシマレーザー）→193 nm（ArFエキシマレーザー）と短波長化している。これに伴い，レジストのベースポリマーもノボラック樹脂（g/i線用）→ポリビニルフェノール（KrF用）→ポリメチルメタクリレート（PMMA）（ArF用）へと変遷している。水素ラジカルによるレジスト除去技術の実用性を明らかにするためには，レジストの化学構造と除去性との関係の解明が不可欠といえる。

　しかしながら，ArF用レジストのベースポリマーであるPMMAを基本構造としたポリマー（"PMMA系ポリマー"と呼称）と水素ラジカルとの反応性に関する報告例はない。これは，現在の半導体製造プロセスで実際に用いられるレジストの出荷量の半分がノボラック樹脂であることが大きな要因と考えられる。将来的に配線サイズのさらなる微細化が進めば，PMMAをベースとしたArF用レジストによるプロセスが主流となる可能性もある。

---

　　\*　Hideo HORIBE　大阪公立大学　大学院工学研究科　物質化学生命系専攻
　　　　　化学バイオ工学分野　教授

今回は，加熱触媒体法を用いて生成した水素ラジカルにより，化学構造が異なる PMMA 系ポリマー薄膜の除去速度（反応速度）を検討し，ポリマーの化学構造と除去性との関係を明らかにしたので報告する。

## 11.2 実験
### 11.2.1 水素ラジカル照射条件
図 1 に水素ラジカル生成装置の模式図を示す。加熱触媒体には，全長 500 mm，直径 0.7 mm のタングステンワイヤー（Nilaco 製，純度 99.95%）を用いた。各種ポリマーを塗布した基板は，触媒体の直下に設置した。触媒体と基板との距離は 100 mm に設定した。触媒体の加熱には定電流源を使用した。触媒体温度は 2020℃（電流値＝22 A）である。触媒体温度は 2 波長赤外放射温度計（Impac Electronic 製 ISR 12–L0）で測定した。原料ガスには水素/窒素混合ガス（$H_2/N_2$ ＝10/90 vol%，300 sccm）を使用し，ノズルを通して上部中央から石英ガラスチャンバー内へ供給した。窒素ガス添加により，水素ガスの濃度を希釈し爆発の危険を防止している。水素ガス分圧は 2.13 Pa，初期基板温度は室温である。基板温度は，基板表面に熱電対を取り付け測定した。

### 11.2.2 評価した PMMA 系ポリマー
PMMA 系ポリマーの基本構造を図 2 に示す。評価したポリマー（図 3）は，PMMA の α 鎖の $R_1$ 及び $R_2$ が異なった構造である。これらを 2 グループに分類し，グループ毎で除去速度を

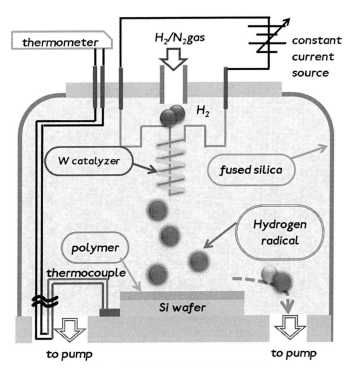

図 1　水素ラジカル生成装置の模式図

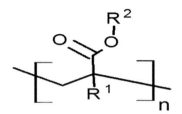

図2　PMMA系ポリマーの化学構造

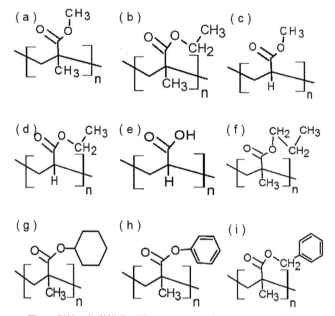

図3　側鎖の化学構造が異なるPMMA系ポリマーの化学構造
(a) PMMA, (b) PEMA, (c) PMA, (d) PEA, (e) PAA, (f) PPrMA, (g) PCHMA,
(h) PPhMA, (i) PBeMA

比較した。

　Aグループのポリマーには，ポリメチルメタクリレート（PMMA，(a)），ポリエチルメタクリレート（PEMA，(b)），ポリメチルアクリレート（PMA，(c)），ポリエチルアクリレート（PEA，(d)），ポリアクリル酸（PAA，(e)）の5つである。

　PMAとPEAは，PMMAおよびPEMAの$R_1$がメチル基から水素原子に置き換わった構造である。PAAは$R_1$と$R_2$が水素原子となっている。

　Bグループのポリマーには，Aグループと同じPMMA，PEMAに加えて，ポリプロピルメタクリレート（PPrMA，(f)），ポリシクロヘキシルメタクリレート（PCHMA，(g)），ポリフェニルメタクリレート（PPhMA，(h)），ポリベンジルメタクリレート（PBeMA，(i)）の6つのポリマーを用いた。Bグループのポリマーは全て$R_1$がメチル基となっている。PMMA,

第3章　半導体製造プロセスを支える洗浄・クリーン化・乾燥技術

表1　サンプル作製条件

| Group | Polymer | Mw | Solvent | Polymer concentration (wt.%) | Spin coating conditions (rpm/20sec) |
|---|---|---|---|---|---|
| A&B | PMMA | $1.0 \times 10^5$ | Ethyl lactate | 10 | 1500 |
| A&B | PEMA | $2.5 \times 10^5$ | Ethyl lactate | 10 | 2550 |
| A | PMA | $1.0 \times 10^5$ | Toluene | 10 | 700 |
| A | PEA | $1.0 \times 10^5$ | Toluene | 10 | 1550 |
| A | PAA | $2.5 \times 10^4$ | N,N-dimethylformamide | 10 | 700 |
| B | PPrMA | $1.5 \times 10^5$ | Ethyl lactate | 15 | 1250 |
| B | PCHMA | $6.5 \times 10^4$ | Xylene | 12 | 750 |
| B | PPhMA | $1.0 \times 10^5$ | Xylene | 12 | 1100 |
| B | PBeMA | $7.0 \times 10^4$ | Xylene | 15 | 1100 |

PEMA，PPrMA，PCHMA は $R_2$ のアルキル基がメチル基，エチル基，プロピル基，シクロヘキシル基と嵩高くなっている。PPhMA と PBeMA は $R_2$ にベンゼン環を有するポリマーである。

　ポリマー膜作製条件を表1に示す。各ポリマーをそれぞれ所定の濃度で適切な溶媒に溶解させた溶液を作製し，これを Si 基板上に所定の回転数で20秒間スピンコータ（ACTIVE 製 300A）により塗布した。塗布後にホットプレート（Dataplate 製 PMC720Series）を使用し100℃で1分間ベークした。ポリマー膜厚は触針式表面段差計（ULVAC 製 DekTak 6M）で測定した。

　加熱触媒体によって生成した水素ラジカルによる PMMA 系ポリマーの除去速度を評価した。水素ラジカル照射中のポリマー膜の除去の様子は，チャンバー外から目視で確認した。1回の水素ラジカル照射時間を4分間とし，照射完了後に装置から基板を取り出し，逐次膜厚を測定した。4分以内で下地の Si 基板が確認できた場合は，その時点で照射を終了した。除去速度は水素ラジカル照射時間に対するポリマー膜厚の変化量（時間 vs. 膜厚の傾き）から算出した。ただし，水素ラジカル照射時間が4分以下ではポリマー膜中に残存した溶媒の揮発が生じるため[10]，その間での膜厚変化量を除去速度の算出に用いないこととした。

## 11.3　結果と考察
### 11.3.1　除去速度に影響するビニル型ポリマーの性質

　図4に A グループに属するポリマーの水素ラジカル照射時間と膜厚との関係を示す。PMA，PEA および PAA の除去速度は，PMMA や PEMA に比較し6〜30%の除去速度と遅かった。PMMA や PEMA の側鎖の $R_1$ はメチル基であるが，PMA や PEA，PAA は水素原子である。この違いが除去速度に大きく影響していると考えられる。

　図5に B グループに属するポリマーの水素ラジカル照射時間と膜厚との関係を示す。PPrMA および PCHMA は，PMMA および PEMA とほぼ同様な除去速度であった。一方，PPhMA や PBeMA の除去速度は，これらに比較し13〜17%の除去速度と非常に遅かった。この除去速度の違いは化学構造中のベンゼン環の有無に起因するものと考えられる。表2に，図4および図5から求めた各種ポリマーの除去速度と特徴を示す。ここで，炭素含有率（$C_{Content}$）と大西パラ

*139*

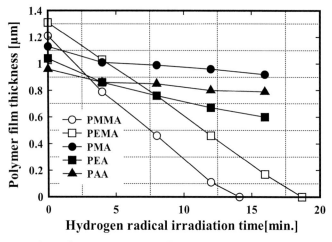

図4 Aグループに属するポリマーの水素ラジカル照射時間と膜厚との関係

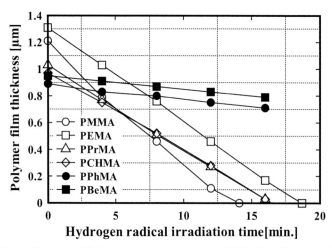

図5 Bグループに属するポリマーの水素ラジカル照射時間と膜厚との関係

表2 PMMA系ポリマーの除去速度と性質

| Polymer | $V_{rmv}$ [μm/min] | Scission type | Cross-linking type | Benzene ring | $C_{content}$ [%] | OP |
|---|---|---|---|---|---|---|
| PMMA | 0.085 | ○ | — | — | 59.9 | 5.00 |
| PEMA | 0.072 | ○ | — | — | 63.0 | 4.48 |
| PMA | 0.007 | — | ○ | — | 55.8 | 6.00 |
| PEA | 0.022 | — | ○ | — | 60.0 | 5.00 |
| PAA | 0.006 | — | ○ | — | 50.0 | 9.00 |
| PPrMA | 0.062 | ○ | — | — | 66.0 | 4.20 |
| PCHMA | 0.060 | ○ | — | — | 70.9 | 3.50 |
| PPhMA | 0.010 | ○ | — | ○ | 73.9 | 2.75 |
| PBeMA | 0.010 | ○ | — | ○ | 75.0 | 2.76 |

メータ（$OP$）は，それぞれレジスト材料のプラズマエッチング耐性の指標といわれるものである[11]。$C_{\mathrm{Content}}$は，ポリマーの繰り返し単位1ユニット中における炭素の原子量$AW_{\mathrm{C}}$，全原子量$AW_{\mathrm{ALL}}$を用いて，次式で表わされる。

$$C_{\mathrm{Content}} = AW_{\mathrm{C}}/AW_{\mathrm{ALL}} \tag{1}$$

$OP$は，ポリマーの繰り返し単位1ユニット中における，炭素原子C，酸素原子O，水素原子Hのモル数を用いて，次式で表わされる。

$$OP = (n_{\mathrm{C}} + n_{\mathrm{O}} + n_{\mathrm{H}}) / (n_{\mathrm{C}} - n_{\mathrm{O}}) \tag{2}$$

エッチング耐性は，$C_{\mathrm{Content}}$の数値が大きいほど高くなり，$OP$は数値が小さいほど高くなる。ポリマー中の炭素の割合が多くなるにつれ，エッチング耐性が高くなると考えるためである。

$R_1$基が水素原子以外の原子のビニル系ポリマーは，外部からのエネルギー供給（例；電子線や$\gamma$照射）で主鎖切断が起こりやすい（主鎖崩壊型）。一方，$R_1$基が水素原子のものは，主鎖同士が架橋する（主鎖架橋型）[12]。PMMAやPEMA，Bグループのポリマーは主鎖崩壊型ポリマーであり，PMAやPEA，PAAは主鎖架橋型に分類できる。表2より，主鎖崩壊型であるPMMA，PEMAは主鎖架橋型であるPMA，PEAとPAAに比べ，$C_{\mathrm{content}}$が同等かそれ以上であり，$OP$も同等かそれ以下であった。つまり，PMMA，PEMAはPMAやPEA，PAAよりもエッチング耐性が高いといえ，除去速度も遅くなることが予想される。しかしながら，PMAやPEA，PAAの方が，PMMA，PEMAよりも遅かった。主鎖架橋型ポリマーでは，水素ラジカルによる還元分解とともに主鎖架橋が並行して起こるため，低分子への分解反応が見かけ上抑制され除去速度が低下したと考えられる[13]。すなわち，主鎖架橋型ポリマーでは，$C_{\mathrm{Content}}$や$OP$などのエッチング耐性よりもポリマーの主鎖架橋構造であることの方が除去速度に対して支配的であるといえる。

### 11.3.2 除去速度に影響するベンゼン環の有無

主鎖崩壊型であるBグループのポリマーにおいて，ベンゼン環を有するPPhMAおよびPBeMAの除去速度はベンゼン環を持たないポリマーに比較し17%以下の除去速度と非常に遅かった。ベンゼン環を持たないものの中で最も$C_{\mathrm{Content}}$が高いPCHMAに対して，ベンゼン環を有するPBeMAを比較すると，その差は5％程度である。$OP$での差も0.7であり，エッチング耐性ではほとんど差がないにも関わらず除去速度は6倍も異なった。ベンゼン環の共鳴安定化や結合エネルギーの高いC＝C結合があることが，水素ラジカルによる分解反応の抑制につながったものと考えられる。すなわち，ベンゼン環を有するポリマーでは，エッチング耐性よりもベンゼン環の化学的性質が除去速度に支配的であるといえる。

主鎖架橋型ポリマーおよびベンゼン環を有するポリマーでは，それぞれの特徴的な性質が除去速度を低下させることがわかった。一方で，ベンゼン環を持たない主鎖崩壊型ポリマーでは，嵩高さの違いがエッチング耐性に直接関係すると考えられる。

半導体製造における洗浄技術

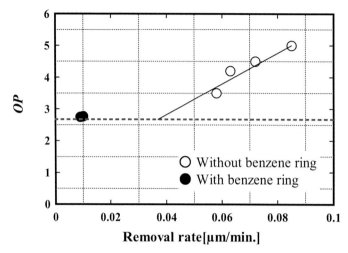

図6 主鎖崩壊型ポリマーの除去速度とOPとの関係

図6に主鎖崩壊型ポリマーの除去速度とOPとの関係を示す。比較のため，ベンゼン環を有するポリマーのプロットも併せて示す。ベンゼン環を持たない主鎖崩壊型ポリマーでは，除去速度が低下するにつれOPが線形に減少しており，エッチング耐性と除去速度に相関があることがわかる。ベンゼン環を持たない主鎖崩壊型ポリマーにおいて，側鎖の嵩高さの増加により構造中の$C_{Content}$が増加しOPが低下するため，エッチング耐性が向上し除去速度が低下したと考えられる。エッチング耐性は除去速度を左右する重要な因子であり，ポリマー中の炭素の割合が律速といえる。なお，一般的なArF用レジスト（側鎖：アダマンチル基）のOPは2.67（$C_{Content}$は77.8%）である。これはベンゼン環を持たない主鎖崩壊型ポリマーといえるので図6の線形性から除去速度を見積もると0.037μm/mimとなる。よって，水素ラジカルを用いることにより一般的なArF用レジストは比較的容易に除去できると考えられ，本方式はArF用レジストの除去プロセスとして有用であるといえる。

### 11.4 おわりに

加熱触媒体法により生成した優れた還元力を有する水素ラジカルを用い，ArF用レジストのベースポリマーであるPMMAのα位の化学構造が異なるPMMA系ポリマーについて，還元分解反応による除去性を検討した結果，以下のことが明らかとなった。

① 側鎖$R_1$が水素原子である主鎖架橋型ポリマー（PMA，PEAおよびPAA）の除去速度は，側鎖$R_1$がメチル基である主鎖崩壊型ポリマー（PMMA，PEMA，PPrMAおよびPCHMA）の6～37%と遅かった。主鎖架橋型ポリマーでは水素ラジカルによる還元分解反応と主鎖架橋が並行して起こるため，除去速度が低下したと考えられる。

② 側鎖にベンゼン環を有する主鎖崩壊型ポリマー（PPhMAおよびPBeMA）の除去速度は，

第3章　半導体製造プロセスを支える洗浄・クリーン化・乾燥技術

ベンゼン環を持たない主鎖崩壊型ポリマーの 13〜17% と遅かった。ベンゼン環の共鳴安定化や結合エネルギーの高い C＝C 結合のため分解反応が抑制されるため，除去速度が低下したと考えられる。

③　ベンゼン環を持たない主鎖崩壊型ポリマーにおいて，側鎖の嵩高さと除去速度との間に相関があることを見出し，嵩高さの増加とともに除去速度が遅くなった。嵩高さの増加によりエッチング耐性が向上するため，除去速度が低下したと考えられる。

以上より，主鎖架橋型ポリマーおよびベンゼン環を有するポリマーは，除去速度を低下させることがわかった。主鎖崩壊型かつベンゼン環を含まないポリマーが比較的容易に除去できることから，加熱触媒体法を用いて生成した水素ラジカルによるレジスト除去方式は，ArF 用レジスト除去プロセスとして有用であるといえる。

## 文　　　献

1)　陶山正夫編集，エレクトロニクス洗浄技術，技術情報協会，pp. 31-64（2007）

2)　M. Yamamoto, T. Maruoka, A. Kono, H. Horibe, and H. Umemoto, *Appl Phys. Express*, **3**(2), 026501（2010）

3)　K. Ishikawa, N. Sumi, A. Kono, H. Horibe, K. Takeda, H. Kondo, M. Sekine, and M. Hori, *J. Phys. Chem. Lett.*, **2**, 1278-1281（2011）

4)　A. Kono, T. Maruoka, Y. Arai, Y. Hirai, and H. Horibe, *J. Photopolym Sci. Technol.*, **24**(4), 383-388（2011）

5)　H. Horibe, M. Yamamoto, T, Maruoka, Y. Goto, A. Kono, I. Nishiyama, and S. Tagawa, *Thin Solid Films*, **519**, 4578-4581（2011）

6)　M. Yamamoto, T. Maruoka, Y. Goto, A. Kono, H. Horibe, M. Sakamoto, E. Kusano, H. Seki, and H. Umemoto, *J. Electrochem. Soc.*, **153**(7), H361-H370（2010）

7)　M. Yamamoto, T. Maruoka, A. Kono, H. Horibe, and H. Umemoto, *Jpn. J. Appl. Phys.*, **49**(1), 016701（2009）

8)　T. Maruoka, Y. Goto, M. Yamamoto, H. Horibe, E. Kusano, K. Takao and S. Tagawa, *J. Photopolym Sci. Technol.*, **22**(3), 325-328（2009）

9)　H. Horibe, M. Yamamoto, E. Kusano, T. Ichikawa, and S. Tagawa, *J. Photopolym Sci. Technol.*, **21**(2), 293-299（2008）

10)　新井祐，渡邉誠，河野昭彦，山岸忠明，石川健治，堀勝，堀邊英夫，高分子論文集，**69**(6), 266（2012）

11)　H. Gokan, S. Esho, and Y. Ohnishi, *J. Electrochem. Soc.*, **130**, 143-146（1983）

12)　A. Miller, E. J. Lawton, and J. S. Balwit, *J. Polym. Sci.*, **14**, 503-504（1954）

13)　M. Yamamoto, H. Horibe, H. Umemoto, K. Takao, E. Kusano, M. Kase, and S. Tagawa, *Jpn. J. Appl. Phys.*, **48**, 026503（2009）

## 12 レジスト除去技術―酸素マイクロバブル水による芳香族分解―

堀邊英夫[*]

### 12.1 はじめに

マイクロバブル（MB）とは，粒径 $1\sim100\,\mu m$ の微小な気泡のことである。MB は優れた気体溶解能力を持ち，水中で MB が崩壊する際にヒドロキシラジカルが発生することが報告されている。そこで，MB の崩壊により発生するヒドロキシラジカルを利用して，難分解性有機化合物を分解することを目的に検討した。ここでは，芳香族化合物であるメチレンブルーとサリチル酸を対処物に用いて，酸素 MB 水で処理し分解率及び反応生成物を評価した。ヒドロキシラジカルの検出の評価としてメチレンブルーを用い，ヒドロキシラジカルが最も多く発生する条件を調べた。その結果，二相流旋回方式で生成した酸素 MB 水を酸性条件下で循環させると，ヒドロキシラジカルが最も多く発生することが確認できた。二相流旋回方式の装置からは金属イオンが溶け出しており，銅イオンや水素イオンなどの陽イオンの存在が MB の安定性に影響したと考えており，旋回する液流によるせん断応力は MB の破砕を促進するのではないかと考えられる。この条件でサリチル酸を処理した結果，サリチル酸の全有機炭素量（TOC）は約 40% 減少することが判明した。また，中間生成物から，サリチル酸とヒドロキシラジカルが官能基の配向性に従い置換反応を起こすことも確認したので，ここで紹介する。

MB は粒径が $1\sim100\,\mu m$ の小さな気泡で，通常の気泡とは異なる特異な性質を持っている。水中での MB の上昇速度は Stokes の式(1)に従う。

$$u_B = \frac{d_B{}^2 (\rho_L - \rho_G) g}{18\,\mu_L} \tag{1}$$

Stokes の式において MB の上昇速度は，$\mu_B$ で表され，$d_B$ が気泡直径，$\rho_L$, $\rho_G$ は液体，気体の密度を示す。$\mu_L$ は液体粘性係数，g は重力加速度である。通常の気泡は直径が大きいため，水中で素早く浮遊し，気液界面に到達し，数秒後に消滅する。一方，MB は粒径が非常に小さいため，上昇速度が小さく，水中に長期間存在し，収縮しながら崩壊していく。そして，MB は，気液界面の表面張力によって内部気体圧が上昇するため，内部気体を周囲の液体と効率よく溶解させることができる[1,2]。気泡の内側と外側の圧力差は Young-Laplace の式(2)に従い，気泡の粒径に依存する。

$$\Delta p = \frac{4\sigma}{d_B} \tag{2}$$

Young-Laplace の式において MB の気泡内外の圧力差は $\Delta p$ で表され，$\sigma$ は表面張力，$d_B$ は気

---

＊　Hideo HORIBE　大阪公立大学　大学院工学研究科　物質化学生命系専攻
　　　　　　　化学バイオ工学分野　教授

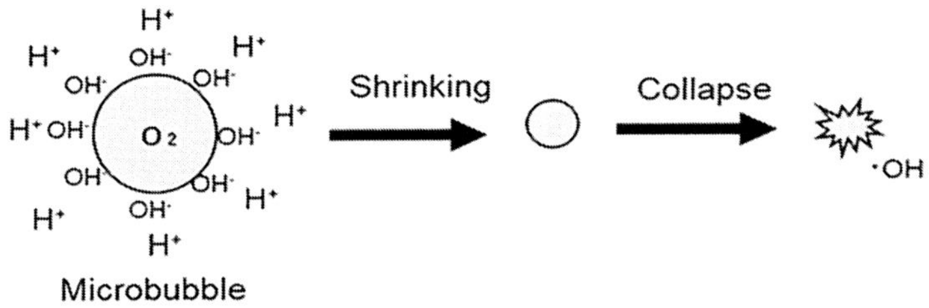

第3章　半導体製造プロセスを支える洗浄・クリーン化・乾燥技術

図1　マイクロバブルから発生する水酸基ラジカルの生成メカニズム

泡直径である。そのため，粒径が小さいほど圧力差は大きくなる。MB は時間とともに収縮するので，圧力差はさらに大きくなる。この現象を自己加圧効果と呼ぶ。MB の最も興味深い特性は，ヒドロキシラジカルを生成する能力である。ヒドロキシラジカルが生成される理由の一つに，MB の電気二重層が原因として考えられる。MB はゼータ電位測定によって負電荷を帯びていることが報告されており，水中で水酸化物イオンと陽イオンからなる電気二重層を形成している。そのため，MB が水中で収縮し崩壊する際に，周囲の水酸化物イオンが反応してヒドロキシラジカルを生成すると考えられる（図1）。ヒドロキシラジカルの標準酸化還元電位は，オゾンや過酸化水素などの酸化剤よりもはるかに高いため，ヒドロキシラジカルは有機化合物を非選択的に分解する。そのため，MB は難分解性有機化合物の分解に有用であると言える[3~13]。

　本研究では，芳香族化合物のメチレンブルーとサリチル酸を用いて酸素 MB で分解し，MB の効果を確認したので紹介する[14~17]。

## 12.2　実験方法

### 12.2.1　MB の発生方式

　図2に酸素 MB 水発生装置の模式図を示す。テフロン製の加圧溶解方式(a)，銅，ステンレス製の二相流旋回方式(b)の二つの方式を用いて酸素 MB 水を生成した。

(a)　加圧タンク及びポンプ（ΣP-15D-V, Sigma Technology Co.）を用いて，0.5 MPa で酸素を加圧溶解させた。過飽和状態の酸素水溶液を生成し，分散ノズルから大気に開放して MB を生成した。

(b)　ノズル内には気液二相の旋回流が発生し，旋回速度は中心に近づくほど大きくなるように設計されている。ノズルの中心から吸い込まれた気液は，旋回する液流によって細かく引き裂かれ，吐出口から外部に放出された。装置外部の静止した気液に衝突し，その衝撃で気泡を分散させて MB を発生させた。

### 12.2.2　酸素 MB 水による有機物処理

#### (1)　メチレンブルーの処理方法

　3 L の蒸留水中で，15±1℃の水温で酸素 MB を生成した。酸素 MB 水にメチレンブルー（和光）を 0.01 mmol 溶解させ，120 分間循環させた。メチレンブルーの分解率および分解生成物は，

半導体製造における洗浄技術

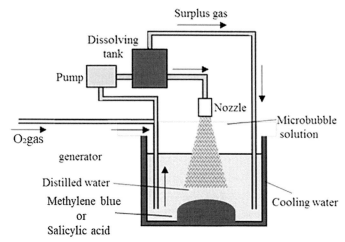

図2(a) 加圧溶解方式を用いた酸素 MB 発生装置の模式図

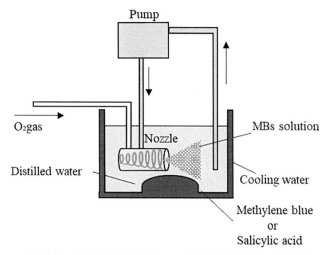

図2(b) 二相流旋回方式を用いた酸素 MB 発生装置の模式図

紫外可視分光法（UV/Vis）を用いて評価した。メチレンブルー水溶液の pH は，塩酸（4 mL, 和光）を用いて調整した。さらに，加圧溶解方式では，二相流旋回方式の装置と同じ条件にするために酸素 MB 水に銅板（100 cm$^2$, 0.5 mm）を浸して循環させた。

(2) サリチル酸の処理方法

蒸留水3 L（15±1℃）中で二相流旋回方式の装置を用いて酸素 MB を生成した。生成した酸素 MB 水に塩酸（4 mL）およびサリチル酸（和光純薬工業）1 mmol を溶解させ，180分間循環した。サリチル酸の分解評価には，高速液体クロマトグラフィー（HPLC），紫外可視分光法（UV/Vis），全有機炭素量測定（TOC）を用いた。さらに，化学構造の変化を確認するために，処理したサリチル酸水溶液をジエチルエーテルを用いて抽出し，ジエチルエーテルを取り除いた

後に赤外分光法（IR）と核磁気共鳴分析（NMR）を使用した。

## 12.3 メチレンブルーを用いたヒドロキシラジカルの検知結果

メチレンブルー溶液の UV/Vis ピーク（665 nm）を図3に示す。メチレンブルーは，ヒドロキシラジカルとの脱メチル化反応や置換反応を起こすことで，UV/Vis ピークの吸収波長が変化することが知られている[18～20]。そこで，様々な条件下で酸素 MB 水を用いてメチレンブルー処理した（図4）。加圧溶解方式の酸素 MB 水に塩酸と銅板を加えた条件，及び二相流旋回方式の酸素 MB 水に塩酸を加えた条件でメチレンブルーの UV/Vis ピークの減少が確認できた。ピー

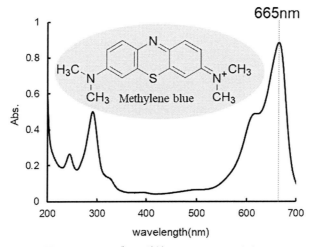

図3　メチレンブルー溶液の UV/Vis スペクトル

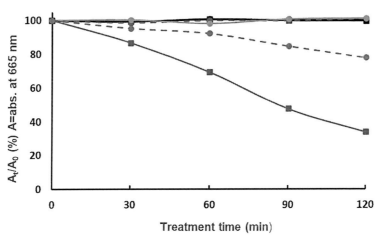

図4　メチレンブルー水溶液による $A_t/A$（$A_t$ は処理時間による UV/Vis における 665 nm の吸光度）
　　　酸素 MBs 水（黒），＋HCl（青），＋銅板（緑），＋HCl, 銅板（赤）
　　　（実線は加圧溶解方式，点線は気液旋回方式）。

ク強度の減少が最も確認できたのは，二相流旋回方式の酸素 MB 水を酸性条件下で循環させた場合であった。これは，露出した金属と二相流旋回方式によるせん断応力が MB の破砕に起因しているためだと考えられる。

### 12.4 酸素 MB 水によるサリチル酸分解結果

図 5, 6, 7 は，酸性条件 (pH2) で二相流旋回方式の酸素 MB 水で 180 分処理したサリチル酸水溶液を HPLC, UV/Vis, TOC 測定によって評価した結果を示す。

HPLC 測定ではサリチル酸は保持時間 4.9 分にピークが現れ，酸素 MB 水で処理することで 60％分解されたことがわかる（図 5）。また，保持時間 3.9 分に分解生成物と考えられるピークが確認できた。これは，サリチル酸に水酸基が置換したジヒドロキシ安息香酸によるものだと考えられる。さらに，保持時間 3.2 分にヒドロキシラジカルが二量化したものだと考えられる過酸化水素のピークも検出された。過酸化水素はヒドロキシラジカルと比較すると酸化力は高くないが，有機物の分解に関与している可能性が考えられる。

UV/Vis 測定により，酸素 MB 水でサリチル酸を 180 分処理することで，UV/Vis のピークが 35％減少することが確認された（図 6）。さらに，サリチル酸に由来するピークが長波長側にシフトしていることが確認された。HPLC の結果と同様に，サリチル酸がヒドロキシラジカルと置換反応を起こし，ジヒドロキシ安息香酸を生成したためだと考えられる。

図 7 は，酸素 MB 水で処理したサリチル酸水溶液の全有機炭素（TOC）の時間経過を示したものである。実験は三度行い，エラーバーは誤差の範囲を示す。酸素 MB 水による 180 分処理後には，TOC が 10～40％減少することが確認できた。

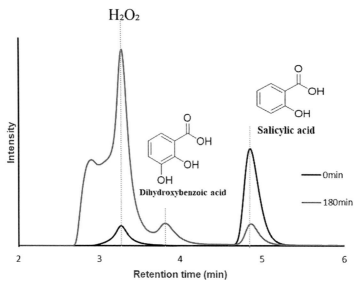

図 5 酸素 MB で処理した未処理（黒）およびサリチル酸溶液（灰）の HPLC クロマトグラム

第3章　半導体製造プロセスを支える洗浄・クリーン化・乾燥技術

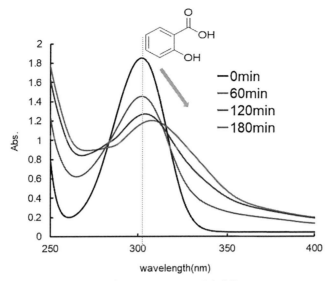

図6　酸素 MB で 180 分間処理したサリチル酸水溶液の UV/Vis スペクトル

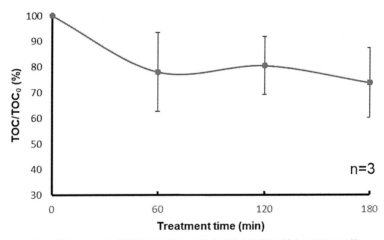

図7　酸素 MBs 水処理後のサリチル酸水溶液の時間に対する TOC の値

　酸素 MB 水処理によるサリチル酸の分解は，HPLC，UV/Vis，TOC 分析により確認された。しかし，分解メカニズムを理解するためには，サリチル酸の化学構造の変化を確認することが必要不可欠であると考え次に光学的分析を行った。

## 12.5　酸素 MB 水処理によるサリチル酸の化学構造変化

　二相流旋回方式で酸素 MB 水を用いて酸性条件下で処理したサリチル酸の化学構造の変化を IR 及び，NMR で測定した。IR 測定では，酸素 MB 水で処理したサリチル酸に官能基の変化は確認できなかった（図8）。したがって，サリチル酸と化学構造が類似した芳香族が生成してい

半導体製造における洗浄技術

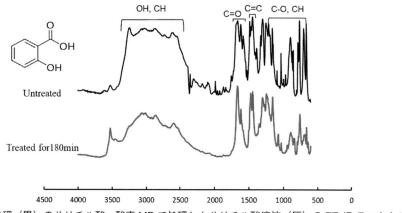

図8 未処理（黒）のサリチル酸，酸素 MB で処理したサリチル酸溶液（灰）の FT-IR スペクトル

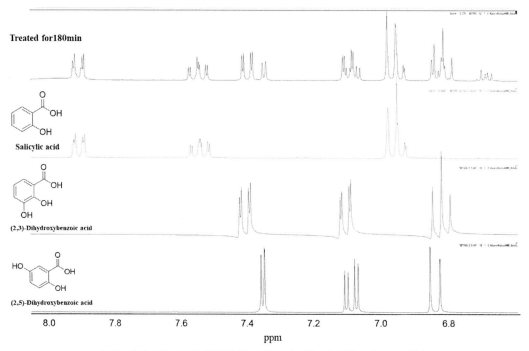

図9 酸素 MB で 180 分間処理したサリチル酸，未処理のサリチル酸と
ジヒドロキシ安息香酸の NMR スペクトル

る可能性がある。酸素 MB 水による 180 分処理後のサリチル酸の NMR 結果を図9に示す。また，未処理のサリチル酸と（2,3）及び（2,5)-ジヒドロキシ安息香酸の NMR も同時に示している。NMR 測定により，サリチル酸を酸素 MB で処理すると，サリチル酸に水酸基が結合したジヒドロキシ安息香酸が生成されることが確認できた。サリチル酸の官能基であるカルボキシ基と水酸基は，それぞれメタ配向，オルト配向，パラ配向をとる。そのため，配向性に応じてベンゼ

第3章　半導体製造プロセスを支える洗浄・クリーン化・乾燥技術

ン環の3位または5位に水酸基は置換されたことが確認できた。

## 12.6　おわりに

ヒドロキシラジカルの検出剤としてメチレンブルーを用いた結果，酸性条件下で二相流旋回方式を用いて生成した酸素 MB 水が最も多くヒドロキシラジカルを生成することが確認できた。ヒドロキシラジカルは MB が崩壊する際に発生するため，酸性条件下及び二相流旋回方式では MB が崩壊しやすいことが示唆された。銅イオンや水素イオンなどの陽イオンの存在が MB の安定性に影響し，旋回流によるせん断応力が MB の崩壊を促進すると考えられる。

サリチル酸を最もヒドロキシラジカルが発生する条件で180分処理した場合，TOC は40％減少した。また，HPLC では，ピークが60％減少し，UV/Vis ピークが35％減少した。また，NMR 測定では，ジヒドロキシ安息香酸の生成を確認できた。したがって MB 水の圧壊によって発生したヒドロキシラジカルが芳香族に対して置換反応を起こすことが示唆された。

## 文　　　献

1) M. Takahashi, K. Chiba, and P. Li, *J. Phys. Chem. B*, **111**, 1343 (2007)
2) P. Li, H. Tsuge, and K. Itoh, *Ind. Eng. Chem. Res.*, **48**, 8048 (2009)
3) H. Tsuge, Ed., The Latest Technology on Microbubbles and Nanobubbles, CMC Publishing Co., Tokyo, p. 109 (2007)
4) J. S. Park, K. Kurata, *Hort. Tech.*, **19**, 212 (2009)
5) F. De Smedt, S. De Gendt, M. Heyns, C. Vinckier, *J. Electrochem. Soc.*, **148**, G487–G493 (2001)
6) H. Vankerckhoven, F. De Smedt, B. Van Herp, M. Claes, S. De Gendt, M. M. Heyns, C. Vinckier, *Ozone: Sci. Eng.*, **24**, 391 (2002)
7) H. Vankerckhoven, F. De Smedt, M. Claes, S. De Gendt, M. M. Heyns, C. Vinckier, *Solid State Phenom.*, **92**, 101 (2003)
8) D. M. Knotter, M. Marsman, P. Meeusen, G. Gogg, S. Nelson, *Solid State Phenom.*, **92**, 223 (2003)
9) S. Noda, M. Miyamoto, H. Horibe, I. Oya, M. Kuzumoto, T. Kataoka, *J. Electrochem. Soc.*, **150**(9), G537 (2003)
10) M. N. Kawaguchi, J. S. Papanu, B. Su, M. Castle, A. Ai-Bayati, *J. Vac. Sci. Technol. B*, **24**, 657 (2006)
11) H. Horibe, M. Yamamoto, T. Ichikawa, T. Kamimura, S. Tagawa, *J. Photopolym. Sci. Technol.*, **20**, 315 (2007)
12) H. Horibe, M. Yamamoto, Y. Goto, T. Miura, S. Tagawa, *Jpn. J. Appl. Phys.*, **48**, 026505 (2009)
13) Q. Wang, T. Shen and S. Tong, *Ind. Eng. Chem. Res.*, **55**, 10513–10522 (2016)
14) K. Matsuura, T. Nishiyama, E. Sato, M. Yamamoto, T. Kamimura, M. Takahashi, K. Koike,

and H. Horibe, *J. Photopolym. Sci. Technol.*, **29**, 623 (2016)

15) T. Nishiyama, K. Matsuura, E. Sato, N. Kometani, and H. Horibe, *J. Photopolym. Sci. Technol.*, **30**, 285 (2017)

16) T. Miyazaki, E. Sato, and H. Horibe, *J. Photopolym. Sci. Technol.*, **31**, 409 (2018)

17) G. H. Kelsall, S. Tang, A. L. Smith and S. Yudakul, *J. Chem. Soc., Faraday Trans*, **92**, 3879-3885 (1996)

18) W Kuan *et al.*, *J. Photoenergy*, 849-916 (2013)

19) F. Ogata, Y. Uematsu, T. Nakamura, and N. Kawasaki, *Yakugaku Zasshi*, **140**, 1463-1470 (2020)

20) H. H. K. Yoon, J. S. Noh, C. H. Kwon, M. Muhammed, *M. Mater. Chem. Phys.*, **95**, 79 (2006)

## 13 超臨界二酸化炭素（SCCO$_2$）を用いた次世代半導体洗浄技術

服部　毅*

### 13.1 次世代半導体洗浄乾燥に超臨界流体を用いる背景

　半導体集積回路（LSI）の回路パターンは絶え間なく微細化を続けてきているが，配線幅が100 nmを切るあたりから，比較的アスペクト比（2次元形状の高さと横幅の比率）の高いフォトレジストや回路パターンなどの微細構造が，洗浄・乾燥時に崩壊してしまう現象がしばしば見受けられるようになってきた[1~3]（図1）。なぜかというと，シリコン基板を乾燥する過程で，

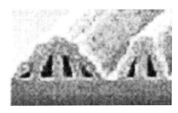

リンス乾燥後も正常な形状を維持する100nm幅の単層フォトレジスト・パターン（左）と
リンス乾燥後に倒壊してしまった70nm幅単層フォトレジスト・パターン（右）

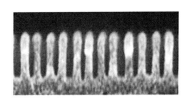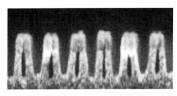

20nm幅のウルトラlow-k膜パターンの正常な形状（左）とリンス乾燥後の倒壊（右）

DRAMの円柱状キャパシタ構造の正常な形状（左）とリンス乾燥後の倒壊（右）
**図1　LSIプロセスにおける水の表面張力による微細構造の倒壊例**

---

\* Takeshi HATTORI　Hattori Consulting International　代表

柱状構造間あるいはその構造体と基板間に残留した水の表面張力によって毛管力が生じ，それに脆弱な微細構造体が耐えられなくなったためである[1~3]。

このような微細パターン倒壊という課題に対しては，水よりも表面張力の小さなアルコールや更に表面張力の小さい有機溶剤を用いる暫定的な解決策が採用されているが，究極的には表面張力がゼロである超臨界流体の利用が注目される。超臨界流体応用分野では，温度，圧力，安全性，環境調和性など，実用的な見地から超臨界流体として二酸化炭素（$CO_2$）の適用事例が圧倒的に多い。

表面張力がゼロである超臨界流体を用いると，微細なデバイス構造に機械的ストレス（表面張力による毛管力）を加えることなく乾燥できるので，MEMSの洗浄・リンス後の乾燥工程では，超臨界乾燥が以前から広く適用されている。LSIプロセスでも超臨界$CO_2$プロセスをウェーハ乾燥工程に適用することにより微細構造の倒壊やデバイスの特性劣化を防止する手法が，2010年代半ばから一部のDRAM量産ラインで使いはじめられ，今では先端DRAMやロジックLSI量産で活用されている。

本稿では，まず，すでに実用化しているLSI微細構造のウェット洗浄後の乾燥への超臨界流体の適用について述べ，次に，まだ実用化には至っていない半導体洗浄への超臨界流体の適用例を紹介する。最後に，大口径基板洗浄の実用化に向けた課題について言及する。

### 13.2 超臨界流体の半導体ウェーハ乾燥への適用

物質が気体，液体，固体のどの状態をとるかは，温度と圧力で決まる。これを示す状態図（図2）において，乾燥は，液相が気相に変化する工程である。この変化の過程で，相の状態は液相と気相の間にある気液平衡曲線を通過するが，この際，毛管力が働く状態が発生し，パターン倒壊を引き起こす。これを避けるには，液体から超臨界流体を経て気体に至るプロセス（図中の①～⑤）を行うことにより，気液共存状態を形成することなく乾燥させればよい[2]。これを半導体

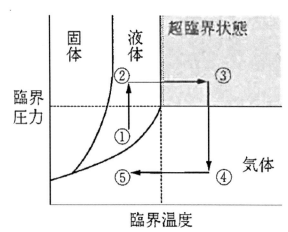

図2　超臨界流体を用いたシリコンウェーハ乾燥の圧力・温度経路

第3章　半導体製造プロセスを支える洗浄・クリーン化・乾燥技術

ウェーハ乾燥に適用してみよう。まず，洗浄工程で最終純水リンス後の水をアルコールに置換する。そして液盛りしたウェーハを超臨界乾燥装置チャンバーに収納し，アルコールを液体 $CO_2$ で置換する（図2①）。これらの置換では，界面は生じない。次に，圧力と温度を臨界点以上に上昇させ，$CO_2$ を超臨界状態にする（図①→②→③）。次に，温度を臨界点以上に保ったまま，圧力を下げて $CO_2$ を気体に変換し，最後に温度を室温に戻す（図③→④→⑤）。このようにすると，気液界面を全く生じることなく水を空気に置換する操作，すなわち乾燥を行える。

　この乾燥手法は，MEMS 分野では，以前から広く採用されてきた。LSI 量産現場では，長年，リンス水を液体アルコールや更に表面張力の小さい有機溶剤で置換して乾燥してきたが，それでもパターン倒壊が避けられない場合には，表面張力の生じない超臨界流体を用いざるをえなくなってきた。このため，世界中の最先端半導体メーカーで実用化の研究が行われてきた。2010年代半ばにサムスン電子が最先端の DRAM のアスペクト比の大きな円柱状キャパシタの量産に初めて適用し，その後ライバル各社が後追いして採用している。サムスンでは，最近，先端ロジックの高アスペクト比の回路パターンの洗浄にも超臨界流体洗浄を適用している模様だが，SEMES に特注した乾燥装置を用いていることを含めて一切公表していない。LSI 製造では MEMS と異なりパーティクルや化学汚染防止に十分な配慮が必要なため，$CO_2$ 純化，およびその循環再利用に力点が置かれている。

　超臨界 $CO_2$ 中で乾燥だけではなく，エッチングから洗浄・乾燥までを一貫して行う方法も検討されている[1,6]。工程が簡略化でき，液盛り搬送の手間も省けるので，量産対応のプロセスが実現できる。

## 13.3　$SCCO_2$ の半導体ウェーハ洗浄への適用

　$SCCO_2$ は，ウェーハ乾燥だけでは無く，レジスト剥離や汚染物質の洗浄にも使えるが，高圧高温下の化学反応は常温常圧の反応とは異なり，薬液による部材腐食などさまざまな問題がありハードルが高く，まだ実用化に至っていない。著者らがこれまでに行ってきた試作レベルの成果を紹介しよう。

### 13.3.1　トランジスタ形成工程への適用

　半導体デバイスの高集積化，低電圧化に伴い，CMOS トランジスタの PN 接合が極薄化してきている。これに伴い，表面洗浄によるソース／ドレイン領域の基板のエッチングとそれに伴うドーパント・ロスを最小限に抑えることが要求されている[2,3]。フォトレジスト剥離には，プラズマ酸素アッシング（灰化）と硫酸／過酸化水素処理を併用した処理が行われているが[5]，この従来プロセスでは数 nm の基板表面酸化が起こり，次の APM（アンモニア／過酸化水素／純水混合液）洗浄や希釈 HF 洗浄により，この酸化膜がエッチングされて，基板リセスが起きてしまう。このため，酸化剤を一切用いないレジスト剥離および洗浄法が求められている。

　著者らは，超臨界 $CO_2$ にアルコール系相溶剤と酸化作用のない複数の薬液（微量のフッ素系界面活性剤とフッ素系エッチング剤）を加えて，高ドーズ（$10^{15}/cm^2$）イオン注入で表面がクラ

*155*

半導体製造における洗浄技術

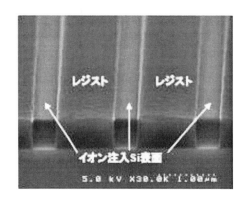

処理前　　　　　　　　　　　　　　処理後

図3　超臨界 $CO_2$ を用いた高ドーズ・イオン注入フォトレジストの剥離

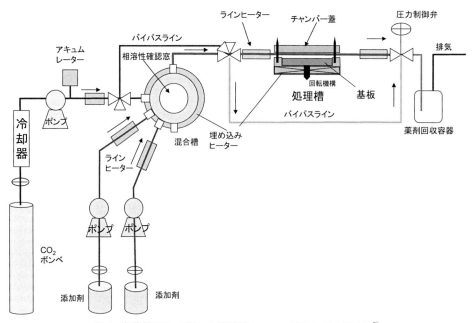

図4　超臨界 $CO_2$ を用いた半導体ウェーハ洗浄装置の概略図[2]

スト化したフォトレジストを剥離することに成功した（図3）[2,3,6]。クラスト層を一層ずつ順に溶解する設計ではなく，クラスト層と基板の密着性低減に重点を置いて，更に超臨界流体特有の，レジストに溶解した $CO_2$ が減圧時に膨張する力を利用してクラスト層を基板から引き剥がす手法を採用している。図4に，超臨界流体を用いた半導体ウェーハ洗浄システムの概略図を示す[2]。

### 13.3.2　多層配線工程への適用

半導体デバイスの高速化に伴い，多層配線工程においては，配線層間絶縁膜に従来のシリコン

第3章 半導体製造プロセスを支える洗浄・クリーン化・乾燥技術

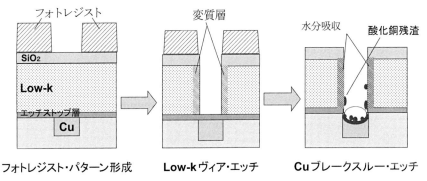

図5 配線工程におけるヴィア形成およびヴィア・ホール開口プロセス

酸化膜に替わる低誘電率 (Low-k) 膜が用いられている (図5左)。さらに誘電率を下げる要求に応えて，多孔質の超低誘電率 (Ultra Low-k) 有機膜が使用されるようになってきている。ダマシン形成法でこの Low-k 膜に配線 Cu を埋め込むために，レジストマスクを用いてドライエッチングで接続孔を形成後に，Low-k 膜上のレジストを剥離し，さらには側壁のエッチング残渣を除去する必要がある (図5中)。従来のプラズマ・アッシングとウェット洗浄の組み合わせでは，プラズマダメージによる膜の構造変化や，ウェット洗浄時の空孔への薬液の浸透，吸湿，乾燥時の空孔の倒壊，水分が低誘電率膜表面に吸着したり膜中にとりこまれたりして誘電率が上昇するなどの問題がある。また，配線ヴィア開口のためのエッチストップ層のドライエッチング後に，ヴィア底部や側壁に付着する銅酸化物残渣を除去しなければならないが (図5右)，従来のウェットエッチングを用いると，low-k 膜の構造変化や水分吸着による k 値の上昇が起きる。ガスによるドライ洗浄では，粒子状残渣は除去しにくい。

また，配線工程でも，トランジスタ形成工程同様に回路パターンの微細化が進み，それに加えて，層間絶縁膜の超低誘電率化により，膜がますます多孔質化し脆弱になってきたため，層間絶縁膜パターンの倒壊現象が顕在化している。以上述べたいくつもの問題点解決のために超臨界流体に期待がかかる。

著者らは，超臨界 $CO_2$ に反応剤を添加したアルコール系相溶剤および必要に応じて表面保護剤を用いて，Low-k 膜や上層キャップ $SiO_2$ 膜の過剰エッチングを防止しつつ，k 値の上昇なしに Low-k 膜のドライエッチングの後のフォトレジストおよびエッチング残渣を同時に除去することができた (図6)。レジストの未硬化部は超臨界 $CO_2$ および相溶剤が溶解し，ドライエッチングにより硬化したレジスト表面硬化層は内部に浸透した超臨界 $CO_2$ の急減圧体積膨張に伴う物理力により完全に除去された[2,3,6]。

著者らは，更に研究を進め，Ultra low-k 膜と反射防止膜 (BARC; Bottom Anti Reflective Coating) の組み合わせについても，有機酸系薬液とアルコール系相溶剤を超臨界 $CO_2$ に溶解させ，Low-k 膜や上層キャップ $SiO_2$ 膜の過剰エッチングを防止しつつ，完全に剥離することがで

半導体製造における洗浄技術

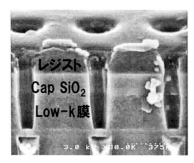

図6　超臨界 $CO_2$ を用いた Low-k 膜上のレジスト剥離

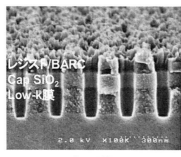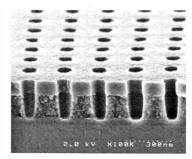

図7　超臨界 $CO_2$ を用いた Ultra low-k 膜上のレジストおよび反射防止膜（BARC）の剥離

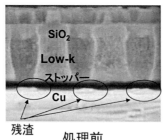

図8　Cu ブレイクスルー・エッチング後の銅酸化物の超臨界 $CO_2$ 処理による除去

きた（図7）[2,3,6]。超臨界状態で処理することで，添加剤が微量でもフォトレジスト膜やBARC膜中に浸透，膨潤しやすくなり，添加剤の溶解力と，降圧時の膨張による物理力により，フォトレジストが除去できたものと考えられる。

　また，Cu ブレークスルー・エッチング後の Cu 層上の残渣（図5右）は超臨界 $CO_2$ のみでは除去できなかったが，超臨界 $CO_2$ に有機酸を微量溶解させることで除去できた（図8）[2,3,6]。添加剤によって酸化銅が錯体を作り，$CO_2$ に溶解することで残渣が除去できたものと考えられる。

第3章　半導体製造プロセスを支える洗浄・クリーン化・乾燥技術

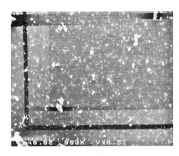 

処理前　　　　　　　　　　処理後

図9　超臨界 $CO_2$ を用いたシリコン基板上のパーティクルの除去

## 13.4 大口径ウェーハ洗浄の実用化に向けた検討

　近い将来，超臨界流体洗浄を実際の超微細半導体デバイス製造工程に導入して大口径シリコン・ウェーハを処理するための準備として，著者らがいくつか検討した事項を以下に紹介する。

　半導体デバイスの生産に新プロセスを導入するに当たっては，プロセスおよび装置起因のパーティクル発生を厳しく抑制しなければならず，万一発生した場合はすみやかに除去しなければならない。超臨界 $CO_2$ 洗浄において，$CO_2$ だけでは半導体プロセスで付着する汚染を除去することができない。微量の薬剤（フッ素系エッチング剤，フッ素系界面活性剤，表面保護剤など）を，アルコール系相溶剤とともに超臨界 $CO_2$ に添加することによりドライエッチング残渣だけではなくウェーハ表面付着パーティクルも除去できる[2,3,6]（図9）。

　いかなる新プロセスであっても，半導体デバイスの生産に導入するには基板面内均一性が要求される。超臨界 $CO_2$ 中での汚染除去においては，添加剤による化学反応力だけでは不十分で，回転や急峻な圧力変動のような流体の物理力を補助的手段として併用する必要があろう[2,6]。

　このほか，実用化に向けて，

・それぞれの洗浄・エッチングのアプリケーションに応じた最適な添加剤（相溶剤，反応剤，界面活性剤，保護剤など）の開発
・超臨界 $CO_2$/添加剤の溶解性の安定化（添加剤の沈殿やパーティクルの発生防止）
・材料（チャンバー，バルブ，配管など）の腐食耐性
・装置内で発生するパーティクルや金属汚染の低減
・$CO_2$ の純度の向上，あるいは不純物除去技術の確立
・処理時間短縮のための装置構造およびプロセス上の工夫
・地球環境保全の見地から，$CO_2$ 再生循環利用，消費量削減
・高圧装置に関する国内法規制の緩和

などの課題を解決しなければならない。

### 13.5 おわりに

　超臨界 $CO_2$ プロセスは，最先端の半導体やナノデバイス製作プロセスにおいて，上述したような洗浄・乾燥だけではなく，超微細コンタクトホールの洗浄はじめ多くの工程で潜在的な適用可能性がある。ただし，減圧ウェーハ処理が主流の半導体産業においては，高圧ゆえの技術的・精神的な敷居の高さがあるため，デバイスの超微細化に伴って，他の簡便な方法では解が得られぬような事態に至ってはじめて使われるようになろう。$SCCO_2$ 乾燥化は量産ラインで実用化したが，洗浄はまだ実用化していない。

　将来の半導体プロセスやナノデバイス製造プロセスへの超臨界流体の実用化のためには，半導体製造に耐える，発塵対策や腐食対策された装置や材料などのインフラの開発が必要である。クリーン化に対する配慮も必須である。

　超臨界流体洗浄は薬液や水をほとんど（あるいはまったく）使わず，廃液や排ガスを著しく減少できるため，半導体製造の環境負荷低減にも期待がかけられている。先端デバイスでは，回路パターンの倒壊現象がますます顕在化しており，新たな洗浄プロセス開発が行われている。半導体デバイスの更なる微細化に向けて，超臨界流体を用いた半導体プロセス技術の今後の進展を期待したい。

## 文　　　献

1)　嵯峨幸一郎ほか，電子情報通信学会技術研究報告，**103**(374), 15 (2003)
2)　近藤英一編，半導体・MEMS のための超臨界流体，コロナ社 (2012)
3)　T. Hattori, *ECS J. Solid State Science and Technology*, **3**(1), N3054 (2014)
4)　服部毅，二酸化炭素の直接利用最新技術，275-287, エヌ・ティ・エス (2013)
5)　T. Hattori, Ultra Clean Processing of Silicon Surfaces, Springer (1998)
6)　K. Saga and T. Hattori, *Solid State Phenomena*, **134**, 97 (2008)

# 14 半導体ウェハの超臨界乾燥技術

山内　守*

## 14.1 はじめに

　半導体プロセスの微細加工の進展により，微細構造物をいかにダメージレスで乾燥させるかが課題となっている。これは，半導体チップの集積回路の微細化が2～3年ごとに最小線幅を0.7倍に，面積を1/2にする縮小を長年継続していることによる。その結果，5 nm・3 nm・2 nmという線幅になり，多層化も進んでいる。我々はこの微細構造物の乾燥に超臨界$CO_2$流体を使用した開発をしているので報告する。

　微細構造物の洗浄乾燥を目的とした，超臨界洗浄乾燥装置を2002年に開発し，量産用自動機を2008年に開発しており，大学・研究機関を中心に多数の納入実績がある。各種の超臨界受託試験等にも対応した経験と技術蓄積を基礎に開発をしている。超臨界洗浄乾燥技術を含めてお気軽にお問い合わせいただきたい。

## 14.2 超臨界技術の概要

　超臨界流体とは臨界点を超えた非凝縮性の高密度流体である。臨界温度を超えているために分子が激しく熱運動し，その上，臨界圧力を超えるため液体に近い高密度状態であることから，液体に近い溶解力と，気体に近い低粘性，高拡張性を合わせ持つ。この物性を精密に制御することで使用目的に応じた溶媒性能を付与可能であり，分離や反応操作に適用可能な新しいタイプの溶媒として期待されている。

　この超臨界流体分子は大きな運動エネルギーを持つため，溶質周辺の超臨界流体分子の入れ替わりが早く，溶質周辺では液体に近い高密度を持つが，そのクラスターサイズは液体に比べて小さいという溶媒構造が，大きな溶解力にも係わらず低粘性，反応の加速化，反応選択制という超臨界流体の特異な性状に係わると考えられている。

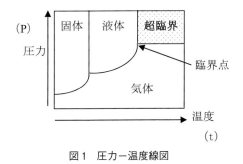

図1　圧力-温度線図

表1　臨界定数

| 物質名 | 温度（℃） | 圧力（Mpa） |
|---|---|---|
| $CO_2$ | 31.1 | 7.38 |
| $H_2O$ | 374.1 | 21.85 |
| メタノール | 239.4 | 7.99 |
| エタノール | 243.1 | 6.31 |
| アンモニア | 132.4 | 11.20 |
| 窒素 | -147.1 | 3.35 |
| 酸素 | -118.8 | 4.97 |

---

*　Mamoru YAMAUCHI　㈱レクザム　経営企画部　執行役員，新エネ・SDGs担当

半導体ウェハの洗浄乾燥技術は，超純水洗浄後に表面張力の小さいイソプロピルアルコール（IPA）に置換し，これを乾燥する方法が用いられてきたが，線幅が狭くなるにつれ，半導体パターンの倒壊が発生する。この倒壊を防止するためには表面張力がIPAに比べて1桁以上小さい超臨界流体を用いる乾燥技術（超臨界乾燥技術）が有効である。超臨界乾燥自体はこれまでもMEMS等に使用されてきたが，従来の超臨界乾燥装置の1サイクルの処理時間は30分と長く，半導体デバイスの量産化に求められる速度，すなわち，半導体製造のEUV露光装置の処理速度に対応できていない。また，従来の超臨界乾燥装置はコンタミが多い。次世代半導体デバイスを対象とするには，コンタミの削減がより強く求められるが，この要求にも対応できていない。

## 14.3 超臨界乾燥技術の開発
### 14.3.1 開発経緯

2019年7月に300 mmウェハ量産製造用の超臨界流体による乾燥技術の開発を開始した。かがわ産業支援財団，産総研四国センター，香川大学等の支援を得ながら開発を進めた。

2020年7月に「次世代半導体プロセスに対応可能な超臨界技術を用いたウェハ乾燥技術の開発」が，経済産業省の戦略的基盤技術高度化支援事業（サポイン事業）に採択された。

サポイン事業のプロジェクトリーダーは，㈱レクザム，サブリーダーは，産業技術総合研究所・デバイス技術研究部門，事業管理機関は，かがわ産業支援財団である。アドバイザーは，大陽日酸㈱，大阪大学，香川高専にお願いした。

### 14.3.2 小型化

量産製造用には小型化が必須であることから，工夫を重ねて小型化設計を進めた。

幅900 mm，高さ600 mm，奥行き1140 mmの小型で，段積で設置することができる。処理工程の時間（タクトタイム）は4分以下を実現し，枚葉式でEUV露光装置の処理速度への対応が可能となる。この結果，次世代半導体ウェハのプロセスに適応する超臨界乾燥技術となっている。

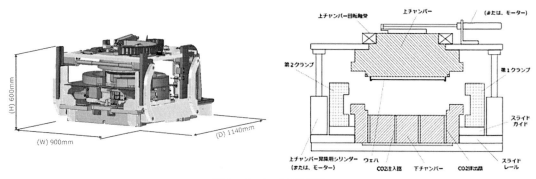

図2　チャンバの設計図

### 14.3.3 処理時間の短縮
(1) 実証試験

量産製造用には処理時間の短縮が必須で，工夫を重ねてタクトタイム4分以下を達成した。乾

第3章 半導体製造プロセスを支える洗浄・クリーン化・乾燥技術

燥工程の処理時間を短縮する技術の開発では、ポンプと熱交換器の高性能化、制御タンクの設置、チャンバ内ヒータの設置に加え、チャンバ内温度の制御技術の開発等を行った。

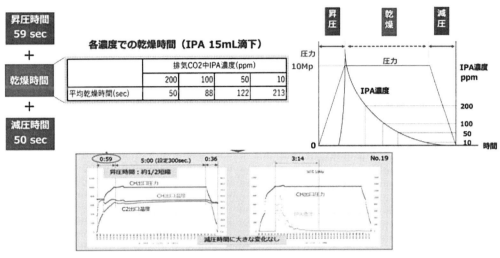

図3　処理時間の実証

(2) 圧力上昇機構

チャンバ内のウェハを入れ替えるごとに、ボンベから供給された$CO_2$の加圧や加熱をはじめから行う必要があり、$CO_2$を超臨界状態にするまでの時間が長くなるという問題を解決するものである。チャンバの昇圧段階において、あらかじめ所定の温度、圧力に保持されていた$CO_2$を用いてチャンバ内をさらに昇圧する。チャンバ内の$CO_2$を超臨界状態にするまでの時間をより短くすることができ、ウェハに超臨界流体を用いた所定の処理を行う際のタクトタイムをより短くすることができる。

昇圧の初期段階に第1の供給源から気体の$CO_2$をチャンバに供給する際にオリフィス（24）またはダンパ（25）を介して$CO_2$をチャンバ（3）に供給することによって、ウェハ上のIPAを吹き飛ばさないようにして、ウェハのパターン倒壊を回避する（昇圧段階①）。

チャンバ内の圧力が第1の供給源から供給される$CO_2$と同じになったことが確認されると、第1の供給バルブを閉じ、第2の供給バルブを開けることによって、第2の供給源から供給される$CO_2$がチャンバに供給されるようにする。第2の供給バルブの上流で保持されていた約10 MPaの$CO_2$がチャンバに供給される。その結果、チャンバ内の圧力は、約5 MPaと10 MPaとの間、例えば、6 MPa程度になる。その際に、気体の$CO_2$がオリフィス及びダンパを介してチャンバに流入するため、チャンバに流入する際の$CO_2$の流量や流速を低減させることができ、チャンバ内のウェハ上のIPAが、流入した$CO_2$によって吹き飛ばされることを回避することができる（昇圧段階②）。第2の供給バルブが開けられたタイミング、または、それより後のタイミングで、ポンプは$CO_2$の昇圧を開始し、温度調節手段によって加熱されてチャンバに供給される。

163

チャンバ内の圧力が超臨界圧力 7.38 MPa 以上，温度が臨界温度 31.1℃ 以上になると $CO_2$ は，超臨界状態となり，ウェハ上の IPA は，超臨界状態の $CO_2$ に溶解される。チャンバ内が超臨界状態になれば（昇圧段階③），オリフィスやダンパを介さないでチャンバに供給されるようになり，単位時間当たりにチャンバに供給される $CO_2$ の量を多くすることができる。

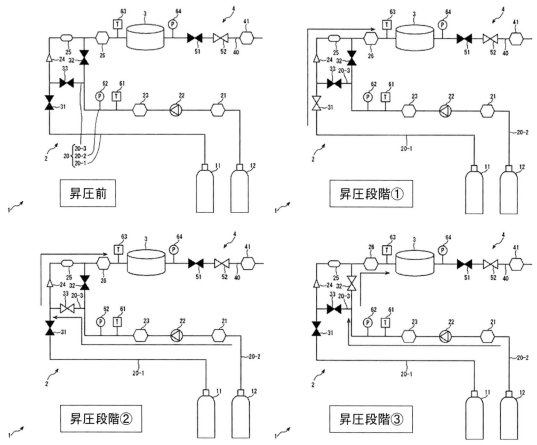

図4 圧力上昇機構（昇圧段階前と昇圧段階のウェハ処理装置を示す模式図）

(3) 置換・排気時間の短縮

チャンバ内の流体を排出する際に，中間圧力において流体の温度を上昇させてから大気圧まで減圧するものである。チャンバ内より低い圧力である中間圧力に減圧した後に流体を加熱することによって，より効率よく加熱を行うことができ，チャンバ内が減圧される際のドライアイスの発生を防止することができる。

中間圧力において流体の温度を上昇させているため，流体をゆっくりと排出する必要もなく，IPA 等の処理液を超臨界流体で置換する処理を，より短時間で行うことができる。IPA 等が溶解した超臨界 $CO_2$ 流体の排出が終了した際のチャンバからの流体の排出をより短時間で行うことができ，ウェハに超臨界流体を用いた所定の処理を行う際のタクトタイムをより短くすること

第3章　半導体製造プロセスを支える洗浄・クリーン化・乾燥技術

ができる。

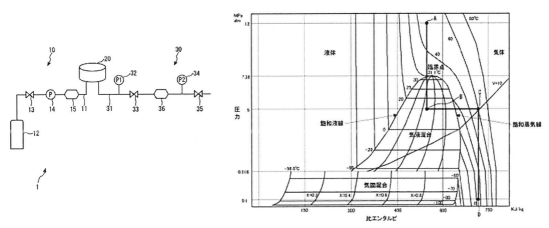

図5　置換・排気時間の短縮（ウェハ処理装置の構成を示す模式図，$CO_2$のエンタルピ線図）

### 14.3.4　ダメージレス

(1)　実証試験

香川大学でダメージ確認用MEMSを製作し，微細ウェハのダメージなしを確認している。$1\,cm^2\,\square$にパターンが8個あり，片持ち梁の換算値で0.2 nm～500 nmのテストピースを作成した。自然乾燥後のテストピースは，換算値50 nm以下は倒壊している。超臨界乾燥処理後のテストピースは，全て倒壊なしである。

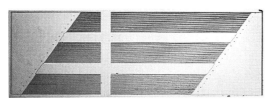
超臨界乾燥後のピース（全て倒壊なし）

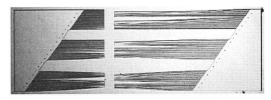
自然乾燥後のピース（換算値 50nm以下は倒壊）

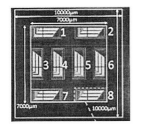
1cm²□にパターンが8個

横方向変位の片持ち梁

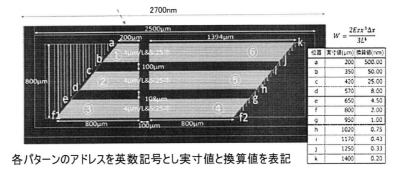
各パターンのアドレスを英数記号とし実寸値と換算値を表記

図6　微細線幅パターンの超臨界乾燥処理による実証

### (2) 気流制御

ウェハ上のIPAを気体のCO$_2$が吹き飛ばさないようにして，ウェハのパターン倒壊を回避することが重要である。昇圧前用の流体の注入口と昇圧後用の流体の注入口とを別々に設けることなく，昇圧開始時には，注入口から注入された流体のウェハのパターン面への流れを低減させることができると共に，昇圧後には，注入口から注入された流体のウェハのパターン面への流れを増加させる。

平面視における収容空間の一端側に注入口が設けられており，他端側に排出口が設けられる構成により，一端側から他端側への超臨界流体の流れを生じさせることができ，ウェハに対して超臨界流体を用いた効率的な処理を行うことができる。

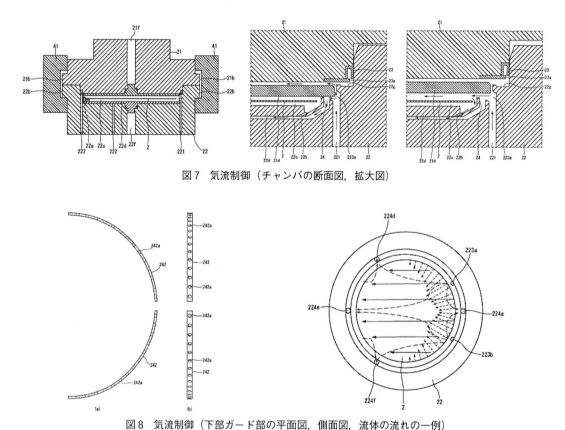

図7　気流制御（チャンバの断面図，拡大図）

図8　気流制御（下部ガード部の平面図，側面図，流体の流れの一例）

### 14.3.5　コンタミの削減

#### (1)　実証試験

半導体プロセスの微細加工の進展は，コンタミ（金属汚染・パーティクル等）の削減が重要で，300 mmウェハ用の小型チャンバに高純度IPAと高純度CO$_2$の供給をする。IPA供給装置を開発製作して高純度IPAの供給を実現した。高純度CO$_2$の供給については，大陽日酸㈱にご尽力いただいた。高純度CO$_2$のボンベ供給に加え，弊社にCO$_2$精製器を設置して高純度CO$_2$の供給

第3章 半導体製造プロセスを支える洗浄・クリーン化・乾燥技術

を実現した。さらに，$CO_2$ 流路の工夫等を具体化してコンタミ削減を実現した。

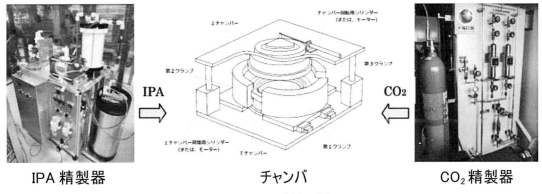

図9 コンタミ削減の実証

(2) パーティクル除去

遮断膜によってウェハのエッジが取り囲まれていても，パーティクル等の一部がウェハのほうに拡散してウェハに付着する可能性がある課題を解決するためのものであり，パーティクル等がウェハに付着する可能性をより低減することができる。

チャンバは，チャンバが閉じられた際に上部及び下部ユニットの間をシールするためのシール部を有している。下部ユニットには，シール部の下方側に，収容空間の外側に沿って溝部が設けられており，溝部の底部に排出口が設けられている。上部及び下部ユニットの接触面で発生したパーティクル等を溝部を介して排出することができるため，上部及び下部ユニットの接触部分で発生したパーティクル等がウェハに付着する可能性をより低減することができる。

平面視における収容空間の一端側に注入口が設けられており，他端側に排出口が設けられている場合には，ウェハ上を一方向に超臨界流体が流れることになり，IPA等の処理液を含む超臨界流体がウェハ上に滞留することや，処理液を含む超臨界流体がウェハに戻ることを回避することができる。その結果，効率よく処理液を除去することができるようになる。

上部ヒータの支持部と上部ユニットの孔部との接触部分で発生したパーティクル等を周方向溝部及び外周側溝部を介して排出口に導くことができる。

円環形状の板状の部材で，内周面側がたわむことができる程度の弾性を有する上部プレート部材が，上部シール部の収容空間の外周側に固定設置されている。上部プレートは，面取り等によって，一方向には容易にたわむが，逆にはたわみ難くなり，逆止弁のように作用することによって，流体が上方向に流れ，逆方向に流れ難くなる。プレート部材の拡大断面図は，収容空間に対して流体の注入と排出が並行して行われている状況を示している。図中の矢印で示されるように，プレート部材の内周面，周方向溝部，外周側溝部を介して流路に向かって流体が流れることになる。そのため，シール部等の箇所で生じたパーティクル等は排出口から排出されることになり，ウェハの周囲に拡散してウェハに付着することを防止することができる。

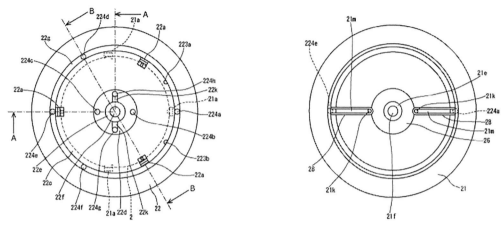

図10 パーティクル除去（下部ユニットの平面図，上部ユニットの底面図）

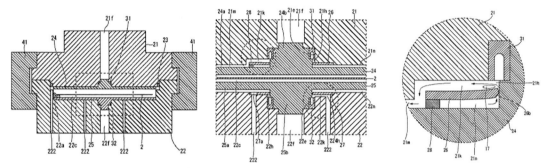

図11 パーティクル除去（チャンバの縦断面図と拡大断面図，プレート部材の拡大断面図）

### 14.4 今後の展開

次世代半導体プロセスでは，様々な課題がある。中でもパーティクル削減は，半導体ウェハの歩留まりに直接影響するもので，管理直径の微細化が進んでいる。

半導体プロセスの微細化の進展に対応して更なるパーティクル削減の研究開発を進めている。熱泳動力の活用技術や次世代の高圧液フィルターも開発しており，超臨界乾燥技術での微細パーティクルの削減を実現して，次世代半導体ウェハの歩留まり率の向上への貢献を目指している。

文　献

1) 令和2年度採択，戦略的基盤高度化支援事業，研究開発結果等報告書，「次世代半導体プロセスに対応可能な超臨界技術を用いたウェハ乾燥技術」

# 第4章　半導体製造プロセスを支える洗浄装置

## 1　高品質なシリコンウェーハ基板製造に寄与する枚葉式洗浄装置

山崎克弘[*1]，長嶋裕次[*2]

### 1.1　はじめに

　現在の私たちの生活に欠かすことのできない携帯電話や，情報端末，家電，自動車，電子機器などの製品，通信や交通などの社会インフラには，たくさんの半導体デバイスが用いられている。これら半導体デバイスの基板材料となっているのが半導体シリコンウェーハ（以下，ウェーハ）である。ウェーハは半導体デバイス製造において微細な集積回路を形成するための基板として用いられるとともに，半導体デバイスの製造工程においては製造装置や製造環境などを維持・管理するためのモニタリング基板やダミー基板としても利用されており，その重要性は極めて高い。

　近年の最先端半導体デバイスにおいて，回路のさらなる微細化や高性能化が進むに従って基板材料となるウェーハに対してもより一層の高品質化が求められている。ウェーハ製造工程においては，加工や研磨等によってウェーハ上に異物や汚れが付着するため，より高品質のウェーハを製造するためには異物や汚れとなる微小パーティクルや金属汚染などを極めて高いレベルにまで低減または除去することが必須となる。そのため，これら異物や汚れを低減または除去するための洗浄工程に対しても増々高い除去性能が必要とされている。

　芝浦メカトロニクス（以下，当社）は，ウェーハ製造向けの洗浄装置において豊富な経験と実績があり，ウェーハ1枚1枚に対して高品質な精密洗浄プロセスを可能とする枚葉式洗浄装置を複数ラインナップしている。本稿ではウェーハ製造における当社の主力装置である研磨後洗浄装置 SC 300-CC シリーズと最終洗浄装置 SC 300-FC シリーズの適用工程および装置概略について示すとともに，当社の次世代に向けた洗浄技術について紹介する。

### 1.2　ウェーハ製造における洗浄工程

　ウェーハ基板における一連の製造工程[1,2]と，各洗浄工程に対して適用している洗浄装置について図1に概略を示す。

　まずウェーハの原料である珪石を還元し精留によって多結晶シリコンに加工した後，溶融させ

---

＊1　Katsuhiro YAMAZAKI　Shibaura Technology International Corporation　President
＊2　Yuji NAGASHIMA　芝浦メカトロニクス㈱　ファインメカトロニクス事業部
　　　　　　　　　　　開発主査

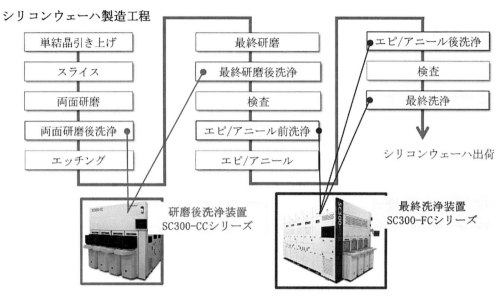

図1 ウェーハ製造における洗浄工程と適用洗浄装置

たシリコンからCZ法やFZ法によって単結晶シリコンが引き上げられる。引き上げられた棒状の単結晶シリコンインゴットはいくつかの円柱状のブロックに切断された後，ワイヤーソー等によって薄くスライスされる。スライスされたウェーハの側面はダイヤモンド砥石などによって面取り加工された後，ウェーハの両面が粗研磨（両面研磨）され洗浄がおこなわれる。その後，機械加工によって生じたウェーハの微細なキズや歪みなどを薬品によるエッチングで取り除き，ウェーハの表面を極微細な研磨剤の入ったスラリーにて化学的機械研磨（最終研磨）をおこなって平坦化させる。両面研磨や最終研磨を終えたウェーハ表面に付着した異物や汚れを落とすために研磨後洗浄がおこなわれており，SC300-CCシリーズはこれら両面研磨後や最終研磨後の洗浄工程に適用されている。

次に，最終研磨後に洗浄されたウェーハは表面の結晶完全性を高めるために，エピタキシャル炉で加熱しウェーハ表面上に単結晶シリコン膜をエピタキシャル成長（以下，エピ），または，水素またはアルゴン雰囲気中での高温熱処理（以下，アニール）がおこなわれる。高品質なウェーハを製造するためにエピまたはアニールの処理前後に洗浄がおこなわれる。その後，ウェーハの寸法や表面の異物などを検査した後に最終洗浄がおこなわれる。SC300-FCシリーズはこれらエピやアニールの前後洗浄工程や検査後の最終洗浄工程に適用されている。

### 1.3 洗浄装置紹介
#### 1.3.1 研磨後洗浄装置 SC300-CC シリーズ

当社のSC300-CCシリーズはウェーハ製造の研磨後洗浄工程においてシェアNo.1（納入台数ベース（当社調べ））の300mmウェーハに対応した枚葉式洗浄装置である。ここでは当社の

第4章　半導体製造プロセスを支える洗浄装置

写真1　枚葉式研磨後洗浄装置「SC300-CC2」

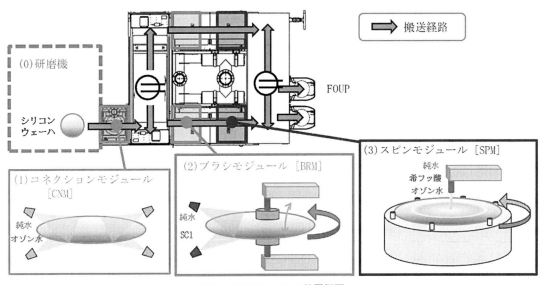

図2　SC300-CC2の装置概要

SC300-CCシリーズの一機種であるSC300-CC2について紹介する（写真1）。

　本装置の概要と研磨後洗浄での洗浄処理フローについて図2および図3において説明する。

　図2に示すように，SC300-CC2は研磨機とのインライン接続が可能なコネクションモジュール（以下，CNM）が1つ，ブラシモジュール（以下，BRM）が2つ，スピンモジュール（以下，SPM）が2つ搭載された装置構成となっている。図2および図3に示すように，研磨機から搬出された研磨直後のウェーハはまずCNMへと搬送される。CNMではオゾン水等での処理によってウェーハ上の有機物を分解除去させる。研磨処理終了後から洗浄処理開始までの時間が長

*171*

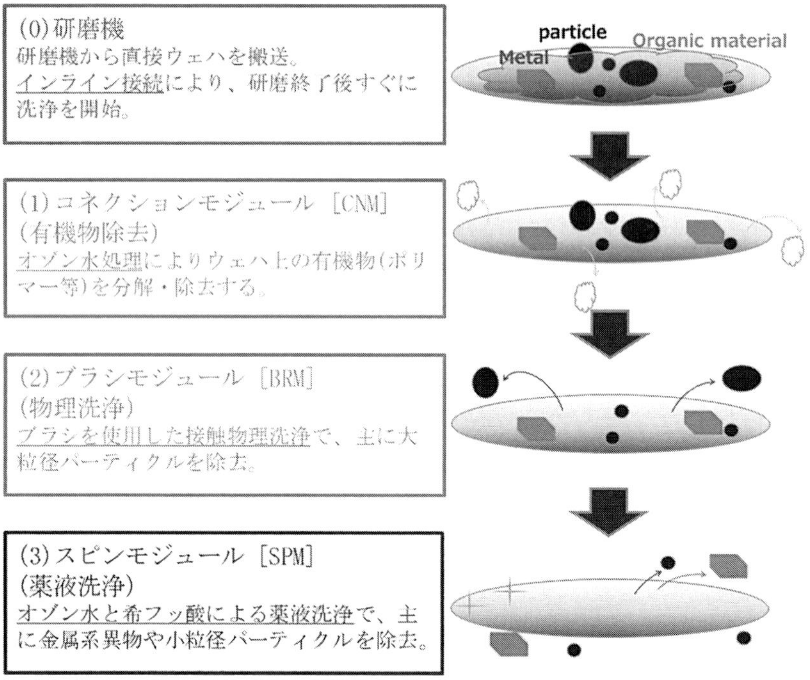

半導体製造における洗浄技術

図3 研磨後洗浄における基本洗浄フロー

写真2 ブラシモジュールの両面自公転ブラシ

いほどウェーハ上に付着した異物や汚れが除去し難くなるため，研磨装置とインライン接続し研磨直後に CNM での洗浄処理を実施することで良好な洗浄性能を得ることができる。研磨機とのインライン接続はウェーハ搬送の動線を極小化するため生産性向上にも寄与している。次に，CNM から水に濡れた状態のままのウェーハを BRM へと搬送する。濡れた状態のまま搬送することによってウェーハ表面への異物や汚れの固着を抑制することができる。BRM では SC1（$NH_4OH：H_2O_2：H_2O$ 混合液）などの薬液と両面自公転ブラシ（写真2）を併用した接触物理洗浄によって主にウェーハの表面および裏面における大粒径のパーティクルを除去する。BRM にはオプションとしてウェーハのベベル部を洗浄するブラシも搭載することが可能である。その

*172*

## 第4章 半導体製造プロセスを支える洗浄装置

後,濡れた状態のままのウェーハをBRMからSPMへと搬送する。SPMではオゾン水と希フッ酸を用いた薬液洗浄によって主に金属系の異物や小粒径のパーティクルを除去した後,スピン乾燥によってウェーハを乾燥させる。SPMにはウェーハ表面を面内均一に処理することによって洗浄性能を向上させ省薬液化も可能とする当社独自洗浄ノズル(以下,CSノズル)を搭載している。また,SPMにはオプションとして二流体ノズルやメガソニックノズル等の非接触物理洗浄ツールの搭載も可能であり,独自のウェーハチャック機構を採用することによりウェーハのベベル部の洗浄性能も向上させている。BRMおよびSPMにおいて精密洗浄をおこないスピン乾燥された清浄なウェーハは最後にFOUPへと収納される。

### 1.3.2 最終洗浄装置SC300-FCシリーズ

当社のSC300-FCシリーズは,エピやアニールの前後洗浄工程や検査後の最終洗浄工程での適用に特化した300 mmウェーハ対応の枚葉式洗浄装置であり,4モジュールもしくは8モジュールのSPMを搭載した装置がラインナップされている。ここでは8モジュールのSPMを搭載したSC300-FC8について紹介する(写真3)。

本装置の概要については図4において説明する。

SC300-FC8では4つのFOUPが載置可能なEFEM(Equipment Front End Module),EFEMから各SPMへ搬送する際の中継ステージとなるリレーモジュール(以下,RLM)が2つ,精密洗浄処理をおこなうSPMが8つ搭載された装置構成となっている。装置本体に搭載されているSPM1~8の8つのSPMにおいて,SPM1~4およびSPM5~8の各4つのモジュールに対して1つの搬送ロボットを備えており,標準洗浄プロセス処理において毎時200枚の処理能力を実現している。標準的なSPMではオゾン水と希フッ酸を用いた薬液による精密洗浄をおこなう。ウェーハの表面側および裏面側の両面に薬液や純水などを吐出するノズルが配置されるため,ウェーハ両面に対して洗浄をおこなうことができる。SC300-CCシリーズと同様にCSノズルを搭載している他,オプションとして二流体ノズルやメガソニックノズル等の非接触物理洗浄ツー

写真3 枚葉式最終洗浄装置「SC300-FC8」

半導体製造における洗浄技術

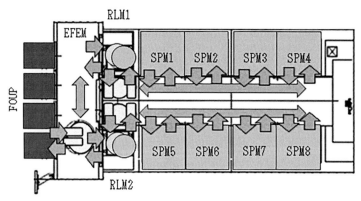

図4　SC300-FC8の装置概要

ルの搭載が可能である．また，ウェーハのベベル部の洗浄性を向上させる独自のウェーハチャック機構も標準で採用している．

### 1.4　次世代向けウェーハ洗浄技術

　本稿の冒頭で述べた半導体デバイスの微細化による従来よりも小粒径となるパーティクルの洗浄除去要求の強まりとともに，ウェーハ基板に対して物理的および化学的なダメージの少ない高品質な精密洗浄の要求も増してきている．また，精密洗浄プロセスに用いられる薬液の省薬液化や薬液レスによる環境負荷の低減もさらに重要となってきており，これら更なる微小パーティクル除去や，基板ダメージ低減，環境負荷低減の要求に応えるために，当社では純水を用いた薬液レスの高品質な精密洗浄を可能とする凍結洗浄技術[3]を次世代向けウェーハ洗浄技術として開発をおこなっている（図5）．

　ウェーハ表面に付着したパーティクルをウェーハ上から移動させ除去するためには，ウェーハ表面とパーティクルとの付着力よりも大きな流体抗力が必要になると考えられる（図6）．パーティクルが微小な粒径になる程，流体抗力よりも付着力が大きくなり洗浄除去性能が低下するため，二流体ノズルによる衝撃波やメガソニックによる振動波などの物理的作用や，薬液による静電反発力やリフトオフ作用を従来よりも強くして用いることで，ウェーハ表面からパーティクルを離脱させて洗浄除去能力を高める必要がある．従来のSC1などの薬液を用いたブラシ洗浄プロセスを例にあげると，エッチングによるリフトオフ作用とゼータ電位による静電反発力を利用してウェーハ表面からパーティクルを離脱させ，ブラシによってパーティクルを移動させることで洗浄除去性を向上させているが，薬液でのエッチングによるウェーハの表面荒れや，ブラシ洗浄でのウェーハとパーティクルとの接触によって生じる傷などのウェーハ表面に対するダメージが最先端向けのウェーハの品質として問題となる場合がある．

　これらを解決する次世代向けのウェーハ洗浄技術として当社独自の凍結洗浄が有効である評価結果が得られており，凍結洗浄プロセスの概略については図7において説明する．まずウェーハ

第4章　半導体製造プロセスを支える洗浄装置

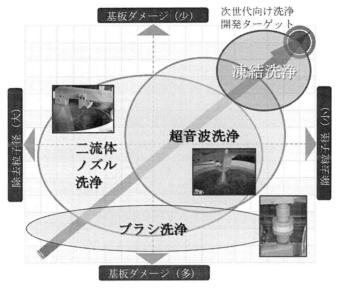

図5　次世代向け洗浄開発ターゲットと洗浄技術

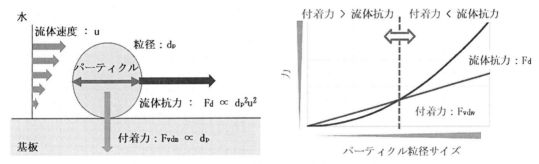

図6　パーティクル除去における流体抗力と付着力のモデル

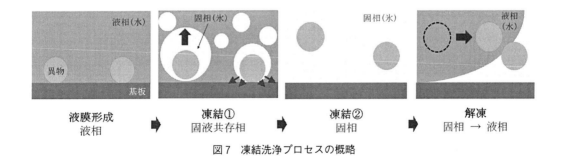

図7　凍結洗浄プロセスの概略

上に純水を吐出し純水の液膜を形成させる。次に，純水の液膜が形成された状態においてウェーハ自体を直接冷却することによって，液膜中のウェーハ表面に付着したパーティクルを核にしてウェーハ表面近傍から固相（氷）が徐々に生成される。この時，液相（水）から固相（氷）への

*175*

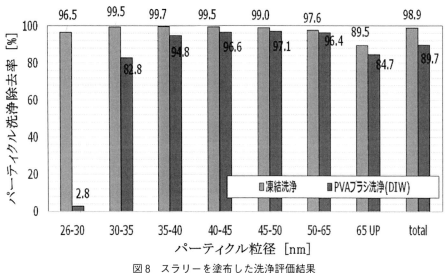

図8 スラリーを塗布した洗浄評価結果

相変化による純水の体積膨張と，固相（氷）と液相（水）との密度差による浮力によってパーティクルを含んだ固相（氷）がウェーハ表面から離脱される。離脱された後は純水リンスによって解凍させながらパーティクルを押し流すことで洗浄をおこなう。純水のみを使用した薬液レスの洗浄であるため薬液エッチングによる表面荒れが起きず，洗浄ツールの接触等による表面傷なども発生させない低ダメージの洗浄をおこなうことが可能である。

凍結洗浄とブラシ洗浄において，純水を用いた薬液レスでのパーティクル粒径毎の洗浄除去率の比較結果を図8に示す。本洗浄評価はウェーハ上に最終研磨用スラリーを塗布したサンプルを用いておこなった。洗浄除去率はパーティクル計測器で測定したスラリー塗布サンプル上のパーティクル数において洗浄前と洗浄後のパーティクル数から各粒径毎に算出した。

パーティクル洗浄除去率［％］＝（洗浄前－洗浄後）／洗浄前 × 100

図8より，凍結洗浄ではブラシ洗浄と比較して微小なパーティクルに対する洗浄除去率が高い結果が得られている。純水を用いた洗浄においても微小なパーティクルが除去できていることから，凍結洗浄では固液共存での浮力によるパーティクル離脱作用が働いていると考えられる。凍結洗浄を種々の従来洗浄と組み合わせることで，今後増々重要となってくるさらなる微小パーティクル除去に対しても洗浄性能の向上が可能になると考えられる。

図9では，実際のウェーハ試作における洗浄評価結果を示す。試作評価段階ではあるが，凍結洗浄と従来のブラシ洗浄を組み合わせた結果，凍結洗浄を追加することで，従来のブラシ＋スピン処理のみの場合に比べてパーティクル数が減少し，微小パーティクルの除去率が向上している。この結果は，凍結洗浄中に発生する浮力によりパーティクルの付着力が低下することに加え，研磨スラリー中のポリマーに含まれる微量の水分が凍結時に膨張し，ポリマーの構造が変化

第4章　半導体製造プロセスを支える洗浄装置

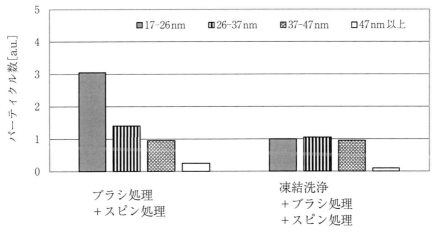

図9　実際のウェーハ試作での洗浄評価結果

することで，ウェーハ表面からより効果的にポリマーが除去されたためであると考えられる。これらの結果から，凍結洗浄は次世代ウェーハ向けの微小パーティクル洗浄技術として大きな可能性を秘めており，今後の量産機への適用が期待される。

## 1.5　おわりに

本稿では，当社のウェーハ製造工程向けの枚葉式洗浄装置であるSC300-CCシリーズとSC300-FCシリーズが適用されている洗浄工程や装置の概略について述べた。また，次世代に向けた当社独自のウェーハ向け洗浄技術である凍結洗浄についての紹介をおこなった。今後もさらに発展していくであろう半導体デジタル産業において，ウェーハの重要度は増々高まっていくと考えられる。ウェーハ製造工程に対する当社の経験と技術力を活かし，環境負荷低減に配慮した最先端の精密洗浄や，高い生産性を備えた枚葉式洗浄装置を提供することで，引き続きお客様の価値づくりに貢献していく。

### 文　　献

1) ㈱SUMCO，ホームページ，製品情報，https://www.sumcosi.com/products/
2) グローバルウェーハズ・ジャパン㈱，ホームページ，製品情報，https://www.sas-globalwafers.co.jp/products/lineup.html
3) K. Hattori et al., *J. Micro/Nanolith. MEMS MOEMS*, **19**(4), 044401-1-17 (2020)

## 2 微細パーティクルを効率的に除去する超音波洗浄機

長谷川浩史*

### 2.1 半導体洗浄における超音波洗浄機の役割

　半導体製造工程では非常に多くの洗浄プロセスが存在する。洗浄は薬液などがもっている化学的効果とスポンジやブラシなどがもっている物理的効果が合わさることにより行われている。洗浄において超音波が担っている役割は，後者の物理的効果がほとんどである。超音波洗浄による物理的効果は，主にキャビテーションによるものである。過去には半導体洗浄で多く用いられている1 MHz程度の周波数を用いた超音波洗浄（通称メガソニック洗浄）では，キャビテーションはほとんど発生しておらず，水分子の加速度が洗浄効果に大きく寄与していると言われていた。しかし近年の研究では，キャビテーションの発生に大きく影響している液中の溶存気体量が洗浄効果に大きく依存していることから，高周波の超音波洗浄においてもキャビテーションによる物理的効果が主役であるという見方が一般的になっている。

　半導体製造工程において超音波洗浄機は幅広く活用されている。例えばシリコンウェーハの製造工程おいて超音波洗浄が活用されている場面を紹介する。まずシリコンウェーハは単結晶のインゴットを薄くスライスしてウェーハ状に加工するが，このスライス後に超音波洗浄が実施される。この超音波洗浄は比較的強力な物理力が求められるため，一般的には低周波（20 kHz～40 kHz程度）の超音波洗浄機が用いられる。次にウェーハ表面が研磨やエッチングによって平坦化されるが，このプロセスでも都度超音波洗浄が実施される。そして最終的な仕上げ洗浄でも超音波が用いられ，シリコンウェーハが完成する。さらに，そのシリコンウェーハに配線する工程においても超音波洗浄は活用されている。配線工程は，成膜→レジスト塗布→リソグラフィ→エッチング→レジスト除去→成膜→表面研磨→・・・という流れで処理されるが，エッチング後やレジスト除去，さらに表面研磨後にも超音波洗浄が多く活用されている。特に近年は多層配線が多くなっているため，先の配線工程を数多く繰り返す必要があり，デバイスが完成するまでに実施される洗浄回数も相当なものとなる。以上のように，半導体製造工程では超音波洗浄が多く活用されている。

### 2.2 超音波洗浄の物理的効果，「キャビテーション」とは

　超音波を液中に照射すると，キャビテーションという物理現象が発生する（図1）。キャビテーションは超音波特有の現象ではなく，船のスクリューや，配管内の圧力損失など，水中で圧力が急激に変化する箇所で頻繁に発生する。水中に存在する小さな気泡核（数$\mu$m～数十$\mu$m程度）に超音波が照射されると，音圧が負圧に変化するに従って気泡が膨張し，音圧が高く変化するに

---

　＊　Hiroshi HASEGAWA　㈱カイジョー　超音波機器事業部　開発技術部　部長

第4章　半導体製造プロセスを支える洗浄装置

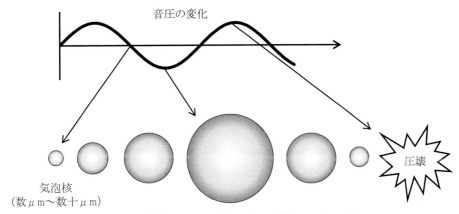

図1　超音波によるキャビテーション発生のメカニズム

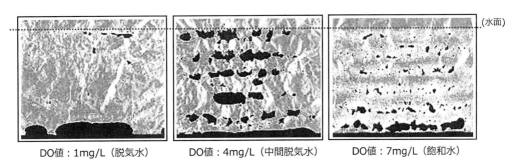

図2　溶存酸素量（DO）を変化させた時のアルミ箔のダメージ比較

従って圧縮される。圧縮された気泡の内部は高圧かつ高温になり，圧壊して周囲に衝撃力を発生させる。この現象をキャビテーションと呼び，超音波洗浄における物理的効果の要である。キャビテーションは液中の微小気泡をもとに発生するため，完全脱気された液中では気泡が存在しないため，キャビテーションは発生しない。キャビテーションの発生具合を観測する方法としてよく用いられているのがアルミ箔の実験である。超音波洗浄機の液中にアルミ箔を入れることにより，発生したキャビテーションがアルミ箔に対してダメージを与え，短時間のうちにアルミ箔に穴が開く。図2は水の溶存酸素量を変えた時のアルミ箔の穴の開き方を比較したものである。水の溶存酸素量が7 mg/L（飽和）の時は，4 mg/Lまで脱気した状態と比較すると，アルミ箔の穴の開き方が若干少なくなっている。これは，溶存酸素量が7 mg/Lの水は，水中の気泡量が多いため，超音波により凝集して大きな気泡に成長し，それらの気泡が超音波の伝搬を阻害したり，キャビテーションの衝撃力を弱めてしまったりするためである。しかし，4 mg/L程度まで溶存酸素量を減らすと，水中の気泡量が少なくなるため，大きな気泡の発生が減少するため，超音波の伝搬性が向上するとともに，アルミ箔へのキャビテーションの衝撃力も強くなる。しかし，1 mg/L程度まで溶存酸素量を減らしてしまうと，逆に水中の気泡がほとんどなくなってしまう

*179*

半導体製造における洗浄技術

ため、キャビテーションを発生させるための微小気泡すら無くなってしまうため、アルミ箔に穴が開かなくなってしまう。このように、水の溶存酸素量によってキャビテーションの発生状態は大きく異なるのである。実際の洗浄では液の溶存酸素量（溶存気体量）まで管理していることはまだ少ないが、洗浄性に大きく影響する要素であるため、上記のような傾向があることを十分把握しておく必要がある。

### 2.3 超音波洗浄機の周波数による特徴

超音波は周波数が低いほど波長が長く、周波数が高いほど波長が短い。そのため、周波数が低いほど液中に発生するキャビテーションの密度としては小さくなり、周波数が高くなるほど大きくなる。ただし、低い超音波の周波数は音圧変化が大きいため、気泡核の膨張収縮の比率が大きくなり、キャビテーションの衝撃力は大きくなる。超音波洗浄にて超音波の物理力を利用する場合、強固に固着した汚れを除去する場合は低い周波数を使用し、細かい粒子等を除去する場合は高い周波数を使用するのが効果的である。仮に低い周波数で細かい粒子等を除去しようとした場合、キャビテーションの衝撃力自体は大きいものの、発生する密度が小さいために洗浄残り（洗浄ムラ）が発生しやすく、逆に高い周波数の超音波で強固な汚れを除去しようとした場合、キャビテーションの発生密度は高いが衝撃力が小さいため洗浄力が不足する。超音波の周波数と洗浄性の特性については図3の通りである。よく超音波洗浄機の周波数ごとの洗浄性は、ブラシの目の粗さや硬さで例えられることが多い。低い超音波洗浄機は亀の子たわしで擦るイメージであるが、高い超音波洗浄機は刷毛や筆で掃くイメージである。また、超音波洗浄では、洗浄物のダメージに注意する必要がある。基本的には洗浄力とダメージはトレードオフの関係があるため、

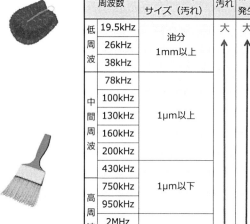

図3 超音波の周波数と洗浄性の特性

第4章 半導体製造プロセスを支える洗浄装置

最低限必要な物理力を見極めて周波数選定する必要がある。特に近年はウェーハ上に形成されるパターンが極微細化しているため，ウェーハ上の構造物が超音波の物理的な力に十分耐えられる工程に絞って使用されるなど，ダメージを防止するために細心の注意が払われている。

## 2.4 超音波洗浄の方式
### 2.4.1 バッチ式洗浄

バッチ式洗浄とは，洗浄物を複数個まとめて洗浄する方法である（図4）。シリコンウェーハの製造工程では，このバッチ式洗浄が多く採用されており，複数枚のウェーハを一度に洗浄する。単結晶のインゴットからスライスしてウェーハ状に加工し，表面を研磨する工程では，20 kHz〜40 kHz 程度の低い周波数を用いた超音波洗浄機が用いられる。低い周波数の超音波は，油汚れをはじめ強固に固着した汚れを取り除くのに適しているため，これらの加工工程で発生する汚れを効果的に除去することができる。製造工程が進むに従って周波数を段階的に上げていき，最終的には 1 MHz 程度の高い周波数の超音波を使用して仕上げ洗浄を行い，微細なパーティクルを除去する。半導体製造工程で超音波洗浄を用いる場合，超音波を照射する振動子が金属製であり，洗浄液に直接接触するのを避けるために間接洗浄という方法が良く用いられる（図5）。

### 2.4.2 枚葉式洗浄

枚葉式洗浄とは，洗浄物を1個ずつ洗浄する方法である。枚葉式洗浄における超音波洗浄機は図6で示すようなスポットシャワーと呼ばれるノズル型のものがよく用いられている。このスポットシャワーは，筐体内部に貯水部分と振動子があり，洗浄液に超音波が印加された状態で吐出されるのが特徴となっている。半導体の洗浄工程では，ウェーハの CMP（Chemical mechanical polishing）後の洗浄に用いられることが多くなっている。

### 2.4.3 バッチ式洗浄と枚葉式洗浄の特徴

バッチ式洗浄は洗浄物を複数個同時処理できるため，一度に大量処理するのに適している。ただし，除去された汚染物が洗浄槽内に残留するため，同じ洗浄物に再付着する，あるいは別の洗浄物に転写してしまう可能性がある。それを防ぐために，洗浄槽内の液循環の最適化やオーバーフローの設置などが必要になる。枚葉式洗浄は洗浄物を1個ずつ処理するため，大量処理は不向

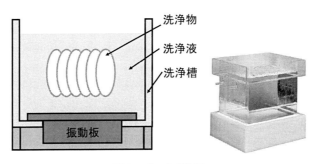

図4 バッチ式洗浄

半導体製造における洗浄技術

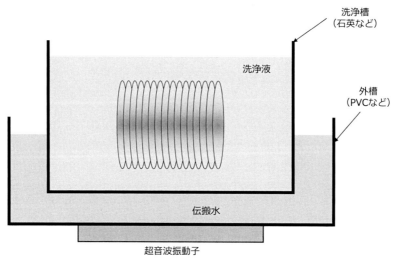

図5　間接洗浄

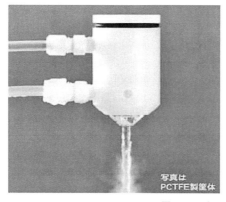

図6　スポットシャワー

きであるが，常に新液をかけ流しするため，バッチ洗浄のような再付着の可能性が低くなり，高い洗浄度を得ることができる。将来的にはこの枚葉式洗浄が主流になっていくと思われる。

*182*

# 3 高温処理ウエットステーションの現在地と未来〜Batch式からHTSの系譜〜

庄盛博文[*]

## 3.1 はじめに

半導体ディバイス製造における洗浄技術は，米RCA社のWerner Kernが開発したRCA洗浄のプロセスによって確立された。

- ・SC-1（$NH_4OH + H_2O_2 + DIW$）による有機物除去とゼータ電位の調節
- ・HFによる酸化物層とイオン汚染除去
- ・SC-2（$HCL + H_2O_2 + DIW$）による金属汚染除去と表面に薄い不動態化層形成

これに，場合によっては先行工程でピラニア溶液（$H_2SO_4 + H_2O_2$）による有機物の酸化・除去を行う場合がある。

薬液の混合比率・温度や使う薬種などケースにより調整されるが，概ね開発時の1965年から基本プロセスが変わっていないことはよくご存じと思う。

また洗浄機では，RCA洗浄以外にもフォトレジストの剥離，窒化膜や酸化膜のエッチングといった処理も行われており，これらの処理を行った後にRCA洗浄を行える装置構成で使われることが一般的である。

いずれのプロセスにせよ，基本的な処理の論理は変わっておらず，洗浄機におけるアカデミックな学術論は既に出尽くしている感が否めない。

当然，ディバイスの微細化による各処理の高精度化は常に追い求められ，その部分において劇的な進化を遂げてきていることも事実だ。

例えば，今から25年ほど前，それまで200 mmが主流だったウエハーサイズが300 mmとなった時は，パーティクルの管理レベルは$\mu$オーダーであったが，現在では最高感度のパーティクルカウンターが10.5 nmまで進化し，尚且つそれでさえ一桁nmに入ったデザインノードよりも大きなパーティクルしか検知できていないのだ。

話が少しそれたが，一介の技術者である私が，基本プロセスの確立された洗浄の学術論を書いたとしても既出の焼き直しにしかならない。それよりも，HTSという洗浄機開発によって得られた知見・経験を述べることで，読まれた方にもし何か得られるものがあったとすれば幸いである。

## 3.2 HTS（High Temp Single Processor）-300Sの開発経緯

JETは洗浄機の中でも高温プロセスを得意としてきたメーカーである。SPM（$H_2SO_4 + H_2O_2$）によるレジスト剥離処理。リン酸（$H_3PO_4$）による窒化膜のエッチング処理がそれにあたる。

2000年代の後半，露光技術の飛躍的進歩による微細化の加速と共に，洗浄機も50枚一括処理

---

＊　Hirofumi SHOMORI　㈱ジェイ・イー・ティ　生産本部　技術企画室　室長

のバッチ式から枚葉式へと大きくシフトし始めた。当時，JET でも枚葉式の RCA 洗浄機はラインナップされていたが，この時点で出遅れた感は否めなかった。

そこで，得意分野の高温処理プロセスに特化した HTS の開発に踏み切る。要は RCA 洗浄ではシェアを確保しきれないと判断したのだ。

この時，掲げられたのは Product Out 型の装置という指標。同業他社に企業規模で劣る JET が後発で同じ土俵に切り込んでも勝負にならない。着目したのは得意分野である高温 SPM でのレジスト剥離処理だ。

この頃，SPM によるレジスト剥離処理はバッチ式の装置が主流で，枚葉装置によるレジスト剥離処理は DSP（$H_2SO_4$ + $H_2O_2$ + HF + DIW）によって行われていた。DSP の処理液温は 25℃（RT）である。

但し，イオンインプラント後のフォトレジストはクラスト化し前処理としてアッシャーによるアッシングが必要となる。

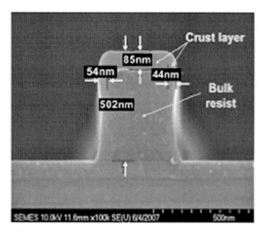

IEEE Trans. on Smicond. Manu., vol22,No.4(2009)
クラストの入り込んだフォトレジスト

しかし，クラスト化しやすい HDI（High Dose Implant）が打たれたウエハーであっても高温の SPM であればアッシングレスで剥離できる可能性が高い。

SPM について少し触れておくと，酸化力の高い硫酸（$H_2SO_4$）に過酸化水素水（$H_2O_2$）を加えペリオキソ硫酸（カロ酸）を生成することで効率的なレジストの剥離処理を行っている。

十分な酸化力を持つこの液の力を余すところなく使えれば，HDI によるクラストにも勝てるはずである。

ペリオキソ硫酸

第4章 半導体製造プロセスを支える洗浄装置

但し，バッチ式装置でさえこの液の持つ力を十分に活用しているとは言い難い。なぜならペリオキソー硫酸（以降カロ酸と記す）自体は高温により自己分解しやすいからである。酸化力を上げるためにはバッチ式装置で使われている125℃付近より高い温度で処理したいが，温度を上げてしまうとカロ酸の消失が早くなるというジレンマがおこる。加えて，$H_2SO_4$に$H_2O_2$を加えることで発生する希釈熱も障壁となる。

それまでの枚葉式SPMレジスト剥離装置は，ウエハーへの液供給前に$H_2SO_4$と$H_2O_2$を混合させ希釈熱を利用することで温度を上げ処理を行うものであった。その為，多量の薬液によってカロ酸の相対量を確保しなければならない。それでも得られるのはバッチ式の浸漬処理と同程度の剥離性能でしかなかった。

### 3.3 HTS-300Sのメカニズム

HDIの打たれたウエハーをアッシングレスで処理するには，カロ酸の生成・消失に至らない温度でSPMを供給し，ウエハー面上で速やかにカロ酸を生成するというロジックが重要となる。

この為には，ウエハー全面を瞬時に昇温し維持できる高性能なヒーターが不可欠である。また，酸化力の高いカロ酸が得られるのであれば，液量は少ない方が有利となる。

ランニングコストの低減という意味合いもあるが，カロ酸の生成に反応熱を利用しないということは，ウエハーにかかる液温はさほど高くない。液量が多くなればなるほど熱交換でウエハーから奪われていく熱量は多くなり，ヒーター効率を下げてしまう。それは，ウエハー面上の熱均一性も保ち難いということにも繋がる。

これらの要素を踏まえて処理を可能にしたのが下図のシステムである。

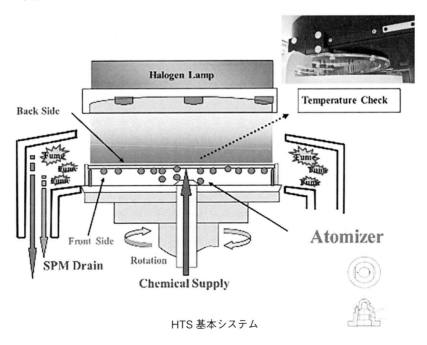

HTS基本システム

*185*

半導体製造における洗浄技術

　まず，液供給とウエハー過熱の効率を考え，ウエハーは反転させ処理面を下向きでの処理とした。

　ヒーター本体には84個のハロゲンランプと4個のパイロメーターを配置しウエハー全体をカバーする。このヒーターをウエハー近傍まで下げ熱効率の向上を図る。

　薬液の供給はアトマイザーを使い回転するウエハーに対して均等に塗布できるよう供給口の数と角度を調整。アトマイザーの出来るだけ近い配管内で$H_2SO_4$と$H_2O_2$を混合することにより反応熱によるカロ酸の生成を抑制する。

　因みにHTSで混合するときの$H_2SO_4$は60℃に加温してある。これは，ウエハーに薬液を吹き付けた時の温度低下軽減が目的だ。この60℃はカロ酸の生成を抑制できる範囲の最大温度となる。

　ウエハーを反転して処理することの効能は，SPM処理につきもののチャンバー内環境悪化にも非常に有効に作用した。高温化することで発生する$H_2SO_4$のミストはウエハーの下側で発生し直近のカップからスムースに排出される。非常にクリーンな空間維持とともにクリーニング作業の軽減も実現した。

　また，HTS-300SはSPM処理を行う高温チャンバーと中和・洗浄・乾燥処理を行うクリーンチャンバーを分けることで，クロスコンタミネーションの発生を最低限まで抑制している。

　高温チャンバーで処理されたウエハーは，水洗の後に乾燥工程を介さず専用ロボットでクリーンチャンバーへと搬送される。この時にウエハーを回転させ処理面を上にすることで，クリーンチャンバーでの洗浄効果を最大限まで確保できる仕組みだ。

　いかにコンセプトが優れていても，プロセスの確立と装置化においては様々な課題があったことは言うまでもない。

　その一つが，コンセプト時より懸念されていた温度計測の問題だ。HTSは非接触で温度を見るために放射温度計を使用しているが，プロセス温度として設定している200℃～240℃ではウエハーの赤外線透過率が50％程度にもなる。クローズドループでウエハー全体の温度が均一になるようヒーター出力が常に調整されている状態では計測値が重要となることは容易に想定できた。

　結果としてこの問題は，ウエハーに塗布された液膜によっても赤外線の透過が阻害されることで，運用管理に十分な相対的温度精度は確保できた。

　また，ウエハーを高温化することによる熱変形の問題も起こった。視認しているとウエハーはいとも簡単にポテトチップスのごとく変形を起こすという現象も起こり，過熱後の冷却方法などによる工夫で回避するといった対策も行っている。

　他にもパーティクル問題なども含めた数多くの課題が発現した。それぞれの問題点と解決にあたっても詳細に述べて行きたいところではあるが，紙面の都合もありここでは割愛させていただく。いずれにせよ，一つ一つの課題を克服しながらHTS-300Sは世に出されたのである。

第4章　半導体製造プロセスを支える洗浄装置

## 3.4　HTS-300Sの現在地と次ステップへの取り組み

リリースを迎えた時点で，HTS-300Sのパフォーマンスは予想を上回るものとなっていた。下の写真はα機におけるHDIのレジスト剥離処理のものだ。

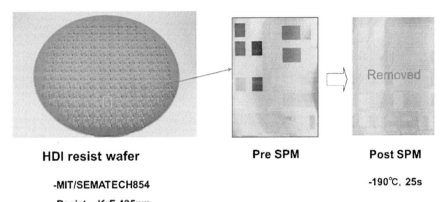

HDI resist wafer　　　Pre SPM　　　Post SPM
-MIT/SEMATECH854　　　　　　　　　　-190℃, 25s
-Resist : KrF 435nm
-Dopants : As
-Conditions : 5E15 ,40keV

処理温度190℃，薬液の供給量100 cc/min，処理時間25 secで15乗のHDIを打ったウエハーのレジストが綺麗に剥離されている。もちろんアッシングレスである。

薬液供給量こそ想定通りだが，処理温度の低さと処理時間の短さは開発者の予想を良い意味で裏切るものとなった。因みに16乗のHDIも問題なく剥離できたことを書き添えておく。

現在，HTSはメモリーの最先端ディバイス製造工程において，重要なプロセスを担っている。ユーザー情報になるので工程の内容は詳しくは書けないが，それまで数リッター/minという多量のSPM液を使用し，尚且つ5分という長いプロセス時間を要したその工程において，200 cc/minの薬液液使用量と60秒というプロセス時間を実現した。それによってその工程では寡占化され現在でも採用され続けている。

多くのヒーターが搭載されていることで装置価格が高めなことと，DSP処理が可能なレジスト剥離処理などではオーバースペックであり一般的なレジスト剥離処理装置の置き換えにまでは至らなかったが，HTS-300Sでなければならない場所へ辿り着けたことに対し，開発に関わったすべての人の努力に敬意を表したい。

既に上市から10年が過ぎ，生産現場の中で磨かれアップデートされてきたHTSは現在次のステージへと進んでいる。もう一つの高温プロセスである窒化膜エッチング処理装置である。

HTSは構想当初からレジスト剥離装置と窒化膜エッチング処理装置をターゲットとしていたが，3D NANDメモリーの台頭に端を発し窒化膜エッチング処理は劇的な変化を遂げてきた。

それまで，ウエハー面内3％が出れば優秀とされてきたユニフォミティ（エッチング均一性）は1％が要求されるようになり，またその選択比（窒化膜と酸化膜のエッチングレート比）も100：1を超えるような数値が求められている。

この選択比は，窒化膜のエッチングに使われる $H_3PO_4$ 液中のシリカ濃度に支配されている部分が大きく，これ自体を洗浄機がコントロール出来るわけではない。よって選択比自体を得るには薬液に頼らざるをえないのが現実である。

但し，この100:1を超えようかという選択比は既にシリカ濃度が飽和に近い状態でなければ得られず，余剰なシリカがウエハー上で異常成長をし始めるという現象が顕著に表れた。

悪いことに，窒化膜の50%程度はシリカで構成されているので，エッチングすればするだけ $H_3PO_4$ 液中に含まれるシリカ濃度は濃くなっていく。要は処理中に状況はどんどん悪化していくのだ。

これを抑制するために，バッチ式装置では水流のコントロールと同時に水分濃度と液温の高精度化が必要になってくる。

ご存じの通り，窒化膜のエッチングは $H_3PO_4$ 液が行っているのではなく，その中に含まれる水分が行っている。エッチングのコントロール性を上げるにはその水分濃度と温度が重要になる。

現在，JET のバッチ式装置は水分濃度が ±0.05 wt%，温度は ± 0.1℃ というレベルにまで達している。これは既に計測器の精度限界と同義である。

同時に，液中のシリカ量を一定に保つための液置換システムも装備されており，更には大気圧の変動による水分の沸点変化に対応するシステムも備えている。

10年前には比較的大雑把な処理であった窒化膜エッチングは，ウエットプロセスの中でも抜きんでてセンシティブなプロセスへと変わってしまった。

この窒化膜エッチング処理の枚葉化が HTS における次の取り組みである。選択比自体はやはり液に頼る部分が大きいが，液の掛け捨てという枚葉特有の処理方法であればエッチングによるシリカ濃度の上昇というファクターは一旦置いて考えることが出来る。

窒化膜エッチングの枚葉化にはそういった利点も大きいが，ウエハーを浸漬させて処理するバッチ式に比べて，回転させながら処理する枚葉式ではウエハー面内の均一性を取ることが難しくなる。液膜の厚さや全体の温度均一性をウエハー全面で保つことがより高次元で要求されることになるのである。

しかし，枚葉化の波は間違いなく進んできており，窒化膜エッチング装置の開発は待ったなしの状況に置かれている。既に HTS というプラットフォームを使った窒化膜エッチング装置 $\alpha$ 機は工場に設置され評価が始まろうとしている。

## 3.5　洗浄機が進むべき未来

デジタル社会の進化に伴い洗浄機も飛躍的な性能の進化を遂げてきた。同時に元々は"箱屋"といわれた洗浄機メーカーの立ち位置も大きく変わりつつある。これまで洗浄プロセスはデバイスメーカーが作るもので，その要求に応える装置を造っていくことが主眼となっていたが，洗浄プロセス自体を提供できる技術力がないと生き残れない時代へとなってきた。

第4章　半導体製造プロセスを支える洗浄装置

例えば，乾燥工程を見ても，これまでの IPA を使った乾燥では高アスペクト比パターンで倒壊が起きてしまう。水との親和性が高く，表面張力の低い IPA ではあるが既に 10 nm 半ば以下のデザインノードにおいては使えなくなることは，以前より計算上見えていた。このため，早くから DRAM のキャパシタなどでは超臨界乾燥が要求され，現在では既に実機稼働されている。

但し，超臨界乾燥機は非常に高圧で行われるため，設備規模も大きくなりリスクも高い。加えて装置自体が高コストですべての工程に備えるのは現実的ではない。

IPA 乾燥と超臨界乾燥の隙間を埋める乾燥方法として出てきたのが，ウエハーの表面改質である。ウエハー表面のシリル化によって疎水面を形成するのだが，シリル化自体はレジストの露光部表層に選択的にシリコン含有領域を形成する目的で使われていた。

ポイントは，シリル化を乾燥工程に使う目的で洗浄機メーカーが積極的に研究するという現状である。当然これにはパターン倒壊に対するアカデミックな検証と解析が必要となる。

これはまさに洗浄機メーカーが“箱”ではなく，洗浄・乾燥のプロセスを提供するという方向に大きく舵をきった証であり，またそれを求められるようになったということであろう。

そして，それはテクニカルな部分だけではなく，環境面においても洗浄機メーカーが果たすべき役割の指針である。

バッチ式洗浄機や HTS-300S が得意とした SPM によるレジスト剥離処理。この液は洗浄業界ではある意味神格化された液で，これなくしては成り立たないとまで考えられてきた。しかし，SPM は環境負荷が非常に高いことから，積極的なリサイクルや脱 SPM へとの要求が強くなっている。

これは SPM に限ったことではなく薬液全般に言えることで，その薬液を多量に使って処理を行っているのが洗浄機なのである。

現在，JET では SPM に代わるレジスト剥離処理装置を開発中である。ベースとなる装置は HTS。同時に RCA 洗浄さえも代替えの処理についての模索が始まった。この話をまたどこかで述べる機会が持てれば僥倖である。

環境面におけるイノベーションは，お題目ではなくやり遂げねばならない命題となっている。そして，それを実現することは，企業として不退転の決意を持って果たすべき使命だ。

豊かでより便利な世界と，未来へ持続可能な世界の両立という新しい戦いは既に始まっている。

## 4　蒸気2流体洗浄と高温高濃度オゾン水洗浄について

阿部文彦*

### 4.1　はじめに

　多工程ある半導体プロセスの洗浄工程は全工程の3割程度占めており，デバイスの歩留まり，信頼性を確保する上で非常に重要な工程である。この洗浄工程（フォトレジストの除去工程を含む）では，従来は多槽・浸漬方式の洗浄装置を用いてバッチ処理が行われてきたが，近年ではWaferを一枚ずつ処理するスピン方式の洗浄装置による枚葉処理が主流になりつつある。

　これらの装置で洗浄剤として用いられる薬液は，硫酸と過酸化水素水との混合物やアンモニア水と過酸化水素水との混合物などの酸性・アルカリ性液体，あるいは有機溶剤が用いられてきた。今後Waferサイズの拡大化により大口径Waferでは大量の薬液が必要となるため，ランニングコストの削減や地球環境保全が求められることとなる。

　また，パターンの微細化に伴い，洗浄時や乾燥時のダメージが問題となっており，対象物の機械的強度と洗浄力とを比較したプロセスウィンドウが重要となっており，物理力の制御可能な高効率洗浄手法が求められている。本節では薬液を使用した洗浄に代わる液体として水のみを使用する蒸気2流体洗浄と高温高濃度オゾン水洗浄について記述する。

### 4.2　蒸気2流体洗浄

　清浄な水蒸気に超純水を混合し，洗浄物に対して超音速（331.5 m/s以上）の速さで噴射することで洗浄を行うものであり，Lift Off（金の回収率は99%以上）やフォトレジスト・ポリマー・パーティクル・製造過程で残るテープ痕やVIA Hole等の極小な穴，指紋等油系の洗浄が可能である。蒸気2流体洗浄の特徴は，薬液を使用せず，超純水のみを使用，低圧力（0.1～0.3 MPa）のため洗浄物へのダメージが無く，薬液洗浄に比べランニングコストを1/10以上と大幅に削減できる。洗浄力は蒸気圧力，混合水量，ノズルと洗浄物のGap（3～6 mm），洗浄時間の4要素で決まるため洗浄結果やTaktを満たせる条件になるよう，4要素を振りながら設定値を決定する必要がある。表1に洗浄力比較を記す。PVAブラシと同等の洗浄力がある。加えて微小な穴，溝の中の洗浄も可能で接触による摩耗も発生しないため消耗品がないというメリットがある。半導体業界に関わらず一般産業の洗浄としても使用されている。

### 4.3　蒸気2流体洗浄装置構成

　図1に洗浄システム構成図を記す。本洗浄装置は電気加熱により清浄な蒸気を生成しノズル入口部にて超純水を混合し洗浄物に超音速で噴射するものである。ノズル入口での蒸気圧は

---

　**＊**　Fumihiko ABE　HUGパワー㈱　技術部　部長

第 4 章　半導体製造プロセスを支える洗浄装置

表 1　洗浄力比較

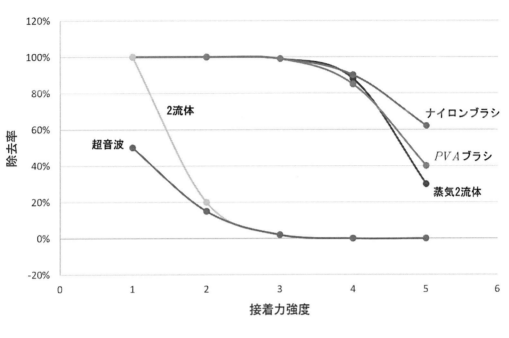

図 1　蒸気 2 流体洗浄装置構成

0.1〜0.3 MPa と低圧なのが特徴である。蒸気による超純水の使用量は，ノズル噴射口 8 mm × 2 mm のノズルを装着した状態で約 10 L/h，混入する超純水量は 100〜300 mL/min 程度である。また洗浄中，剥がれたレジストを洗い流すため超純水をノズル外から供給しており，これをリン

半導体製造における洗浄技術

スと呼んでいる。リンスによる超純水量は300〜500 mL/min 程度である。洗浄後にスピン乾燥で使用される $N_2$ は5〜10 L/min である。金属イオンの混入を防ぐため，水が接触する缶体内部やノズル等の金属部分は Ti で製作した物に特殊な膜を施し，継手や配管は全てフッ素系樹脂を使用することで対策している。

### 4.4 蒸気2流体洗浄原理

　蒸気2流体洗浄は4つの現象を与え，レジストを剥がす洗浄である。図2にこの現象を表したものを記す。また写真1にノズルから噴霧した瞬時写真を示す。噴霧した蒸気はとても直進性が良い。蒸気の中にある黒い丸部分が混入した水が液滴となって噴射されたものである。初め蒸気がレジストに浸透し下地とレジストの界面で液化することで内部ストレスを与える。液化が進むことで内部ストレスが増大し，空乏層が出来，下地との接着力を弱める。噴射した液滴（ザウター平均粒径：$\phi$15〜30 $\mu$m 程度）がレジスト表面に衝突する。液滴径は蒸気と混合噴霧と，空気と水の混合噴霧で液滴径に大差はない。液流量の増加と共に，液滴径も増加する。液滴の噴射速度は超音速である。液滴の噴射速度が減少すると洗浄力も減少するため，ノズルの選定は非常に重要である。蒸気の中で噴射される液滴は周囲に空気が存在しないため，凝縮効果で減圧された状態に近くなり Splash が少なく強いせん断力をレジストに与える。液滴はレジスト表面に溜まり薄い液面を作る。液面に液滴が当たることで液面内に衝撃波が発生する。同時に液滴内ではマイクロキャビテーションが発生し，キャビテーションで発生した真空の気泡が潰れる際に発生する衝撃波や JET でレジストを剥がしている。超音波洗浄もキャビテーションを利用して汚れを落とす洗浄方法だが，洗浄物に合った水の槽が必要となる。蒸気2流体洗浄は狙った箇所に蒸

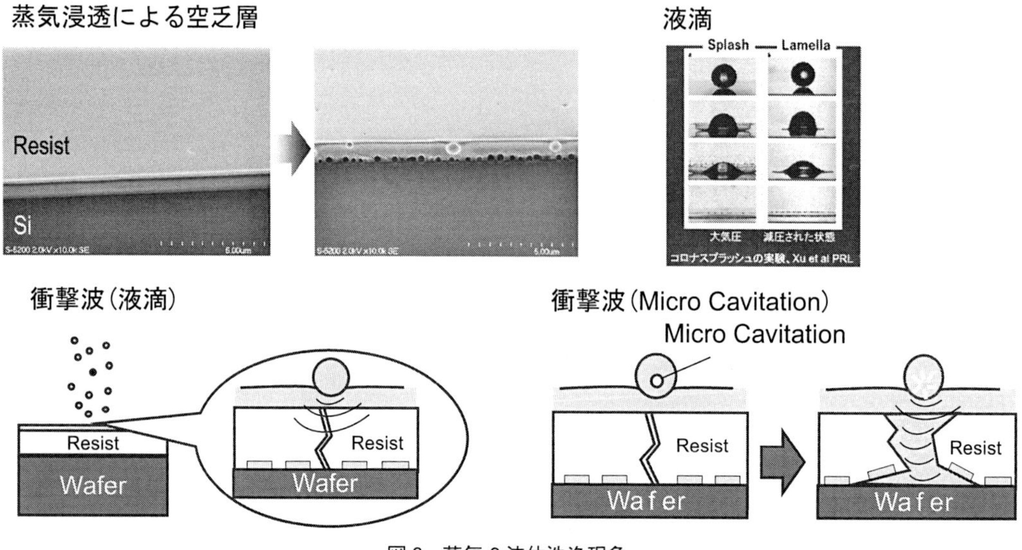

蒸気浸透による空乏層　　　　　　　　　　　　　　　　液滴

衝撃波（液滴）　　　　　　　　　　　　　　衝撃波（Micro Cavitation）

図2　蒸気2流体洗浄現象

第4章　半導体製造プロセスを支える洗浄装置

写真1　ノズルから噴射される蒸気2流体

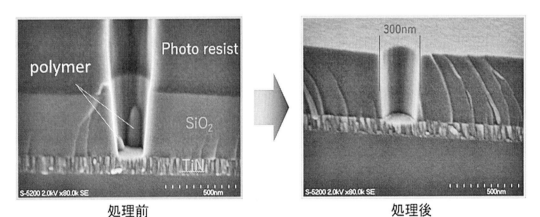

写真2　Resist及びVIA Hole蒸気2流体洗浄前後

気2流体を当てることで洗浄するため，水の槽を必要としない。またキャビテーションに加え蒸気による浸透力と液滴の衝撃波が汚れを落とすため洗浄力は高い。

### 4.5　蒸気2流体洗浄用途

　蒸気2流体洗浄装置はパワーデバイス，LED，太陽光パネル等の半導体製造工程中の洗浄装置として使用されている。写真2にレジスト及びVIA Holeの蒸気2流体洗浄前後を示す。洗浄後レジストは除去され，VIA Hole内のPolymerも除去出来ているのがわかる。写真3に金膜のLift Off洗浄中の写真を示す。剥がれた金は排水前に設けられているフィルタでほぼ100％の回

193

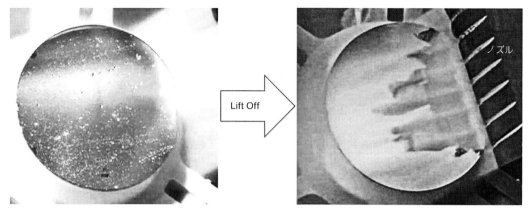

写真3　金膜 Lift Off

収が可能である。

### 4.6　蒸気2流体洗浄まとめ
・薬液（硫酸，有機溶剤等）が必要ない
・ランニングコストが薬液に比べて圧倒的に安い
・Via Hole のような微小な穴の洗浄も可能

### 4.7　高温高濃度オゾン水洗浄
　高温高濃度オゾン水洗浄は，高温オゾン水が，専用ノズルから高速で噴射されることでレジストを酸化させ分解除去する洗浄である。オゾンは常温，常圧において気体状態で存在し，このオゾンガスを水に溶解させたものがオゾン水である。オゾンガスを水に溶解させると一部のオゾン分子は水中の水酸化物イオン（OH⁻）と反応し，スーパーオキシドイオン（$O_2^-$）とヒドロペルオキシルラジカル（・OOH）を生成する。そしてヒドロペルオキシルラジカルオゾン分子とさらに反応してヒドロオキシルラジカル（・OH）を生成するとされている。これらのラジカルはオゾン同様に酸化力が非常に強い。従って，オゾン水はオゾンとラジカルの両方で有機物を酸化させる。また，オゾンは時間が経てば酸素分子となり自然の状態に戻るため無公害のものである。現在市販されているオゾン水製造装置で生成されるオゾン水は，高濃度タイプのものでも室温で濃度は 100 mg/L 程度である。このようなオゾン水では一般的に要求される除去レート（≧1 μm/min）を満足することは出来ない。本項目で記載する高温高濃度オゾン水洗浄は70℃，150 mg/L による洗浄である。ただし，高濃度イオン注入（ドーズ量：$1×10^{15}$ ions/cm² 以上）された際のマスクとして使用されたレジストは変質して硬化層が100～300 nm 程度出来る。この硬化層は高温高濃度オゾン水洗浄では除去出来ないため，Bias Plasma で硬化層のみを除去した後に高温高濃度オゾン水洗浄を行う必要がある。この場合，Plasma に晒されるシリコン表面

第4章　半導体製造プロセスを支える洗浄装置

は限られるため Plasma Damage はほとんどない。オゾン水を生成するために必要なのは超純水・酸素・窒素・二酸化炭素と無公害であるため環境にも優しく，ランニングコスト面は従来フロントエンドで使用されている硫酸と過酸化水素水の混合物である SPM（Sulfuric Acid / Hydrogen Peroxide Mixture）に比べてとても安価なものである。洗浄後はダメージを与えず，とても綺麗に仕上がり，異物が残らないのが特徴である。

### 4.8　高温高濃度オゾン水生成装置構成

　装置は高濃度のオゾン水を生成する Main Unit と 70℃までオゾン水を温める Heating Unit で構成され図3に外観を示す。この装置では 70℃において 150 mg/L のオゾン水を生成する。70℃におけるオゾンガスの飽和溶解濃度は 75 mg/L なので 200％の過飽和状態にある。飽和溶解濃度は Henry の法則から求めた。Henry の法則は揮発性の溶質を含む稀薄溶液が気相と平衡状態にあるとき，気相内の溶質の分圧（p）は溶液中の濃度（モル分率，x）に比例するというものである。従って p＝Hx（H：Henry 定数）が成立する。この式を変形して x を求め，その上で x の値を mg/L 単位に変換して飽和溶解濃度を算出した。Henry 定数は Roth&Sullivan 式で求めた近似値を採用した。強い酸化力のあるオゾン水はあらゆる部品を酸化させ劣化させるため，Ti に特殊な膜を施した金物，PFA 等のフッ素系樹脂を使用し，洗浄機まで運ぶ必要がある。

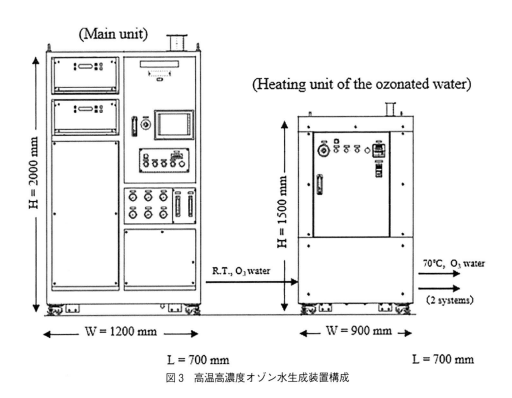

図3　高温高濃度オゾン水生成装置構成

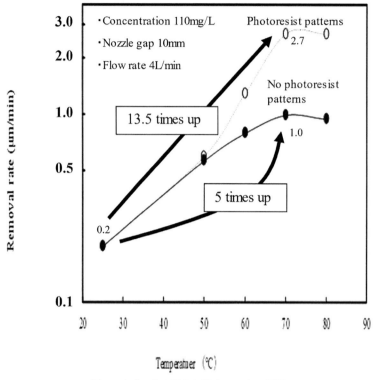

図4 オゾン水の温度と除去レートの関係

### 4.9 オゾン水によるレジストの除去効果

図4に室温，110 mg/Lに対して温度上昇に伴うレジストの除去レート変化を調べた結果を示す。このデータからオゾン水温度が上昇するほどレジストの除去レートが高くなる傾向を示し，レジストのパターン有/無にも大きく依存しているのがわかる。レジストのパターンがある場合，高温化の効果は70℃で13.5倍もあり，パターンが無い場合は5倍である。また，図5にオゾン水の濃度とレジストの除去レート変化を調べた結果を示す。このデータからオゾン水濃度が上昇するほどレジストの除去レートが高くなる傾向であることがわかる。従ってオゾン水によるレジストの除去には温度と濃度が大きく影響している。

### 4.10 高温高濃度オゾン水洗浄用途

フロントエンド工程のラインに使用されている。高温高濃度オゾン水洗浄装置も薬液を使用しないためランニングコストがSPMに比べて1/6程度に抑えられ，環境にも優しい。

### 4.11 まとめ

・薬液（硫酸，有機溶剤等）が必要ない

第4章　半導体製造プロセスを支える洗浄装置

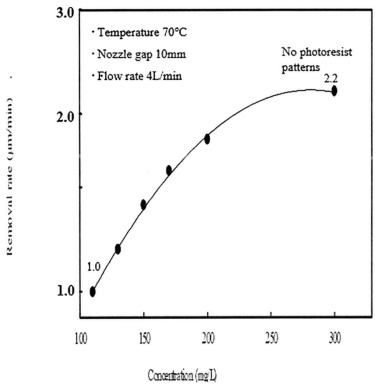

図5　オゾン水の濃度とレジスト除去レートの関係

・洗浄コストが圧倒的に低い
・Plasma Damage がないため歩留まりの向上が期待できる

文　　　献

・Y. Sakurai, K. Kobayashi, T. Fujikawa, T. Sanada, M. Watanabe, *Japanese J. Multiphase Flow*, **26** (2) (2012)
・南朴木孝至, 第2回半導体材料・デバイスフォーラム予稿集, アークホテル熊本, 22-25 (2010)
・南朴木孝至, レジストプロセスの最適化テクニック, 情報機構, 252-259 (2011)

## 5 ミニマルファブで用いる超小口径のハーフインチウェハ製造における洗浄技術

谷島　孝[*1]，原　史朗[*2]

### 5.1　はじめに

　半導体デバイスの製造工程で洗浄がデバイスの品質，歩留まりを決定づけるのと同様に，半導体ウェハ自体の製造工程においても，加工の最終段階における洗浄は，そのウェハの品質を決定づける[1]。このウェハ製造の洗浄工程は，微粒子除去工程とそれに続く，有機物除去，金属物除去工程で構成されている。具体的には，有機物を除去する硫酸過水洗浄と，微粒子と金属を除去するRCA洗浄[2,3]が行われるのが一般的である[4]。

　これらのウェハ製造工程での洗浄技術は，近年ではほぼ枯れたものになりつつあった。それは，10年に1度の大口径化[5]が，2000年にウェハ口径が200 mmから300 mmに拡大したのを最後に行われなくなったからである。この300 mmウェハによって，半導体の大量生産性はニーズに対して十二分なものとなった。25年間次の大口径化が行われないのはその証左である。実際，300 mmファブ1つの最低単位は，製造装置が300台で構成されるが，これは18億チップ/年にも達する生産能力を有する。1億個以上の需要のあるチップは，スマホとサーバー向けしかないのであるが，その巨大なファブが世界に300ファブもあるということで，どれだけの膨大な供給能力かをうかがい知ることができる。これらのメガファブでは，少量品は，非効率であるため，製造単価が極めて高くなり，結果として少量ニーズには応えられなくなっていた。

　これに対して，少量ニーズに適した超小口径ウェハ，具体的にはΦ12.5 mmのほぼハーフインチであるウェハを用いる超小型半導体製造システム，ミニマルファブが2010年に開発着手され，主要な製造装置種がこの10年で開発され，既に簡易な集積回路が開発されてきている[6]。ミニマルファブで用いるハーフインチウェハも開発，製造が求められ，既にハーフインチのシリコンウェハは市販されるに至っている。ところが，12.5 mmという超小型のウェハでは，ウェハエッジ部で表面張力が強く働くため，ウェハ洗浄においては，大口径ウェハと比較して，有利になる点と不利になる点がでてくる。本稿では，このハーフインチウェハの製造過程における，これまでの大口径ウェハには見られなかった超小型ウェハでの洗浄の描像，強い表面張力と薬液や超純水の省資源化などの点を明らかにしつつ，その具体的な洗浄方法と開発された超小型洗浄プロセスシステムについて解説する。

---

＊1　Takashi YAJIMA　（一社）ミニマルファブ推進機構　開発グループ
＊2　Shiro HARA　（国研）産業技術総合研究所　デバイス技術研究部門　首席研究員；
　　　　　　　　　（一社）ミニマルファブ推進機構

第4章 半導体製造プロセスを支える洗浄装置

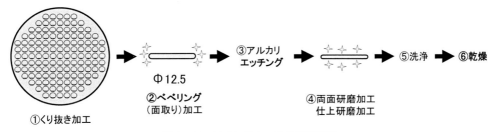

図1 ハーフインチウェハの加工工程

## 5.2 ウェハ加工工程

ミニマルファブで使用するウェハの加工工程について概要を述べる。ウェハの直径は12.5 mm, 厚さは250 μmである。直径15 mm程度の単結晶棒があれば, これを切り出してスライシングすればよいが, 現在まだミニマル向けのSi単結晶成長を実現していないため, 通常8インチウェハからくり抜いて, ハーフインチウェハが製造される。くり抜きはレーザー加工機で行われるが, くり抜きと同時に結晶面の方位を示す溝加工も, 同じレーザーで行われる。次は, 外周部のベベリング(面取り)加工である。ウェハが小さいため, エッジ部の表面張力による影響が大きく, 面取り形状を適正にコントロールすることが, デバイスプロセスにおいても, 後述するウェハ洗浄乾燥工程においても重要である。ベベリング加工後, アルカリエッチング, 両面研磨機および仕上げ研磨機で研磨され, その後, ウェハは洗浄され, 最後に乾燥して完成する(図1)。

## 5.3 洗浄工程

ハーフインチウェハの洗浄に当たっては, 図2で示される40枚単位でウェハを収納するウェハカートリッジを用いている。このウェハ入りカートリッジを, 図3に示すように, 各洗浄工程専用の石英洗浄槽に移しながら洗浄工程が進んで行く。はじめの処理は, 超純水を用いる超音波洗浄である。この工程では, 研磨時に残留したスラリーや大きなパーティクルが取り除かれる。ウェハカートリッジと超純水槽を入れ替えて超音波洗浄が2回行われることで, パーティクルの再付着を防いでいる。次の工程は, SC1洗浄である。SC1洗浄の典型的なプロセス条件は, $H_2O:NH_4OH:H_2O_2 = 5:1:1$のアンモニア過水で, この薬液の温度は75〜80℃である。SC1のあと, 超純水でウェハがリンスされ, 引き続いてSC2処理が行われる。SC2処理の典型的プロセス条件は, $H_2O:HCl:H_2O_2 = 6:1:1$の塩酸過水で, やはり薬液温度は75〜80℃である[2]。最後に, 超純水でリンスされた後, ウェハは, 洗浄工程で用いた石英槽と同じ石英乾燥槽内で乾燥

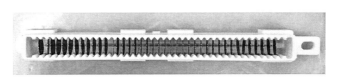

図2 ウェハカートリッジ

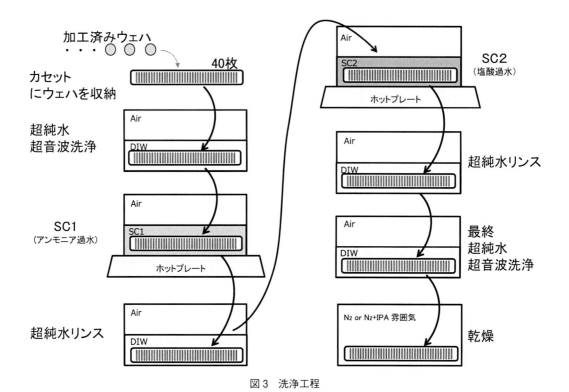

図3 洗浄工程

される。

　我々が使用している洗浄槽は約 0.8 liter の石英槽で，加熱はホットプレートを使用している。過去には，大口径ウェハ用の大型洗浄装置を使用して，ハーフインチウェハを搭載できる治具を使って洗浄を行っていた。しかし，ウェハが超小型で小ロット生産のため，装置は小型で薬液の使用量も少なくするべきであるため，我々は小型洗浄システムを開発した。

　まず，この開発したウェハ洗浄システムの薬液使用効率とスループットについて以下のように2つの従来方式と比較する。具体的には，①小型洗浄装置で40枚のハーフインチウェハを洗浄する場合（我々の現行方式），②大型装置で240枚のハーフインチウェハを洗浄する場合（過去に行っていた我々の方式），③大型装置で200 mmのウェハを50枚洗浄する場合である。表1に比較表を示す。単位面積当たりの薬液使用量は，小型洗浄装置でハーフインチウェハ40枚を洗浄した場合，大型装置で200 mmウェハ50枚を洗浄した場合の，4倍であるが，過去に行っていた大型装置で240枚のハーフインチウェハを洗浄していた場合の1/10以下（2.6 m$l$/cm$^2$）である。つぎに，洗浄時間が同じと仮定して，スループットを1時間当たりに洗浄できるウェハ面積として比較した。スループットは現在の小型洗浄装置が最も小さい。ただし，装置価格に20倍以上の差があるため，スループットを装置価格で割ると，大型洗浄装置でΦ200ウェハを洗浄する場合に比べると劣るが，大型装置を使用してハーフインチウェハを洗浄する場合に対しては

## 第4章　半導体製造プロセスを支える洗浄装置

表1　洗浄機の比較

| 洗浄機 | ウェハ径 (mm) | 処理ウェハ数 | 処理時間 | 装置価格 | 薬液使用量 (ml/cm$^2$) | スループット (cm$^2$/h) |
|---|---|---|---|---|---|---|
| ①小型洗浄装置（現行方式） | 12.5 | 40 | SC1：10 min（75℃）<br>SC2：10 min（75℃） | 約90万円 | 2.6 | 147 |
| ②大型洗浄装置（前方式） | 12.5 | 240 | 同上 | 3〜4千万円 | 33.9 | 882 |
| ③大型洗浄装置（φ200ウェハ） | 200 | 50 | 同上 | 3〜4千万円 | 0.64 | 47100 |

＊RCA標準レシピ　リンス時間は除外

5〜7倍のコストメリットがある。つまり，超小型ウェハの洗浄装置は，薬液使用量においても，経済性においても，ウェハサイズに見合った洗浄機を使用するべきであることが分かる。

　ところで，超小型のハーフインチウェハは，表面張力の影響が大きいため，ウェハの洗浄においては，ウェハカートリッジのウェハを保持するウェハピンやウェハホルダなどの形状を，表面張力による薬液残留がないような形状にする必要がある。薬液が残留する傾向があると，その部分のリンス効率が悪くなると同時に，乾燥もしづらくなるため，結果としてウォーターマークが発生してしまう。我々のウェハカートリッジにおいては，ウェハを保持する溝があるため，この溝で薬液残留がないようにしなければならない。一例として，ウェハと溝の間の空間が狭いU溝形状のウェハカートリッジで洗浄乾燥を行った場合，溝端に沿ったウォーターマークが残った場合のパーティクル測定結果を図4に示す。このため，ウェハを保持する溝は，ウェハが脱落しない範囲内でウェハとの隙間を大きくとった溝形状が望ましい。現在のウェハカートリッジの溝形状はV溝形状である。溝形状については，薬液洗浄工程以上に乾燥工程においてさらに重要である。これについては，事項で詳しく述べる。

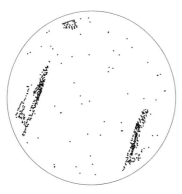

測定器：ミニマル表面異物測定装置

図4　ウェハカートリッジの溝に沿ったウォーターマーク

## 5.4 乾燥工程

乾燥工程では,ウォーターマーク(乾燥痕)を生じさせないことが重要である。ウォーターマークは,固相(ウェハ)と液相(溶液)と気相(空気)との三相界面で,シリコンが溶解し,それが乾燥して$SiO_x$ ($x \simeq 2$) の形で存在すると言われている[7]。超純水でリンスされた後のウェハの乾燥方法としては,ブロー乾燥,スピン乾燥,IPA 蒸気乾燥,IPA マランゴニ乾燥などがこれまで行われてきたものである。ハーフインチウェハの製造では,IPA を液体のまま使用する IPA 浸漬乾燥を行っている。ハーフインチウェハは,ウェハが超小型であるために,リンス後のウェハを IPA に直接浸漬させ,超純水を IPA に置換し乾燥する方法であっても,IPA 使用量は比較的少量で済み,装置も簡略化できる。乾燥工程も洗浄工程と同じ形状の石英洗浄槽と同じウェハカートリッジを用いる。現在この IPA 浸漬乾燥を主に行っているが,IPA 使用量がより少ない IPA マランゴニ乾燥についての検討も行っている。次の項では,IPA 浸漬乾燥と IPA マランゴニ乾燥について述べる。

### 5.4.1 IPA 浸漬乾燥

図5に IPA 浸漬乾燥装置を示す。ウェハカートリッジに入っている 40 枚のウェハは,洗浄後の超純水によるリンスが終わったのち,洗浄槽と同じ形状の石英乾燥槽中の IPA の中に浸漬させ,乾燥槽内を乾燥窒素雰囲気にする。次に IPA 液を槽外へ少しずつ排出して IPA 液面を下げていき,ウェハを乾燥させる。液面が下がりきった状態で窒素を 30 分程度流し続け,ウェハを完全に乾燥させる。乾燥は常温で行う。この方法は,大口径ウェハではウェハ全体を IPA に浸漬させることになるため,IPA 使用量が多くなり現実的ではないが,ハーフインチウェハは直径が 12.5 mm と超小型であるため,IPA 使用量は比較的少量で済み 1 回の乾燥で 0.2 *l* 程度である。

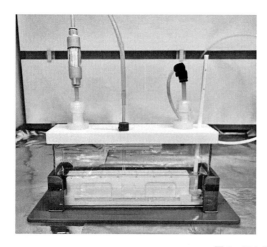 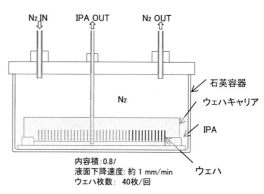

図5 IPA 浸漬乾燥装置

第4章　半導体製造プロセスを支える洗浄装置

## 5.4.2　IPAマランゴニ乾燥

前述したように，ハーフインチウェハにおいては，IPA浸漬乾燥はIPA使用量が比較的少なく済むが，環境負荷，安全性の面からより少ない乾燥方法が望ましい。そこで，IPAを蒸気で使用するマランゴニ乾燥についての検討も行っている。IPAマランゴニ乾燥は，超純水液面に薄いIPA層を作り，ウェハをIPAと窒素の混合ガス中に露出していき，乾燥させる方法である[8]。図6にマランゴニ乾燥装置を示す。ウェハの乾燥槽はIPA浸漬乾燥で使用した石英槽と同じものであるが，ウェハを浸漬する液体はIPAではなく超純水である。乾燥は次の手順で行う。まず，ウェハを超純水中に浸漬させ，窒素でIPAをバブリングしたIPA蒸気を5 $l$/minで乾燥槽内に導入し，超純水を抜いてゆきウェハを露出させる。その後もIPA蒸気を継続して流し，ウェハが乾燥したら，IPA蒸気供給を停止し，窒素だけを流しIPAを乾燥槽から排除する。このマランゴニ乾燥は，IPA浸漬乾燥で使用したV溝形状のウェハカートリッジを用いて行うと，V溝の中でウェハが傾き隣同士のウェハ間の隙間が狭くなり，乾燥工程後に超純水が残留してしまう場合がある。常温で水の表面張力はIPAの3.6倍で，またIPAよりも蒸発しにくいため，IPAでは問題として見えない隣り合うウェハ間の液残りが水では問題になるためである。

## 5.4.3　ウェハカートリッジの改良

液残りによるウォーターマークを出さない条件は，(a) ウェハを保持する溝とウェハ間の空間が大きいこと，(b) ウェハが傾いてもウェハ間の隙間が大きい，もしくは傾きが小さいこと，である。その許容範囲は，前述したように対象とする液体，およびウェハの濡れ性による。開発初期のウェハ保持の溝形状は，図7-1（改良前U溝）に示すようなU溝形状であり，乾燥時に液残りが生じる場合があった。そこで，(a) を実現するために，図7-2～4ではウェハが入る溝形状はウェハが脱落しない範囲で隙間が大きくとれるV溝形状にし，ウェハを保持する溝とウェハ間の空間を大きくしている。(b) については，V溝形状であってもウェハが着座する両サイドの溝底面が平面であると，ウェハが傾いても傾きを垂直に戻す力は働かない（図7-2 改

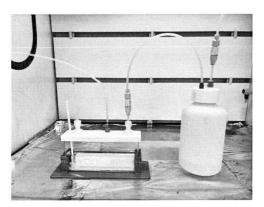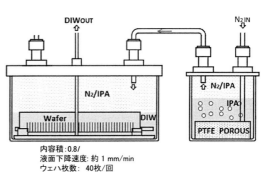

図6　IPAマランゴニ乾燥装置

# 半導体製造における洗浄技術

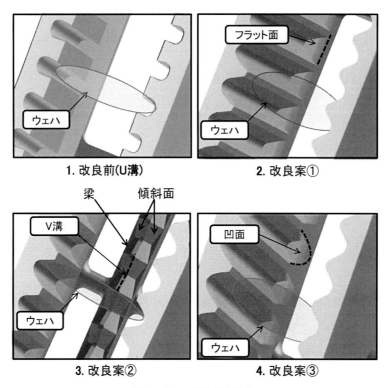

図7 ウェハ保持溝の改良

良案①)。これに対し、改良案②(図7-3)ではウェハ面と直交する方向に梁を入れ、側面のV溝の中心にウェハが位置決めされるように、梁のウェハ着座面をV形状にしてある。また、液面がこの梁を通過するときに超純水がウェハ方向に流れていかないように、傾斜をつけている。改良案③(図7-4)はウェハが着座する両サイドのV溝の底面をU字形状にして、ウェハが中央に位置決めされるようにしたものである。改良案②のカートリッジにウェハを入れた場合、ウェハはほぼ均等な間隔を保つことが出来るが、改良案③のカートリッジにウェハを入れ超純水に浸漬させると、超純水の流れによる力でウェハが傾き、ウェハ間の隙間が小さくなってしまう場合がある。そこで、乾燥槽全体を7°程度傾け、ウェハを同じ方向に向けて平行に整列させている。改良案②及び改良案③を使用してマランゴニ乾燥を行った結果と改良前のウェハカートリッジで液残りが出た結果を図8に示す。改良後のカートリッジでは、液残りによるウォーターマークがない乾燥が出来ている。これは、超純水を使用するマランゴニ乾燥だけでなく、表面張力が小さいIPA浸漬乾燥に於いても効果があると考えられる。

## 5.4.4 乾燥方式の比較

IPA使用量と電力についての比較を行った結果を表2に示す。ウェハ1枚当たりのIPA使用量は、小型乾燥装置でIPAマランゴニ乾燥を行う場合、IPA浸漬乾燥に対しおおよそ1/6, 以

第4章 半導体製造プロセスを支える洗浄装置

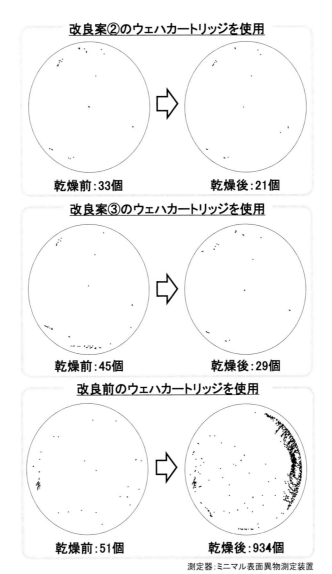

図8 マランゴニ乾燥前後のパーティクル変化（0.152 μm以上のパーティクル）

表2 IPA使用量・電力の比較

| 装置<br>（乾燥方法） | ウェハ枚数/バッジ | IPA使用量（ml/枚） | 電力（kW） |
|---|---|---|---|
| ①小型乾燥装置<br>（IPA浸漬乾燥） | 40 | 6.3 | 0（直接投入分） |
| ②小型乾燥装置<br>（IPAマランゴニ乾燥） | 40 | 1.1 | 0（直接投入分） |
| ③大型乾燥装置<br>（IPA蒸気乾燥）前方式 | 120 | 2.1 | 4.4 |

半導体製造における洗浄技術

前行っていた大型乾燥装置でIPA蒸気乾燥を行う場合に対し1/2となっている。電力については，圧縮エアや窒素などユーティリティーとして使用する電力を除くと，小型乾燥装置ではゼロであるのに対し，大型乾燥装置では4.4kWの電力容量が必要である。以上のことから，小型乾燥装置でマランゴニ乾燥を行う場合が，IPA使用量および電力使用量が最も少なく，省エネルギー，低コストおよび安全面で優れていることが分かる。

### 5.5 電気特性によるウェハ清浄度の評価

ウェハ洗浄乾燥後の清浄度に関しては，微粒子についてはパーティクル測定器による測定を行えばよいが，原子レベルでの金属汚染が無いかを確認する必要がある。これは，ウェハ上にトランジスタ素子を製作しその特性をみること，およびMOSキャパシタのCV特性と界面準位を測定することで評価が可能である。ミニマルファブシステムでは，トランジスタ製作は2日間程度の時間を要するだけで行えるため，ウェハ生産とリンクしたウェハ清浄度の評価が可能となっている。図9にハーフインチウェハに9個のトランジスタとMOSキャパシタを製作した時のCV特性とトランジスタ特性を示す。トランジスタ特性の代表値として中央位置Eのドレイン電圧-ドレイン電流特性を示す。電流が電圧に比例する特性が0Vから4V付近まで得られており，10V付近では飽和傾向を持ち，これらの特性はトランジスタが非常に理想的な特性を持っていることを表している。次に，面内均一性をCV特性で見てみる。面内9箇所のA～Iでの位置で，どこもほぼ同一で良好な特性であることが分かる。CV特性から求めた界面準位の平均値は1.98×10$^{10}$cm$^{-2}$eV$^{-1}$と十分小さな値となっている。これらのことから，加工後洗浄乾燥されたウェハは，原子レベルの金属汚染が無く十分清浄な状態であったと考えられる。

### 5.6 まとめ

超小型半導体生産システムである，ミニマルファブで用いられる直径12.5mmのSiウェハの加工洗浄乾燥技術について概要を述べた。小ロット生産に対応した洗浄方法により，従来使用していた大型洗浄装置に対し，RCA洗浄での使用薬液量を大きく削減した。小型のハーフインチウェハでは，その洗浄乾燥工程においては表面張力による液体の挙動を十分考慮する必要がある。このため，ウェハ保持の溝形状，ウェハの姿勢変化を考慮した洗浄乾燥治具を開発し，薬液やリンス液の循環が良い洗浄と，液残りによるウォーターマークの発生が無い乾燥を実現した。これらの洗浄乾燥方式により完成されたウェハは，高い清浄度を持ち，良好な特性を持つトランジスタを製造することが可能であることが分かった。ミニマルファブシステムと同様，ハーフインチウェハの生産システムにおいても，小型で省エネルギー，省資源の洗浄と乾燥システムを構築している。

第4章 半導体製造プロセスを支える洗浄装置

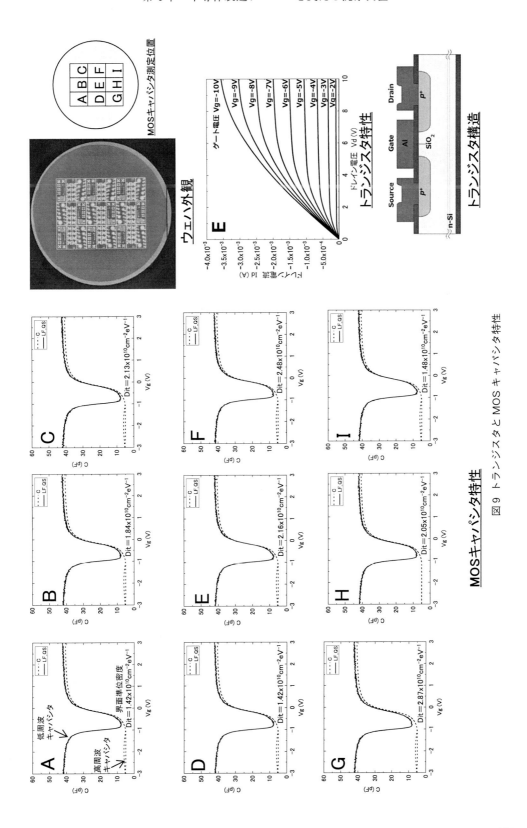

図9 トランジスタとMOSキャパシタ特性

半導体製造における洗浄技術

# 文　　献

1) Michael Quirk, Juloan Serda, "Semiconductor Manufacturing Technology", p. 80, Prentice Hall (2001)

2) Kern, W., and Puotinen, D. A., *RCA Review*, **31**, 187 (1970)

3) Kern, W., *J. Electrochem. Soc.*, **137**, 6 (1990)

4) R. Lc Lane, Handbook of Semiconductor Silicon Technology, eds. By W. C. O' Mara *et al.* (Noyes Pablications, Park Ridge, NJ) p. 236 (1990)

5) 東京エレクトロン HP, https://www.tel.co.jp/museum/magazine/material/150430_report04_03/?section=1

6) S. Khumpuang and S. Hara, *IEEE Trans. Semi. Manuf.*, **28**(3), 393 (2015)

7) 伴, 佐藤, 表面技術, **49**(3), 253 (1998)

8) Leenaars, A. F. M., *et al.*, *Langmuir*, **6**, 1701 (1990)

# 第5章　半導体洗浄の評価・観察・解析

## 1　半導体洗浄における洗浄機内の流れとメカニズム

羽深　等[*]

### 1.1　流れの役割

　一般に，洗浄においては水や薬液などを用い，表面に存在している汚れなどを除去する。その際には，汚れに対して水や薬液を物理的に届け，化学反応などを生じさせて表面から離し，脱離したものを表面から運び出す操作が行われる。これらの操作と効果[1]は，物理，化学，温度，濃度の4つに整理できる。半導体洗浄における物理的作用としては，汚れが存在している場所に流体や薬液を運ぶことや，ブラシや超音波などで力を加えることが挙げられる。化学的作用としては，薬液が汚れなどに対して化学的に反応し，溶解，脱離，などの変化を与えることである。時間の長短，温度の高低により物理的作用と化学的作用を調整している。洗浄において薬液の作用は大切であるから注目されるが，薬液が汚れに届かなければ化学的作用は成り立たない。したがって，物理的作用は，洗浄における基盤としての位置付けにあることと理解すべきである。そこで，本稿では，半導体洗浄における物理的作用を通して洗浄のメカニズムを考察する。

### 1.2　洗浄における流体の動き

　湿式洗浄を例とし，ウエハ表面近傍における水の動きについて図1を用いて述べる。流れる水により運ばれてくる薬液などの反応物がウエハの表面に届き，汚れに反応して生成物に変えたり，汚れを剥離するなどの作用をし，その後に生成物や汚れを流れに従って運び去ることにより洗浄が進行する。

　一般に流体は，接している表面，例えばウエハ表面と同じ相対速度になろうとする。これに対して，ウエハから離れた場所の水は装置内の速度で流れるので，その間には流速が連続的に変化する層（境界層）[2]が形成される。境界層の中は流れが遅いので，反応物をウエハ表面に運ぶ際や生成物を表面から運び出す際には，主に拡散現象に頼らざるを得ない。換言すれば，境界層は，薬液などがウエハ表面に届き難いように護っているとも例えることができる。薬液を効率良く使うためには，境界層を薄くする，あるいは，壊すことが要点になる。境界層を薄くする方法には，流れを速くすること，超音波を加えること，ブラシで擦ること，などが挙げられる。

　その他に意識しておくべき流体の動きには，乱流と層流がある。流れる勢いを増すと，流体の

---

　**＊**　Hitoshi HABUKA　反応装置工学ラボラトリ　代表

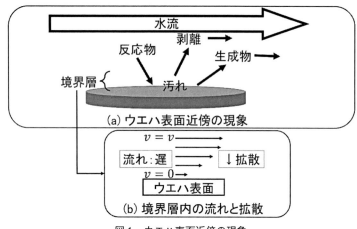

図1 ウエハ表面近傍の現象

運動が規則的な状態（層流）から不規則な状態（乱流）に切り替わることが知られている。層流は粘性が慣性より大きく働く状態であり，乱流は粘性より慣性が著しく大きい状態である。層流と乱流の状態は，(1)式で表される数値，即ち，レイノルズ数（無次元）[2]により判断される。

$$R_e = \frac{dv\rho}{\mu} \quad (-) \tag{1}$$

ここで，$d$，$v$，$\rho$および$\mu$は，それぞれ，流路の代表的長さ（m），流体の代表的速度（v/s），流体の密度（kg/m$^3$），および，流体の粘度（Pa s）である。層流と乱流の切り替わりを判断する基準となる値を臨界レイノルズ数と呼び，概ね2000程度である。流れのレイノルズ数が2000前後より小さければ層流，大きければ乱流であると判断できる。洗浄槽においては概ね乱流になっていると捉えて良い。乱流であることの利点には，境界層が層流時よりも薄くなること，流れがミクロに入れ替わるので薬液の混合が促進されること，などが挙げられる。

### 1.3 流れの観察と計算の事例
#### 1.3.1 バッチ式洗浄機

洗浄槽内に予想外の流れが形成されている場合には，課題の解決法を見出せずに苦労する結果になる恐れがある。そこで，物理的作用の基本になる現象として，洗浄槽内の流れを把握することは大切である。そのためには，数値計算を用いたり，トレーサーを用いて可視化観察をするなどの方法がある。

図2は，青インクをトレーサーに用いてバッチ式洗浄槽における水噴出ノズルを比較した例[3]である。図2(a)は左側が閉じた円管であり，その側壁に細孔を並べた構造である。図2(b)は円筒の内部に管を挿入した構造である。これらのノズルから放出される水の角度を観察した結果が図2の右側である。単純な円管の場合には，図2(a)に示すように水の噴出角度が水の流れ方向に9〜10度傾いていることが分かる。これに対して，図2(b)では90度の角度で噴出していること

第5章 半導体洗浄の評価・観察・解析

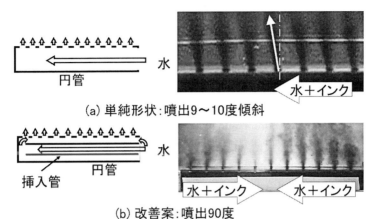

図2 水噴出ノズルの構造と水噴出角度

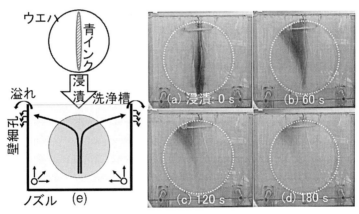

図3 バッチ式洗浄槽におけるウエハ表面の汚れの動き

が分かる。これは，図2(b)左側において矢印により示しているように，ノズルの入り口で分岐させた水流の片方がノズルの奥まで行ってから戻って来るようにしたため，もう一方の流れと噴出孔付近で向き合うことになり，噴出角度が自己補正された結果である。このように，単純な工夫により流れを変えられる場合がある。

図3は，バッチ式洗浄槽の中の水流を観察した結果[4]である。図3(e)に示すように，洗浄槽の底にあるノズルから水を噴出させ，槽の上端から溢れ（オーバーフロー）させているが，その他に槽の左右の壁に細孔を設けて水排出を促進させた構造である。ウエハを上に取り出し，その表面の中央から僅かに左側に青インクを縦長に塗布し，洗浄槽に浸漬した後の青インクの動きを観察した。浸漬直後は図3(a)に示すように，トレーサーは縦に長い分布をしているが，浸漬した直後から穏やかに青インクが動き出し，図3(b)のように，60秒後には左上の方向に広がりつつ青インク全体が上に動いている様子が分かる。120秒後には殆どがウエハ表面から取り除かれる様子が図3(c)に示され，180秒後には僅かしか残っていないことが図3(d)のように確認できる。こ

*211*

の結果から，図3(e)に示すように，ウエハの中央から洗浄槽の上部の端と排出孔に向かう一方向の流れが形成されていると考えられる。これは，バッチ式洗浄槽の問題の一つであるウエハ相互汚染（クロスコンタミネーション），即ち，あるウエハから離れた汚れが他のウエハに付着して汚染する現象を軽減する効果が期待できる。

### 1.3.2 枚葉式洗浄機

　流れの観察は，枚葉式洗浄機においても可能である。ここでは，バッチ式洗浄機と同様に青インクをトレーサーに用い，ノズルから噴出する水にトレーサーを加えながら流れを観察した例[5]を紹介する。

　トレーサーの動きを観察し易くするため，白色の直径200 mmΦのテフロン円板をウエハとして用いた。100 rpm，500 rpmおよび1400 rpmにおいて自転しているウエハの中心に水を毎分1L供給した。そこにトレーサーとして青インクを加え，落下してから0.1秒後と0.3秒後をとらえた画像が図4である。ウエハの中心から外周側に向かってトレーサーが広がっていることが分かる。0.1秒後においてはトレーサーが広がる距離は100 rpmから1400 rpmまで大きく変わっていないが，0.3秒後については，回転数が増えると共にトレーサーが速く広がっている様子が窺える。

　トレーサー落下の後にトレーサーがウエハ端に到達するまでに要する時間は，100 rpmでは約0.5秒，500 rpmでは約0.3秒，1400 rpmでは約0.25秒となり，回転数が上がると共に外周に広がる速度が上がることが分かった。そこで，様々な回転数における半径方向速度を求め，その値を用いて水膜厚さを算出した。水膜の厚さは，回転数が50 rpm程度に小さい時には0.2 mmを超える値であるが，1000 rpm以上では0.1 mm以下に減少している。枚葉式洗浄機では，0.1 mm前後の水膜の下でウエハが洗浄されていることが分かる。

　枚葉式洗浄機では，ウエハ中心を挟んで水噴出ノズルをスイング[6]させることがある。そこで，

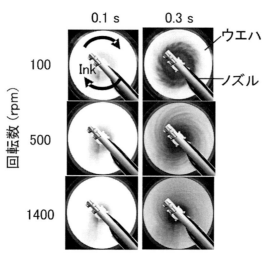

図4　枚葉式洗浄機におけるウエハ表面の水の広がり

## 第5章 半導体洗浄の評価・観察・解析

ノズルの位置を中心から10〜40 mm離してみた結果を図5に示す。基板回転数は150 rpmと600 rpmである。回転数が150 rpmの時，ノズルがウエハ中心から40 mm離れている時を観察すると，中心部は白色，外周部は青色になっていることが分かる。白色部はトレーサーが届いていないことを示唆しているので，ノズルから落下した薬液は中心部には届かないことが分かる。

回転数が150 rpmの時，ノズルから落下したトレーサーはノズルの僅かに内側にも広がると共に，トレーサーが描く円が歪んでいることが分かる。ノズルが中心に近寄ると共にトレーサーは中心に届き易くなり，30 mmより内側においてはウエハ中心に白色部は観察されない。次に，回転数が600 rpmにおいては，ノズルの位置よりも外側にだけトレーサーが広がること，トレーサーが描く円が真円になっていることがわかり，ノズルが中心から20 mmの位置においても中心に白色部が生じている。このように，ノズルをスイングさせた時には，ノズルが中心にあれば全面を洗浄し，ノズルを外周部に移動させると外周のみを洗浄する結果になっていることが分かる。ノズルから落下した直後の薬液は高濃度の状態であるため，スイングさせることにより外周部まできれいに仕上げる効果が生まれているものと理解される。

次に，枚葉式洗浄機におけるウエハ上の水の動きを計算すると共に，ウエハ表面の化学反応について解析[7]を試みた。シリコン酸化膜をフッ化水素水溶液によりエッチングする速度を実測し，表面化学反応をモデル化することによりエッチング速度を表すことを試みた。表面反応モデルを(2)式に示す。

$$SiO_2 + 6HF \rightarrow H_2SiF_6 + 2H_2 \qquad (2)$$

フッ化水素分子がシリコン酸化膜表面に化学吸着し，表面反応により生成した$H_2SiF_6$が表面から脱離することにより酸化膜のエッチングが進行することを仮定した。ラングミュア型の反応過程を仮定して総括反応速度式を導出し，エッチング速度実験値をフィッティングすることにより反応速度定数を決定した。その値を改めて数値計算に用いてエッチング速度分布を計算した結果が図6である。図6の黒丸は実験値，実線は計算値である。エッチング速度はウエハ中心から

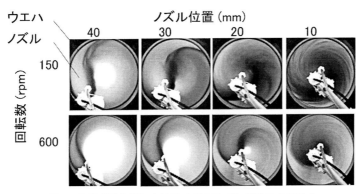

図5 枚葉式洗浄機におけるノズルスイング時の水の動き

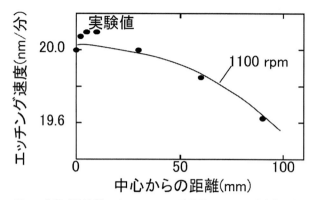

図6 枚葉式洗浄機によるシリコン酸化膜エッチング速度分布
(●：実験値，実線：計算値)

外周に向かって僅かに減少することを実験値は示しているが，計算においても実験値にほぼ一致する傾向と値を示していることが分かる。これにより，シリコン酸化膜表面におけるフッ化水素の化学反応が，ラングミュア型であることが推定された。

数値計算により得られた結果には可視化観察では決して得られない情報が含まれ，役割と機構を理解するために極めて有用であると共に，新たな装置とプロセスを考える手段にもなる。機会があれば，数値計算を試みることを推奨したい。

### 1.4 まとめ

洗浄において流れが果たす役割が大きいことを示し，流れの把握方法，流れの観察と計算の結果を紹介した。実際の流れを知ることに留まらず，可視化観察と数値計算を活用して理想的な流れを作って行くことが可能である。また，数値計算を用いれば，実際の流れの下で進行する化学反応を細かく解析することも可能である。洗浄装置やプロセス条件の開発においては，洗浄できるメカニズムの基本として物理的作用を把握し，活用することを推奨したい。

### 文　　献

1) 佐藤淳一，最新半導体プロセスの基本と仕組み，秀和システム（2021）
2) 相良紘，化学工学計算の基礎，日刊工業新聞社（2009）
3) S. Okuyama, K. Miyazaki, N. Ono, H. Habuka, and A. Goto, *Adv. Chem. Eng. Sci.*, **6**, 345-354 (2016)
4) T. Tsuchida, T. Takahashi, H. Habuka, and A. Goto, *ECS J. Solid State Sci. Technol.*, **11**,

第 5 章　半導体洗浄の評価・観察・解析

074001（7 pages）（2022）

5) H. Habuka, S. Ohashi, T. Tsuchimochi, and T. Kinoshita, *J. Electrochem. Soc.*, **158**(5), H487-H490（2011）

6) H. Habuka, S. Ohashi, and T. Kinoshita, *Materi. Sci. Semicond. Process.*, **15**, 543-548（2012）

7) H. Habuka, K. Mizuno, S. Ohashi, and T. Kinoshita, *ECS J. Solid State Sci. Technol.*, **2**(6), 264-267（2013）

## 2 全反射蛍光 X 線分析による半導体ウェーハの汚染分析

中西基裕[*1]，太田雄規[*2]

### 2.1 はじめに

全反射蛍光 X 線（Total reflection X-Ray Fluorescence, TXRF）分析法は，平滑な試料表面に X 線を非常に低い角度で入射することにより，試料表面近傍の物質を高感度で分析する方法である。

X 線の全反射現象は 1923 年にコンプトンによって確認された[1]。その後，1971 年に米田らにより微量不純物分析の手法として提案され[2]，1980 年代半ばには日本のメーカにより分析装置として実用化された。

歴史的には，半導体ウェーハの金属汚染分析手法としては誘導結合プラズマ質量分析法（ICP-MS）が主に用いられていた。しかし ICP-MS では，ある試料に含まれていた元素が機器内の部品を汚染し，別試料の測定に影響を及ぼすメモリー効果という現象が発生することが知られている[3]。常時さまざまな濃度，元素で汚染されたサンプルを分析する半導体工場では，メモリー効果の影響を常に考慮した運用が必要となる。薬液による洗浄を行うことでメモリー効果を軽減可能であるが，元素の種類や濃度によって適切な薬液の種類や洗浄条件が異なり，またその都度ブランク試料を測定して装置の汚染評価が必要となる。一方で TXRF は，ICP-MS と比較して特に軽元素において感度が低いという欠点があるが，遷移金属については E 10 atoms/cm$^2$ レベルの分析が可能であること，非破壊分析であること，マッピング分析が可能であること，ダイナミックレンジが広い（比較的に高濃度の汚染サンプルも測定可能）ことなどが特長として挙げられる。

2024 年現在，TXRF は主に前工程を対象として全世界の半導体メーカに利用されており，様々な半導体製造プロセス及び洗浄技術の評価が行われている。

本節では，まず TXRF の基本原理と特長を解説し，VPD（Vapor Phase Decomposition）を前処理として用いる VPD-TXRF 法やマッピング分析の有効性について 2.5 で詳しく説明する。さらに，ウェーハ洗浄プロセス評価における測定例を紹介する。

### 2.2 測定原理

X 線と物質（試料）との相互作用により発生する蛍光 X 線を用いて，定性分析や定量分析を

---

\* 1　Motohiro NAKANISHI　㈱リガク　薄膜デバイス事業部　カスタマーサポート部
　　　　　　　　　　　　大阪薄膜アプリグループ

\* 2　Yuki OTA　㈱リガク　薄膜デバイス事業部　カスタマーサポート部
　　　　　　　　大阪薄膜アプリグループ

第 5 章　半導体洗浄の評価・観察・解析

行う手法が蛍光 X 線分析法（XRF）である。一般的な XRF では，高い角度で X 線を試料に照射し，試料内部の主成分や微量成分を分析する。一方，TXRF では低い角度で X 線を照射し，試料表面に付着した極微量の不純物を分析する。

シリコンウェーハやガラスのような光学的に平滑な試料表面に対して，入射 X 線の角度を徐々に低くしていくと，ある一定の入射角度以下において X 線は試料中にほとんど侵入せず，入射角度と同じ角度で進行方向に向かって全て反射される。この角度を X 線の全反射臨界角度 $\phi c$ と呼ぶ。入射角度 $\phi$ と全反射臨界角度 $\phi c$ の関係を図 1 に示す。

(a)は入射角度 $\phi$ が全反射臨界角度 $\phi c$ より高い場合であり，入射 X 線はウェーハ内部に侵入する。(b)は入射角度 $\phi$ が全反射臨界角度 $\phi c$ より低い場合である。全反射臨界角度以下の条件下では，入射 X 線は殆ど試料内部に侵入しないため，試料内部からの蛍光 X 線や散乱 X 線の発生量は極めて少ない。図 2 に一般的な XRF と TXRF との違いを示す。表面近傍の不純物からの蛍光 X 線に注目すると，XRF では，試料内部からの蛍光 X 線や散乱 X 線がバックグラウンド成

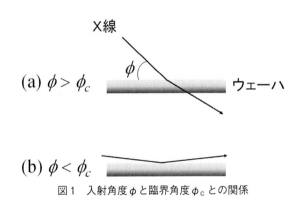

図 1　入射角度 $\phi$ と臨界角度 $\phi_c$ との関係

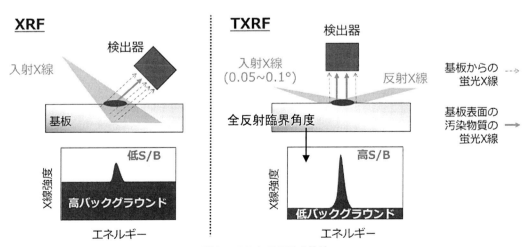

図 2　XRF と TXRF の比較

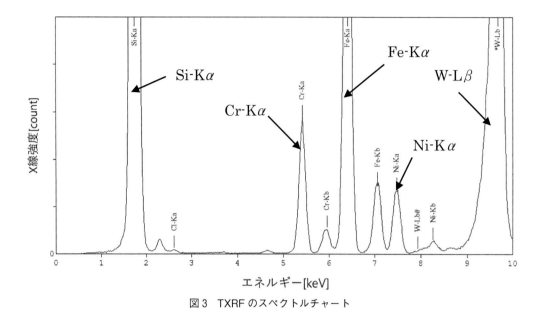

図3 TXRFのスペクトルチャート

分になり，S/Bが小さく不純物の高感度な分析は困難である。一方，TXRFでは試料内部からの蛍光X線や散乱X線の影響が少なく，S/Bが大きいため，不純物の高感度な分析が行える。さらに反射したX線でも汚染物質は励起されるため，より一層高感度となる。

X線の全反射臨界角度は入射X線のエネルギーと試料の密度により，式(1)で決まる。

$$\phi_c(deg) = 1164.7 \times \sqrt{\rho}/E \tag{1}$$

ここで，$\rho$は試料の密度（g/cm$^2$），Eは入射X線のエネルギー（eV）である。

全反射臨界角度は測定条件などを決定する時や，スペクトルを解釈するうえで重要なパラメータである。TXRFでは，全反射臨界角度の1/2程度の角度でX線が試料に照射され，その場合X線の侵入深さは数nm程度である。

TXRFの代表的なスペクトルチャートを図3に示す。横軸はエネルギー（keV），縦軸はX線強度（cps）である。1.74 keVに見られる大きなピークは，シリコンウェーハ由来のSi-K$\alpha$線であり，9.67 keVに見られる大きなピークは励起X線由来のW-L$\beta$線である。遷移金属の蛍光X線は，これらSi-K$\alpha$線とW-L$\beta$線の間に出現する。

## 2.3 定性分析と定量分析
### 2.3.1 定性分析

試料から放射される蛍光X線は元素固有のエネルギーをもつため，得られたスペクトルのピーク位置から元素の同定が可能である。蛍光X線のエネルギーと元素との関係は，データー

第5章　半導体洗浄の評価・観察・解析

ベースとして解析ソフトウェアに登録されており，自動的に検出されたスペクトルのエネルギー
とデーターベースの値とを比較し，それぞれに元素名がラベルされる。

### 2.3.2　定量分析

　定性分析により検出されたピークに対して，ピーク分離法を用いてピーク面積が計算される。
ピーク面積はトータルカウント値であるが，それを測定時間で割り cps（1秒間あたりにカウン
トされた X 線光量子の数）単位で X 線強度を表すのが一般的である。

　TXRF 分析法においては，不純物から発生する蛍光 X 線強度と不純物の量が比例するため，
一次関数を用いた検量線法を定量分析に用いる。表面濃度が既知の Ni 故意汚染ウェーハを標準
試料とし，その TXRF 測定を行うことで，Ni-K$\alpha$ 線強度と Ni 付着量との関係を求めることが
できる。この直線（検量線）は蛍光 X 線強度と不純物量との関係を表しており，未知試料の
Ni-K$\alpha$ 線強度が分かれば，そのサンプル上の Ni 付着量を知ることが出来る。Ni 以外の元素の
定量分析には，解析ソフトウェアに登録されている相対感度係数を用いる。相対感度係数とは，
同量の元素がウェーハ上に存在する場合の蛍光 X 線強度比を表し，それぞれの蛍光 X 線強度を
Ni-K$\alpha$ 線に対する各スペクトルの相対感度係数で除することで，Ni 以外の元素についても定量
分析が可能となる。

### 2.4　定量下限

　装置性能の目安として検出下限値（Lower Limit of Detection, LLD）が次の式(2)で定義される。

$$\text{LLD} = 3 \times \frac{\sqrt{I_{BG} \times T}}{T} \times k \tag{2}$$

$I_{BG}$：ブランクウェーハのバックグランド強度（cps），$T$：測定時間（秒），$k$：検量線定数

　表1に代表的な元素の検出下限値を示す。この検出下限値は測定時間が 1000 秒の場合である。
検出下限値がより小さければ，より低濃度の分析が可能であることを意味する。

表1　代表的な元素の検出下限値

| 元素 | 検出下限値 | 元素 | 検出下限値 |
|------|-----------|------|-----------|
| Na | 25 | Cu | 0.15 |
| Al | 25 | Zn | 0.2 |
| Ti | 0.5 | Zr | 1.5 |
| Cr | 0.2 | Mo | 1.5 |
| Fe | 0.1 | Hf | 0.3 |
| Co | 0.1 | Ta | 2.6 |
| Ni | 0.1 | Ce | 0.4 |

単位：E 10 atoms/cm$^2$

## 2.5 ウェーハ全面の汚染評価
### 2.5.1 ウェーハ全面マッピング

先ほど述べたように、従来は半導体洗浄技術評価として ICP-MS が主に利用されてきた。ICP-MS で得られる汚染分析結果は、TXRF と異なり基本的にはウェーハ全面の平均情報として出力される。しかし、実際の半導体プロセスを経たウェーハ上の汚染は局所的に存在している場合がほとんどである。例えばある一点に E 12 atoms/cm$^2$ レベルの高濃度汚染が存在していたとしても、300 mm ウェーハの面積で平均すると E 10 atoms/cm$^2$ レベルの汚染となる。半導体工場では E 10 atoms/cm$^2$ レベルの金属汚染管理基準が設定されている場合が少なくないため、その場合にこのような局所的な高濃度汚染は見逃されてしまう。つまり、適切な半導体プロセスの金属汚染管理ではウェーハ全面を対象としたマッピング分析が必須であるといえる。TXRF では、ウェーハ全面の数十〜百数十点を測定点とし、且つ1点当たりの測定時間を短く設定することで、表面全領域を対象とした汚染分布評価が可能である。また、TXRF によるマッピング分析では各点でのスペクトルを積算したデータを解析することで、ウェーハ全面の平均汚染分析をマッピング分析と同時に行うことも可能である。

図4に TXRF よるマッピング測定結果を示す。この測定データでは、K, Ca, Fe, Zn が同じ座標にて検出された。処理後のウェーハ引き上げ方向から、処理液中の汚染が引き上げ時にウェーハに残留したと考えられる。また、Fe, Ni, Cr の汚染マップから処理装置の保持部材、搬送系由来と予想される汚染も確認できる。このように、TXRF による詳細なマッピング分析が汚染源の推定に非常に有効であり、様々な半導体プロセスの評価に利用されている。

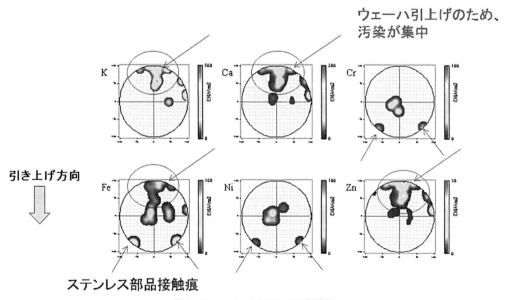

図4　Sweeping-TXRF の測定結果

第5章 半導体洗浄の評価・観察・解析

## 2.5.2 VPD-TXRF

近年，半導体産業における製造プロセス技術の発展に伴って，ウェーハ表面の金属不純物に関する品質管理基準が厳しくなってきている。そこでVPD（Vapor Phase Decomposition）[4]と呼ばれる前処理方法を組み合わせたVPD-TXRF法が広く用いられるようになってきた[5~7]。

元々VPD前処理方法は，原子吸光分析法やICP-MSに用いられていた方法である。これらの分析法では液体試料が必要であるが，半導体ウェーハ表面の不純物は固体で存在している。そのため，VPD前処理方法を用いることにより，不純物を溶液状態でウェーハ表面から回収することが必要である。図5にVPD処理の手順を示す。

最初に，シリコンウェーハはフッ化水素雰囲気に暴露される。フッ化水素により表面の酸化膜が分解され，ウェーハ表面が撥水性になる。その後，回収液と呼ばれるフッ化水素酸水溶液がウェーハ上に滴下される。回収液をノズルと呼ばれる部品によって保持したままウェーハを回転することで，回収液はウェーハ全表面に接触するよう走査される。この時，ウェーハ上の不純物の全量が回収液に溶解する。原子吸光分析法やICP-MSでは，この回収液を分析する。

TXRF分析では，回収液を同一ウェーハ上で乾燥させる。VPD処理前，不純物はウェーハ表面に広く分布している。VPD処理後，不純物は一箇所に集められて乾燥されるため，面積倍の濃縮効果がある。この濃縮効果により，X線強度が大きく増加し，検出下限値も約2桁向上する。表2に300 mmウェーハを用いたVPD-TXRF法の検出下限値を示す。

VPD-TXRF分析では，ウェーハ全面回収だけではなく，リング形状や扇型形状の部分回収も可能であり，ベベル部の回収機能を有するものもある。

**1. ウェーハ表面の自然酸化膜をHF蒸気で分解する**

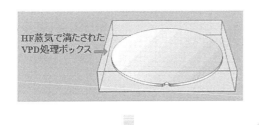

**3. ノズル先端で液滴を保持しながらウェーハ表面をスキャンし，不純物を回収する**

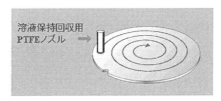

**2. 自然酸化膜分解後回収液をウェーハ表面に滴下する**

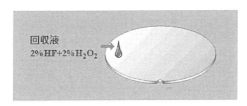

**4. スキャン完了後、ウェーハ中心の回収液を加熱乾燥する**

図5　VPD-TXRFの手順

表2 代表的な元素の検出下限値（VPD-TXRF）

| 元素 | 検出下限値 | 元素 | 検出下限値 |
|---|---|---|---|
| Na | 0.2 | Cu | 0.002 |
| Al | 0.1 | Zn | 0.002 |
| Ti | 0.003 | Zr | 0.008 |
| Cr | 0.001 | Mo | 0.009 |
| Fe | 0.001 | Hf | 0.002 |
| Co | 0.001 | Ta | 0.015 |
| Ni | 0.001 | Ce | 0.003 |

単位：E 10 atoms/cm$^2$

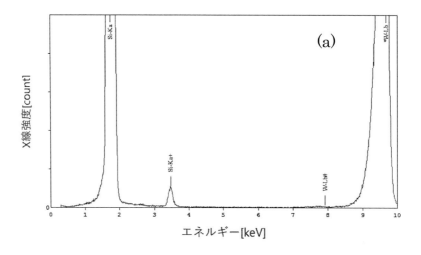

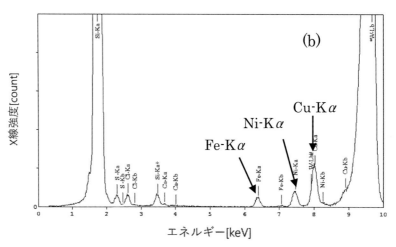

図6　VPD-TXRF の測定結果

第 5 章　半導体洗浄の評価・観察・解析

　図 6 は VPD-TXRF の結果であり，(a)が VPD を実施しなかった場合，(b)が VPD を実施した場合の TXRF スペクトルである。(a)の VPD 未実施の場合は，不純物は未検出であるが，(b)の VPD を実施した場合は，E8 atoms/cm$^2$ レベルの元素に帰属されるピークが明確に見える。

## 2.6　TXRF を使用した半導体洗浄技術評価
### 2.6.1　CMP 後洗浄技術の評価

　CMP プロセス後のウェーハ表面にはスラリー研磨剤由来の残存砥粒が多く存在しており，CMP 後洗浄を経てもウェーハ上に残留している場合がある。スラリー研磨剤として使用されているアルミナ，ジルコニア，セリア由来の Al，Zr，Ce や，溶媒中の不純物由来の金属汚染，研削された金属膜の残渣，保持部材由来の SUS 系金属などが TXRF により検出される。これらの汚染はエッジ周辺部に局所的に存在している場合も多く，TXRF を用いたマッピング評価が有効である。

### 2.6.2　RCA 洗浄技術の評価

　TXRF を用いて，半導体プロセスにおいて広く利用されている RCA 洗浄後ウェーハの評価も可能である。洗浄液由来の S や Cl などが多量に検出されるほか，除去しきれていない汚染元素が存在している場合もある。また，洗浄液に金属不純物が含まれていると洗浄後のウェーハに残留する。TXRF は比較的に測定可能な汚染濃度のレンジが広く，また非破壊であるという特徴を持つため，同一のウェーハを洗浄前後で測定し，それらのデータを比較することが可能である。RCA 洗浄処理評価では汚染の位置情報を得るだけでなく，高感度な分析が求められる。TXRF はマッピング測定とともに検出下限値が低い VPD-TXRF も併用することが可能なため，半導体洗浄技術の評価に適しているといえる。

## 2.7　おわりに

　本節では全反射蛍光 X 線分析による半導体ウェーハの汚染分析として，TXRF の基本原理と特長を解説し，ウェーハ洗浄工程における測定例を紹介した。

## 文　　　献

1)　A. H. Compton, *Phil. Mag.* Ser 6., **45**, 1121（1923）

2)　Y. Yoneda and T. Horiuchi, *Rev. Sci. Instrum.*, **42**, 1069（1971）

3)　村井幸男，環境と測定技術，**43**(10), 19-22（2016），https://ndlsearch.ndl.go.jp/books/R000000004-I027711084

4)　A. Shimazaki, H. Hiratsuka, Y. Matsushita, S. Yoshii, Extended Abstracts of the 16th（1984

International) Conference on Solid State Devices and Materials, p. 281 (1984)

5) 山上基行, 野々口雅弘, 山田隆, 庄司孝, 宇高忠, 森良弘, 野村惠章, 谷口一雄, 脇田久伸, 池田重良, 分析化学, **48**, 1005 (1999)

6) M. Yamagami, M. Nonoguchi, T. Yamada, T. Shoji, T. Utaka, S. Nomura, K. Taniguchi, H. Wakita, and S. Ikeda, *X-Ray Spectrom.*, **28**, 451 (1999)

7) M. Yamagami, A. Ikeshita, Y. Onizuka, S. Kojima, and T. Yamada, *Spectrochim. Acta B*, **58**, 2079 (2003)

# 3　ICP-MS を用いた半導体ウェーハ中の極微量金属不純物の分析方法

川端克彦*

　半導体デバイスの高集積化に伴い，製造工程における金属不純物の汚染管理は重要度が増している。デバイスの製造に用いられる元素の数が増えるとともに，必要とされている管理汚染濃度も年々低くなってきている。金属汚染源としては，用いるガスや薬液中に含まれているものから，それらを移送する配管・バルブ・フィルター等の設備および製造装置本体が考えられる。ほとんどの製造工程毎に洗浄工程が入り，洗浄工程が逆に汚染要因になることも考えられるため，洗浄に用いる薬液およびガス中の金属汚染管理が重要である。薬液およびガス中の金属不純物を直接分析することが理想であるが，装置および設備起因の汚染も含めた汚染管理として，ダミーウェーハを用いることが一般的に行われている。例えば，洗浄装置にダミーウェーハを用いて清浄工程を行い，ダミーウェーハ表面の金属汚染を分析する方法である。

　ダミーウェーハ表面の金属汚染分析としては，全反射蛍光 X 線分析装置（TXRF）が非破壊分析手法であるメリットから一般的に用いられてきた。しかしながら，検出限界がニーズに答えられなくなったことから気相分解法（VPD）を用いた前処理法が開発された[1]。ウェーハ表面の自然酸化膜等をフッ酸の蒸気で分解（エッチング）し，ウェーハ基板上に残渣となった金属汚染をノズルで保持した溶液で掃引（スキャン）して回収し，回収液をウェーハ上に吐出・乾燥して金属汚染を濃縮し，乾燥部分を TXRF で分析する方法である。300 mm のウェーハを VPD 法で処理することで約 700 倍検出限界を改善することができる。

　誘導結合プラズマ質量分析装置（ICP-MS）は，1980 年に最初の文献が発表されてから約 44年になる[2]。その間に感度向上・分子イオンおよび同重体干渉除去等の技術開発がなされ，リアクションセルおよび四重極等を直列に 3 個用いた最近の装置（ICP-MS/MS）では，周期律表のほとんどの金属元素を溶液濃度として 1 ppt（pg/mL）以下で定量分析が可能となり，半導体の製造工程における極微量の金属不純物分析装置として幅広く用いられている。前述の VPD 法で回収した溶液をそのまま ICP-MS で分析すると E6～E7 atoms/cm$^2$ の分析が可能となり，VPD法と ICP-MS を結合した全自動システムが半導体工場の製造ラインにオンライン装置として用いられている。

　ICP-MS を用いてダミーウェーハを分析する手法として，レーザーアブレーション（LA）-ICP-MS 法もある。固体試料にレーザーを照射して微粒子を放出させ，Ar あるいは He ガスをキャリヤーとして ICP-MS に直接導入して分析する手法であり，1985 年に技術が紹介されている[3]。ICP-MS の Ar プラズマに少量の空気が入るとプラズマが消灯してしまうため，固体試料を密閉系のセル内に設置し，レーザー照射により生成された微粒子を Ar あるいは He ガスでセ

---

　*　Katsu KAWABATA　㈱イアス　代表取締役

半導体製造における洗浄技術

ルから押し出して ICP-MS に導入して分析する方法が一般的に用いられてきた。しかしながら，300 mm のウェーハを入れることができる大きな密閉系セルを用いた場合，照射により放出された微粒子がセル内で拡散するために十分な感度が得られない。また，ウェーハ毎にセル内のガス置換に時間を要することから，小型密閉系セルが用いられてきた。したがって，セル内にセットできる固体試料の大きさに制限があり（最大約 3 cm），ウェーハを直接分析することは不可能であった。更に，市販されている固体標準試料（NIST のガラス標準等）を用いて検量線を作成し，それとの比較で定量分析が行われてきたが，レーザー照射により放出される微粒子量が固体標準試料と試料ウェーハで異なるため，精度良い定量結果を得るのが難しかった。これらの問題点を解決する方法として，ガス交換器（GED）と金属標準エアロゾル生成装置（MSAG）をLA-ICP-MS 法と組み合わせた装置が開発された[4]。この方法を用いると 300 mm ウェーハを直接精度良く分析することが可能となった。また，ウェーハベベル部の局所金属汚染も分析することが可能となった。

　以下に VPD-ICP-MS 法と LA-GED-MSAG-ICP-MS 法を用いたウェーハ表面の金属汚染分析について詳細に述べる。

### 3.1　VPD-ICP-MS 法

　VPD 法が開発される前は，ウェーハ基板上に希釈したフッ酸と過酸化水素の混合溶液を約 1 mL 滴下し，その溶液を基板上で転がして溶液中に不純物を回収し，その溶液をピペットで吸引してバイアルに回収してから ICP-MS で分析する手法が使われていた。しかしながら，この手法は手動操作であり，作業者のスキルによっては回収液がウェーハから零れ落ちることもあり，実用的ではなかった。

　VPD-ICP-MS 法は，ウェーハを密閉系チャンバー（ガスの入口と出口のある）内に設置し，そこに HF 蒸気を導入して表面の自然酸化膜を $SiO_2 + 6HF \rightarrow SiH_2F_6 + 2H_2O \rightarrow SiF_4 + 2HF + 2H_2O$ の反応でエッチングをし，その後，ノズルで保持したスキャン液で残渣となった金属汚染をウェーハから回収し，その回収液を ICP-MS で分析する手法である。

　VPD 処理により，$SiF_4$ を含んだ微少量の水がウェーハ基板上に生成するとともに，ある程度の $SiF_4$ はガスとなり排気される。HF 蒸気の導入方法としては 49% HF 溶液に窒素ガスをバブリングして導入する方法が用いられてきた。バブリングで発生する HF の純度が溶液よりも高純度になるメリットがあったが，HF 蒸気濃度が徐々に低くなりエッチング速度が下がる問題があった。この問題点を解決する手段として，ICP-MS の溶液導入方法として用いられているPFA 製ネブライザーで HF 溶液を窒素ガスで霧化し，スプレーチャンバーを通過したエアロゾルを VPD チャンバー内に導入する方法が一般的となった。これは，超高純度の HF 溶液が入手可能になったことも関係している。約 1 L/min の窒素ガスを PFA 製のネブライザーに供給して約 0.5 mL/min の HF 溶液を負圧で吸引し，VPD チャンバーに約 1〜2 分間導入することで，自然酸化膜のエッチングは完了する。その後，VPD チャンバー内の HF を窒素ガスでパージして

*226*

第5章　半導体洗浄の評価・観察・解析

からウェーハはチャンバーから取り出され，スキャンステージに移される。

　スキャンステージは，真空チャック機能を持った回転台と，回収溶液を保持しながらウェーハの任意の部分をスキャンすることができるノズルで構成されている。一般的には，ウェーハのエッジ部から数mmを除いた部分を，ウェーハを回転させながらスキャンしてウェーハ上の金属汚染を溶液中に回収する。回収に用いるスキャン溶液は，数％のHFと$H_2O_2$を混合した溶液が一般的である。基本的な考えは，$H_2O_2$溶液でSi基板を弱く酸化し，HFで酸化膜をエッチングしながら金属を溶液中に回収する方法である。HF溶液だけでは回収の難しいCuの回収率は$H_2O_2$の濃度を高くすることで改善する。但し，Siウェーハとの電子親和性の強いAu，Pt，Ag等の貴金属およびHFと不溶性フッ化物を生成しやすい希土類元素の回収は難しい。Cuと希土類元素の回収率を高くするためにスキャン溶液に少量の$HNO_3$を添加することも行われているが，$HNO_3$濃度が高くなるにつれてSi基板自体もエッチングされて回収液中のSi濃度が高くなる。また，Si基板表面が削れて親水性になるため，スキャン中に回収液をノズル内に保持することが難しくなる。貴金属の回収には，王水あるいは逆王水に若干のHFを混合した溶液を用いる[5]。但し，高濃度の王水をICP-MSに直接導入すると，インターフェースコーンの白金がダメージを受けるため，10倍くらいに希釈してからICP-MSで分析する。ウェーハ表面が疎水性の場合には，回収液をスキャンノズル内に保持してスキャンすることは比較的簡単であるが，親水性ウェーハの場合には回収液がスキャンノズルから漏れ出してくることがあり，保持力を高くしたノズルを用いる必要がある。具体的には，回収液を保持したノズル内を若干の陰圧にすることでスキャンノズルからの回収液の漏れを防ぐ方法[6]と，スキャンノズルの外周から窒素ガスをパージすることで漏れを防ぐ方法[7]がある。スキャンが終了後，回収液はオートサンプラーに設置されたバイアルに吐出され，吐出された回収液はICP-MSで自動的に分析される。分析が終了したバイアルは，超純水あるいは希酸で自動的に洗浄され，別の試料の分析に使用される。

　ICP-MSは，標準溶液で得られた検量線に対する比較分析法で金属不純物濃度を定量する。分析ラボでICP-MSを用いる場合には，あらかじめ異なった濃度の標準溶液の入ったバイアル数本をオートサンプラーにセットして検量線を作成する。その後，未知試料を分析し，検量線から不純物濃度を定量する方法が用いられる。分析ラボで，標準溶液を頻繁に交換することができる場合には問題とならないが，製造工場内にオンライン装置として用いられる場合には問題となる。これは，オートサンプラーに設置された標準溶液の入ったバイアルの上部は大気開放されており，時間とともに水分が揮発して溶液濃度が徐々に濃くなってきてしまうからである。この問題点を解決する手段として，全自動標準液添加装置（ASAS）が用いられている。ICP-MSでフッ酸を含む溶液を分析する場合，PFA製のネブライザーにアルゴンガスを供給して生じる負圧を用いて試料溶液を吸引（負圧吸引と呼ぶ）している。極微量の金属汚染分析が必要無い場合には，ペリスタルティックポンプを用いて溶液試料をネブライザーに安定的に供給する方法が標準として用いられているが，半導体試料のような極微量の金属分析をする場合，ペリスタルティックポンプで用いるチューブから汚染の問題があり，使用できない。ASASは，約$100\,\mu L/min$の流量

227

で負圧吸引されている試料溶液中に数 $\mu$L/min の標準溶液をオンラインで自動添加できる装置であり，250 mL の PFA 製ボトルに数 10 ppb の混合標準溶液をセットし，数か月に 1 回交換する方法で運用されている。負圧吸引で溶液試料をネブライザーで吸引する場合，気圧の変化でも吸引量は変化するため，負圧吸引でネブライザーに導入されている流量を正確に計測する必要がある。ASAS では，非接触センサー 2 個を用いて吸引されている流量を計測し，計測した流量に対してあらかじめ設定した標準溶液濃度になるように混合標準溶液が PFA 製のループチューブからシリンジポンプで吐出され検量線が自動的に作成される。また，ICP-MS の感度変化をモニターするために，別の ASAS から検量線および試料溶液に一定濃度の内標準元素を添加する内標準補正法が用いられる場合もある。内標準として用いる元素は，試料中に含まれていない Sr，Rh や In が一般的に用いられることが多い。

ICP-MS では多くの元素を同時に分析できるが，干渉を避けるために異なったチューニング条件を組み合わせて分析する必要がある。以下に典型的な条件を記載する。

【標準モード】

リアクションガスを用いないモード。干渉の問題の無い被測定元素が分析できるモード。

【NH$_3$ ガスモード】

リアクションガスに NH$_3$ ガスを用い，干渉を生じている同重体あるいは分子イオン起因の干渉［以降（ ）にて表示］を除去して被測定元素が分析できるモード。例として $^{40}$Ca（$^{40}$Ar），$^{38}$Ar$^1$H（$^{39}$K），$^{40}$Ar$^{16}$O（$^{56}$Fe），$^{40}$Ar$^{12}$C（$^{52}$Cr）等がある。また，NH$_3$ ガスと反応してクラスターイオンを生成する Ti では，質量数が 114 の $^{48}$Ti$^{14}$N$^1$H（$^{14}$N$^1$H$_3$)$_3$ クラスターイオンとして $^{30}$Si$^{18}$O および $^{29}$Si$^{19}$F の干渉を避けることができる。

【O$_2$ ガスモード】

リアクションガスに O$_2$ ガスを用い，被測定元素の酸素分子イオンとして質量数をシフトし，干渉している分子イオン［以降（ ）にて表示］と分離して分析できるモード。例として $^{48}$Ti$^{16}$O（$^{30}$Si$^{18}$O，$^{29}$Si$^{19}$F），$^{75}$As$^{16}$O（$^{40}$Ar$^{16}$O$^{19}$F）等がある。

【クールプラズマモード】

ICP-MS の高周波出力を低くするとともに，トーチのインジェクターに導入するネブライザーガスおよび試料エアロゾル量を多くしてプラズマ温度を下げることで，第一次イオン化ポテンシャルの高い元素のイオン化効率を下げて同重体あるいは分子イオン起因の干渉［以降（ ）にて表示］を除去して被測定元素が分析できるモード。ICP-MS/MS 機能を持たない ICP-MS で干渉を除去する方法として用いられている。例として $^{40}$Ca（$^{40}$Ar），$^{38}$Ar$^1$H（$^{39}$K），$^{40}$Ar$^{16}$O（$^{56}$Fe），$^{40}$Ar$^{12}$C（$^{52}$Cr）等がある。プラズマ温度が下がることで，ICP-MS のインターフェースコーンに含まれる不純物（Na や K）のバックグラウンドを低減する効果もあるが，以下のような弊害もあり，リアクションガスを用いたモードが現在では一般的である。

─イオン化ポテンシャルの高い Zn 等の感度が下がる。

─CaF の分解が悪くなり Ca の感度が下がる。

## 第5章 半導体洗浄の評価・観察・解析

— Ti, Ba や Ce 等の酸化物の分解が悪くなり感度が下がる。
— $SiO_2$ の分解が不十分となり，$SiO_2$ がインターフェースコーンに析出し，閉塞しやすくなる。

よって，多くの元素を ICP-MS で分析する場合，1試料で複数の異なるモードを自動的に切り替えて分析が行われる。モードが切り替わるときに15秒くらいのガス置換安定待ち時間が必要で，1元素の積分時間が1秒で分析繰り返し回数を3回とすると，50元素を分析する場合には，信号安定待ち時間を含めると約 240～300 秒の分析時間が必要となる。試料溶液を負圧吸引でネブライザーに導入している関係で，オートサンプラーからネブライザーまでの PFA チューブ内を試料溶液で満たしておく必要があり，その容量を考慮すると，試料吸引量が 100～150 μL/min の場合で，600～800 μL が必要となる。よって，余裕を見て 1,000 μL の回収液量が一般的に用いられている。

### 3.2 LA-GED-MSAG-ICP-MS 法

LA-GED-MSAG-ICP-MS 法は，従来の LA-ICP-MS 法に GED と MSAG を組み合わせた新しい技術である。図1に従来と新しい LA-ICP-MS の概略図を示す。LA-GED-MSAG-ICP-MS では，300 mm ウェーハを X-Y-Z-θ-A 軸に載せ，フェムト秒レーザーから放出されたレーザー光をガルバノミラーで任意の位置に照射する。放出された微粒子は，エジェクターに供給した約 0.2 L/min の Ar ガスにより約 0.6 L/min の清浄空気と一緒に吸引されて GED のガラス製のメンブラン（透過膜）管の内側に導入される。GED のメンブランの外側には，逆方向から Ar スイープガスが 4 L/min で供給され，メンブランを介して Ar と空気の分圧差により，空気はメン

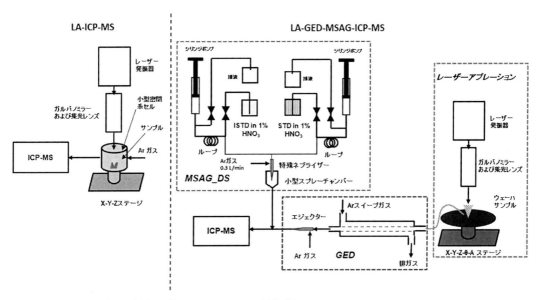

図1 （左）従来の LA-ICP-MS，（右）新しい LA-GED-MSAG-ICP-MS

*229*

## 半導体製造における洗浄技術

ブランの外側に拡散するとともに Ar がメンブランの内側に拡散してガス置換が行われる。Ar スイープガス側の圧力は，空気側の圧力よりも若干高く保持されており，メンブランの内管に導入された微粒子は外管側に拡散しない。空気と Ar のガス交換効率は 99.98％以上，また，微粒子の GED 透過効率は約 98％以上であり，GED から出てきた微粒子は Ar ガスと共に ICP-MS のプラズマ中に導入され分析される。

定量分析にはシリンジを2個内蔵した MSAG_DS が必要である。MSAG_DS は，特殊なネブライザーおよび小型スプレーチャンバーを用いており，3 μL/min の混合標準溶液を約 0.3 L/min の Ar ガスで気化させると，ほぼ 100％の標準溶液が ICP-MS のプラズマに導入される[8]。MSAG_DS から導入する Ar ガスの流量が約 0.3 L/min と少ないことから，エジェクターで吸引する試料ガス流量を多くし，試料をレーザーアブレーションしながら標準添加法で検量線を作成することができる。微少量の標準溶液を LA-ICP-MS のようなドライプラズマ状態の ICP-MS

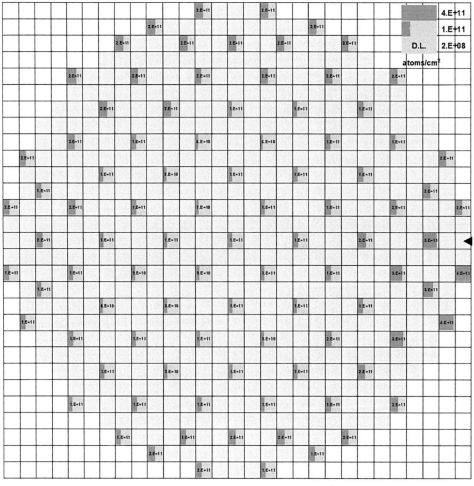

図2 300 mm Si ウェーハ上の Zn 汚染マッピング（1 cm² × 93 スポット）

に導入すると，溶液の導入量が約 5 μL/min くらいまでは増感し，それ以上では減感する。よって，MSAG_DS では 2 個のシリンジからの合計流量を固定し，その比率を変えることで検量線を作成する。例えば，標準溶液を 0, 1.5, 3 μL/min 導入して検量線を作成する場合，ブランク溶液を 3, 1.5, 0 μL/min 導入する。10 ppb（ng/mL）の標準溶液が 3 μL/min 導入された時の各元素の絶対導入量は，500,000 ag/sec であり，ICP-MS で検出された信号が 50,000 counts/sec だとすると，感度は，10 ag/count となる。つまり，ICP-MS で検出された信号 1 カウントは，10 ag の重量に相当する。Si ウェーハを分析する場合，Si の検出された絶対量も求め，その Si 量に対する不純物の絶対量から不純物濃度を定量分析する。また，ブランク溶液に内標準元素を含ませることで，レーザー照射して分析中の ICP-MS の感度変化を計測し，感度補正することも可能である。

　LA-GED-MSAG-ICP-MS を用いてウェーハを分析する場合，ウェーハ全面をレーザーアブレーションすると約 6 時間必要となる。したがって，ウェーハ表面の 1 cm$^2$ 領域を 1 スポットとして，数 10 か所をマッピング分析する方法が用いられている。1 cm$^2$ のレーザー照射時間は約 20 秒で，スポット間の待ち時間を考慮しても，1 スポットを約 50 秒で分析をすることが可能である。汚染した 300 mm ウェーハの分析結果を図 2 に示す。VPD-ICP-MS 法では，300 mm ウェーハの全面（約 700 cm$^2$）の金属汚染を回収して得られる検出限界が E6〜E7 atoms/cm$^2$ に対して，LA-GED-MSAG-ICP-MS 法では，1 cm$^2$ 領域の分析で E7〜E8 atoms/cm$^2$ の汚染を検出することができる。また，VPD 法のように回収液の組成により回収できない元素の問題点が無く，LA-ICP-MS 法では全ての元素が同一条件で検出できるメリットがある。

　ウェーハの洗浄においてベベル部の汚染管理が重要度を増してきている。VPD-ICP-MS 法では，図 3 の左に示すようにスキャンノズルとエッジプレートでスキャン溶液を挟み込み，ベベル

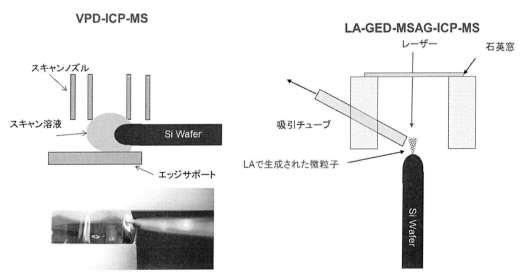

図 3　（左）VPD-ICP-MS 法によるベベル分析，（右）LA-GED-MSAG-ICP-MS 法によるベベル分析

半導体製造における洗浄技術

およびエッジ部をスキャン溶液に接触させながらウェーハを回転して金属汚染をスキャン溶液に回収して ICP-MS で分析している。この場合，ベベルの局所的な汚染部位を特定することは難しい。一方 LA-GED-MSAG-ICP-MS 法では，図3の右に示すように，ベベル部の局所汚染を直接分析することができる。ウェーハを更に傾けることで，Front，Apex，Back ベベルに分けて分析することも可能である。

　VPD 法で濃縮乾燥させた部分を LA-GED-MSAG-ICP-MS 法で分析することで，E4～E5 atoms/cm$^2$ の分析が可能と思われるため，より低濃度のウェーハ汚染の分析手法として今後期待されている。


# 文　　献

1)　R. S. Houk *et al.*, *Anal. Chem.*, **52**, 2283（1985）
2)　A. Shimazaki, H. Hiratsuka, Y. Matsushita, and S. Yoshii, in Extended Abstracts of Conference on Solid State Devices and Materials, p. 281（1984）
3)　A. L. Gray, *Analyst*, **110**, 551（1985）
4)　K. Suzuki, T. Ichinose, and K. Kawabata, Ultra Clean Processing of Semiconductor Surfaces XVI, 197（2023）
5)　T. Ichinose, K. Kawabata, and K. Sakai, アプリケーションノート「オンライン VPD-ICP-MS/MS によるシリコンウェハの金属汚染物質の自動表面分析」，アジレント・テクノロジー株式会社（2023）
6)　川端克彦，イー ソンジェ，一之瀬達也，および國香仁，日本国特許番号 4897870（2012）
7)　櫻井良夫，日本国特許番号 5281331（2013）
8)　K. Kawabata, K. Nishiguchi, and T. Ichinose, S01 A NOBLE SAMPLE INTRODUCTION DEVICE FOR DRY PLASMA ICP-MS, Winter Conference on Plasma Spectrometry（2020）

## 半導体製造における洗浄技術

2024 年 12 月 2 日　第 1 刷発行

監　　修　羽深　等　　　　　　　　　　　　　　　　　（T1278）
発 行 者　金森洋平
発 行 所　株式会社シーエムシー出版
　　　　　東京都千代田区神田錦町 1-17-1
　　　　　電話　03 (3293) 2065
　　　　　大阪市中央区内平野町 1-3 12
　　　　　電話　06 (4794) 8234
　　　　　https://www.cmcbooks.co.jp/
編集担当　井口　誠／為田直子／門脇孝子

〔印刷　尼崎印刷株式会社〕　　　　　　　　　　　Ⓒ H. HABUKA, 2024

本書は高額につき，買切商品です。返品はお断りいたします。
落丁・乱丁本はお取替えいたします。

本書の内容の一部あるいは全部を無断で複写 (コピー) することは，法
律で認められた場合を除き，著作者および出版社の権利の侵害になり
ます。

ISBN978-4-7813-1856-1 C3054 ¥65000E